电子系统设计与实践教程

肖　瑾　编著

北京航空航天大学出版社

内容简介

电子技术是一个富有教育性和趣味性的领域，伴随着科技的进步，新器件和新方法不断涌现。本书是针对电子系统设计与实践的专业教材，主要内容包括：认识常用电子元器件、仪器和开发系统，电路设计与仿真，电路原理图和印制电路板设计，单片机学习与实践，电子系统模块电路设计与实践，电子系统综合设计与实践。

本书适用于高等学校理工科专业学生，也可供从事电工电子技术相关工作的人员参考。

图书在版编目(CIP)数据

电子系统设计与实践教程 / 肖瑾编著. -- 北京 ：北京航空航天大学出版社，2021.3

ISBN 978-7-5124-3460-8

Ⅰ. ①电… Ⅱ. ①肖… Ⅲ. ①电子系统－系统设计－高等学校－教材 Ⅳ. ①TN02

中国版本图书馆 CIP 数据核字(2021)第 042427 号

版权所有，侵权必究。

电子系统设计与实践教程

肖 瑾 编著

策划编辑 陈守平 责任编辑 王 实

*

北京航空航天大学出版社出版发行

北京市海淀区学院路 37 号(邮编 100191) http://www.buaapress.com.cn

发行部电话：(010)82317024 传真：(010)82328026

读者信箱：goodtextbook@126.com 邮购电话：(010)82316936

北京建宏印刷有限公司印装 各地书店经销

*

开本：710×1 000 1/16 印张：13.5 字数：288 千字

2021 年 3 月第 1 版 2021 年 3 月第 1 次印刷 印数：1 000 册

ISBN 978-7-5124-3460-8 定价：48.00 元

若本书有倒页、脱页、缺页等印装质量问题，请与本社发行部联系调换。联系电话：(010)82317024

前　　言

作为当今高科技发展最快的领域之一，电子技术在自动控制、网络通信、医疗服务、智能制造、航空航天等多个领域的应用愈加广泛和深入。作为电子技术的关键实践环节，本书以电子系统设计为主要内容，结合团队教师多年来的教学和研究成果编撰而成。

本着由浅入深、循序渐进的教学规律，本书较为系统地介绍了电子系统设计的基础知识和技能，其内容包括认识常用电子元器件、仪器和开发系统，利用 EDA 软件进行电路设计与仿真，设计电路原理图和印制电路板，电路板焊接，单片机学习与实践，电子系统模块电路设计与实践，电子系统综合设计与实践。

第 1 章基础知识，认识常用的电子元器件、仪器和嵌入式开发系统；第 2 章 EDA 设计与实训，介绍使用 EDA 软件工具 Proteus 设计电路与仿真，使用 Altium Designer 绘制电路原理图及 PCB，并讲述了 PCB 的焊接方法；第 3 章单片机学习与实践，介绍单片机的基础概念，重点讲解 STC 增强型 51 单片机的开发和调试；第 4 章模块电路设计与实践，介绍电子系统设计中常用的典型模块电路模块，包括直流稳压电源模块、单片机最小系统、单片机接口电路、信号发生和调理电路等，并给出了综合实训；第 5 章电子系统综合设计与实践，在上述章节内容的基础上，结合多年的教学实践经验和团队教师指导本科生参加全国大学生电子设计竞赛的工作，精选并分析了一些获奖的参赛作品，供读者参考学习。

本书是编者多年工作经验的总结，内容充实，实操性强，适用于高等学校理工科专业学生，也可供从事电工电子技术相关工作的人员参考。

不忘初心，孜孜不倦。作为北京航空航天大学电工电子中心的教师，编者深得前辈们的悉心指导，一直秉承老一代“电工人”严谨自律的教学作风，在一线教学工作中不断历练和成长，在多年的工作实践中，积累了宝贵的第一手资料和经验。本书是编者带领的教学团队在多年本科人才培养工作的基础上，通过查阅大量文献资料及与同行交流请教，形成的总结成果。

在本书编写过程中，北航自动化科学与电气工程学院的研究生们参与了相关工作，他们是博士研究生赵正、李元，硕士研究生伍勃、裴水强。在本科阶段，他们在编者负责的本科电工电子创新基地参加学科竞赛，取得了优异成绩，对基地有着特殊的感情，并一直关注基地的发展。目前几位同学均已毕业，在各自的工作岗位上表现突出。硕士研究生赵承韬、肖志颖、朱志伟等承担了资料整理、图表绘制、纠错等工作。在此对他们的辛勤付出表示最衷心的感谢。

本书的编写工作还得到了北航教务处、自动化科学与电气工程学院以及电工电子中心教研室的支持和帮助。团队骨干教师张秀磊、岳昊嵩、徐萍、张静、范昌波等参与了学科竞赛指导和课程建设工作，在此对大家的鼎力配合和帮助表示深深的谢意。

此外，本书引用了一些同行的成果，在此对参考文献的作者表示最真挚的感谢和敬意。书中若有引用不当之处，敬请与编者联系(邮箱：xiaojin@buaa.edu.cn)。

受限于编者之能力和时间，本书难免存在不妥和疏漏之处，欢迎广大读者批评指正。

编　者

2021年1月于北京

本书为读者免费提供书中示例的程序源代码、部分内容的电子教案、编者所在团队的教师指导的本科生参加全国大学生电子设计竞赛的参赛作品报告，请在微信公众号中关注“北航科技图书”公众号，回复“3460”，获得百度网盘的下载链接。

如使用中遇到任何问题，请发送电子邮件至 goodtextbook@126.com，或致电 010-82317738 咨询处理。

目　　录

第 1 章　基础知识 …… 1

1.1　常用电子元器件 …… 1

1.1.1　基本分立器件 …… 1

1.1.2　半导体分立器件 …… 12

1.1.3　半导体集成电路 …… 14

1.1.4　元件封装 …… 15

1.2　常用仪器 …… 16

1.2.1　数字示波器 …… 16

1.2.2　波形发生器 …… 19

1.2.3　直流稳压电源 …… 20

1.2.4　数字万用表 …… 21

1.3　常用嵌入式开发系统 …… 22

1.3.1　51 单片机 …… 22

1.3.2　AVR 单片机 …… 23

1.3.3　MSP430 单片机 …… 24

1.3.4　Arduino …… 24

1.3.5　FPGA …… 25

1.3.6　ARM …… 26

1.3.7　其他 MCU …… 27

第 2 章　EDA 设计与实训 …… 29

2.1　电路设计与仿真 …… 30

2.1.1　Proteus VSM 仿真与分析 …… 31

2.1.2　Proteus 之做中学 …… 35

2.2　电路原理图和 PCB 设计 …… 46

2.2.1　更改默认语言 …… 46

2.2.2　创建 PCB 工程 …… 47

2.2.3　设计原理图 …… 47

2.2.4　设计 PCB …… 51

2.2.5　其他常用操作 …… 57

2.3 PCB焊接 …… 58

第3章 单片机学习与实践 …… 64

3.1 基本概念 …… 64
3.1.1 单片机定义 …… 64
3.1.2 单片机结构 …… 66
3.1.3 I/O口 …… 69
3.1.4 中 断 …… 72
3.2 开发环境 …… 73
3.2.1 Keil …… 73
3.2.2 ISP烧写程序 …… 78
3.2.3 软件应用 …… 79
3.3 程序编写 …… 83
3.3.1 代码规范 …… 83
3.3.2 函数、变量命名 …… 87
3.3.3 Keil C51的基本数据类型 …… 88
3.3.4 指定变量存储位置 …… 89
3.3.5 C语言变量修饰符 …… 93
3.4 程序调试 …… 94
3.4.1 软件仿真 …… 95
3.4.2 串口调试 …… 100

第4章 模块电路设计与实践 …… 102

4.1 直流稳压电源模块 …… 102
4.1.1 直流稳压电源基本原理 …… 102
4.1.2 线性电源与开关电源 …… 103
4.1.3 常用DC—DC电源电路设计 …… 107
4.2 单片机最小系统 …… 111
4.2.1 单片机最小系统组成 …… 111
4.2.2 单元电路详解 …… 112
4.3 单片机接口电路与程序设计 …… 115
4.3.1 显示模块设计 …… 116
4.3.2 输入设备接口 …… 122
4.3.3 通信模块设计 …… 125
4.3.4 A/D和D/A转换电路设计 …… 130
4.3.5 传感器使用 …… 136

4.4　信号发生和调理电路 …… 141
4.4.1　方波发生器 …… 141
4.4.2　三角波发生器 …… 141
4.4.3　正弦波发生器 …… 143
4.4.4　运算放大器与运算电路 …… 144
4.5　模块电路综合实训 …… 146
4.5.1　简易数控直流电源 …… 146
4.5.2　简易数字频率计 …… 148

第5章　电子系统综合设计与实践 …… 150

5.1　电动小车动态无线充电系统(2019年全国电赛A题) …… 152
获奖作品　电动小车动态无线充电系统 …… 155
5.2　模拟电磁曲射炮(2019年全国电赛H题) …… 163
获奖作品　模拟电磁曲射炮 …… 166
5.3　简单旋转倒立摆及控制装置(2013年全国电赛C题) …… 173
获奖作品　简单旋转倒立摆及控制装置 …… 176
5.4　巡线机器人(2019年全国电赛B题) …… 195
获奖作品　巡线机器人 …… 200

参考文献 …… 208

第 1 章　基础知识

内容提要

本章介绍电子系统设计与实践中常用电子元器件：全系列电阻、电容和电感，对最重要的 3 种仪器设备：示波器、信号发生器及直流稳压电源的使用方法进行详解，并且对近年来电子设计竞赛使用较多的开发系统做了全面概述。

1.1　常用电子元器件

1.1.1　基本分立器件

1. 电　阻

电阻器是电路元件中应用最广泛的一种，其质量的好坏对电路工作的稳定性有极大影响。它的主要用途是稳定和调节电路中的电流和电压，其次还作为分流器、分压器和负载使用。

(1) 分　类

电阻的分类方法有很多，通常按照其阻值特性可分为 3 大类：固定电阻、可调电阻、特种电阻。

固定电阻按照其材料可分为碳膜电阻、金属膜电阻、绕线电阻、水泥电阻等类型。碳膜电阻高频性能好，价格低廉，但精度不高，是目前应用最多的一种电阻。金属膜电阻耐高温、高频性能好、精度高、工作频率也较宽，但成本稍高，通常用于精密仪器仪表等电子产品中。绕线电阻耐热性能好、精度高、噪声小、功率大，但高频特性差，其可以根据需要制作相应精度的电阻，一般用于低频的精密仪器仪表等电子产品中。

水泥电阻制造成本相对较低，其额定功率相对于碳膜电阻、金属膜电阻要大得多，因此应用在具有一定功率要求的环境中。图 1-1 所示为碳膜电阻、金属膜电阻、绕线电阻、水泥电阻。

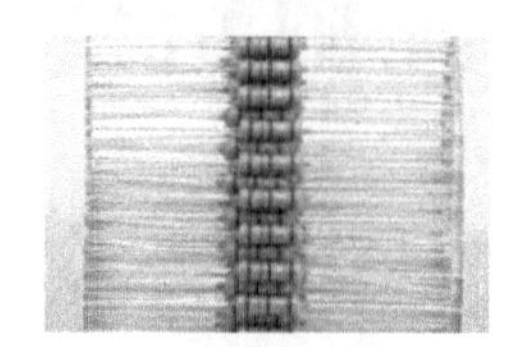

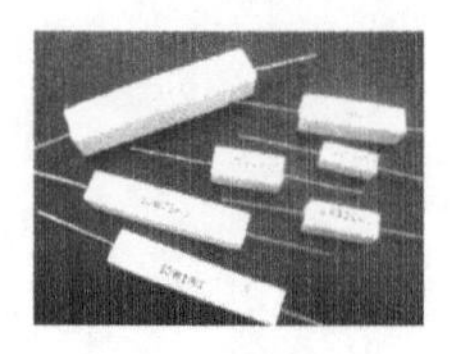
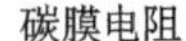

碳膜电阻　　金属膜电阻　　绕线电阻　　水泥电阻

图 1-1　碳膜电阻、金属膜电阻、绕线电阻、水泥电阻

可调电阻也称为可变电阻。常用的可调电阻可以分为 3 类：电位器、电阻箱、滑动变阻器。电位器上常配备一个轮状或槽状的微调口，便于旋转调节阻值。图 1-2 所示为电位器。

图 1-2　电位器

电阻箱是由若干个不同定值阻值的电阻组成的一种可变电阻。在使用时选用不同阻值的电阻以实现调节电阻的效果。电阻箱的特点是调节完成后可以快速读出电阻的阻值，但存在最小步进值，且阻值不能连续变化。图 1-3 所示为电阻箱，其最小步进值为 0.1 Ω。

滑动变阻器通过改变接入电路部分电阻的长度来改变接入电路部分的电阻。滑动变阻器由于体积大，一般很少在电路板设计中使用。滑动变阻器的示意图如图 1-4 所示。

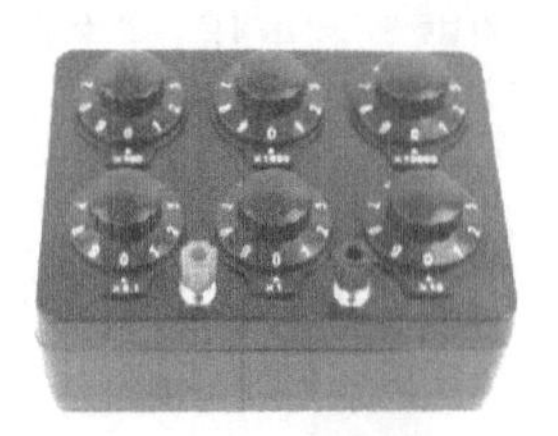

图 1-3　电阻箱

图 1-4　滑动变阻器

特种电阻主要包含热敏电阻、光敏电阻两类。电阻值对温度变化敏感的电阻统称为热敏电阻。热敏电阻又可细分为正温度系数热敏电阻器(PTC)和负温度系数热敏电阻器(NTC)两类。其中，PTC 阻值与温度成正相关，NTC 阻值与温度成负相关。热敏电阻灵敏度高、工作温度范围宽、稳定性好、过载能力强，其温度特性在大多数情况下是非线性的，只有在微小的范围内呈线性。电阻值对光强度变化敏感的电阻统称为光敏电阻。光敏电阻的电阻值大多与光照强度成负相关。光敏电阻可靠性好、灵敏度高、反应速度快，其光照特性在大多数情况下是非线性的，只有在微小的范围内呈线性。图 1-5 所示为热敏电阻、光敏电阻。

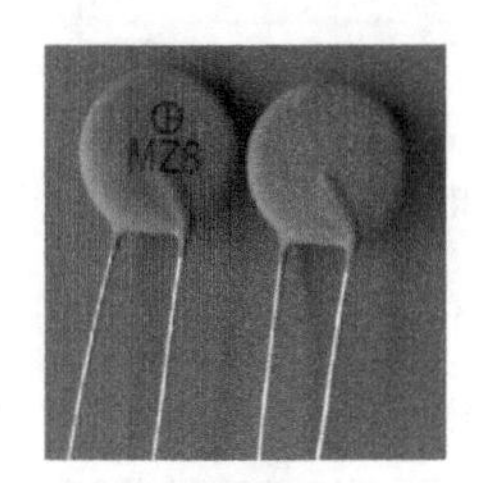
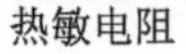
热敏电阻

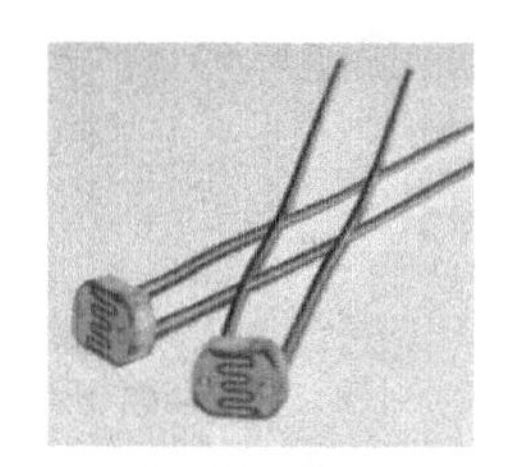
光敏电阻

图 1-5　热敏电阻、光敏电阻

以上几种电阻的总结如表 1-1 所列。

表 1-1　电阻特性以及常用符号

电阻分类		电阻特性	电阻符号图
固定电阻	碳膜电阻	高频性能好、精度不高	
	金属膜电阻	耐高温、高频性能好、精度高	
	绕线电阻	耐热性能好、精度高、噪声小、功率大、高频特性差	
	水泥电阻	功率大	
可调电阻	电位器	电阻值可以精细调节、体积小	
	电阻箱	电阻值可以立即读出、电阻值不可连续调节	
	滑动变阻器	电阻值可以精细调节、体积大	
特种电阻	热敏电阻	PTC 阻值与温度成正相关，NTC 阻值与温度成负相关	
	光敏电阻	电阻值大多与光照强度成负相关	

电阻的另一种分类方式是依据其封装形式，可以分为贴片式和引脚式两类。图 1-1、图 1-2 和图 1-5 中所示的电阻均是引脚式电阻。下面介绍最常用的贴片电阻。

贴片电阻又名片式固定电阻器(Chip Fixed Resistor)，是金属玻璃釉电阻器中的一种。它是将金属粉和玻璃釉粉混合，采用丝网印刷法印在基板上制成的电阻器。其示意图如图 1-6 所示。

贴片电阻中值得注意的参数是：封装、阻值和功率。其中，封装决定了电阻的几

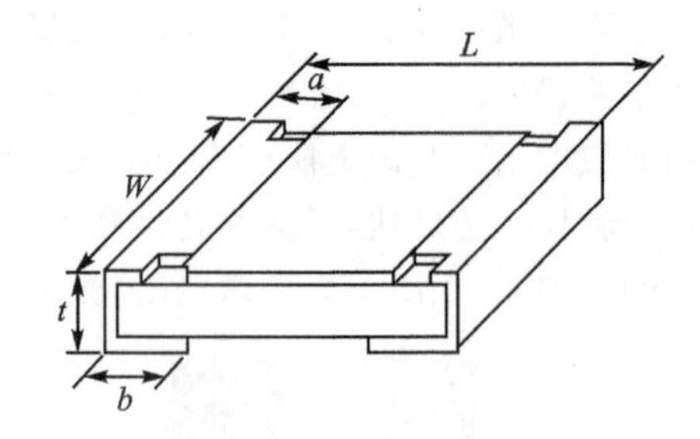

图 1-6　贴片电阻

何尺寸。常见的封装尺寸如表 1-2 所列，表中的参数含义与图 1-6 对应。

表 1-2　常见封装尺寸

型　号	L/mm	W/mm	t/mm	a/mm	b/mm
0603	0.60±0.05	0.30±0.05	0.23±0.05	0.10±0.05	0.15±0.05
1005	1.00±0.10	0.50±0.10	0.30±0.10	0.20±0.10	0.25±0.10
1608	1.60±0.15	0.80±0.15	0.40±0.10	0.30±0.20	0.30±0.20
2012	2.00±0.20	1.25±0.15	0.50±0.10	0.40±0.20	0.40±0.20
3216	3.20±0.20	1.60±0.15	0.55±0.10	0.50±0.20	0.50±0.20

阻值表明电阻的理想真值。一般常见的标称方法是文字直标法和符号标注法。文字直标法容易识别，直接在电阻表面标注电阻值。如图 1-6 所示的 223 电阻，其电阻值为 $R=22\times10^3\ \Omega=22\ \text{k}\Omega$。更一般的，对于 abc 全为数字的情况，电阻值的计算公式为

$$R=ab\times10^c\ \Omega$$

符号标注法采用数字和文字符号结合标注电阻值。如图 1-6 所示的电阻 22R0，其电阻值为 22.0 Ω。

功率表明该贴片电阻的额定功率。一般而言，电阻的额定功率与封装有关。常见的封装功率如表 1-3 所列。

表 1-3　常见的封装功率

型　号	功率/W
0603	0.05
1005	0.062 5
1608	0.1
2012	0.125
3216	0.25

(2) 性能参数与标称方法

1) 额定功率

额定功率是指在规定的环境温度和湿度下，假定周围空气不流通，在长期连续负载而不损坏或基本不改变性能的情况下，电阻器上允许消耗的最大功率。电阻额定功率常用的有 1/20 W(0.05 W)、1/8 W(0.125 W)、1/4 W(0.25 W)、1/2 W(0.5 W)、1 W、2 W、3 W、5 W、7 W、10 W。大量电流通过电阻会导致电阻过热，因此需要选用合适额定功率的电阻。为保证安全使用，一般选其额定功率比它在电路中消耗的功率高 1～2 倍。如果未能指定电阻的额定功率，则通常选用 1/4 W 或者 1/2 W 的电阻。

2) 电阻标称值

电阻标称值是指电阻器表面所标注的阻值，为产品的理想真值。实际工艺允许制成的电阻有一定的误差。电阻的系列代号不同，表示其允许的误差不同，同时其电阻的标称值也不同。电阻标称值是指该系列电阻的典型数值通过乘以 10^N Ω 来得到其一系列阻值，其中 N 为整数。例如表 1-4 中的 E24 系列电阻，其电阻标称值中包含 1.1，则表明 E24 系列的电阻中，包含理想真值为 1.1 Ω、11 Ω、110 Ω、1.1 kΩ 等阻值的电阻。

表 1-4　标称阻值系列

允许误差	系列代号	电阻标称值
5%	E24	1.0　1.1　1.2　1.3　1.5　1.6　1.8　2.0　2.2 2.4　2.7　3.0　3.3　3.6　3.9　4.3　4.7　5.1 5.6　6.2　6.8　7.5　8.2　9.1
10%	E12	1.0　1.2　1.5　1.8　2.2　2.7　3.3　3.9 4.7　5.6　6.8　8.2
20%	E6	1.0　1.5　2.2 3.3　4.7　6.8

3) 允许误差

允许误差是指电阻器和电位器实际阻值对于标称阻值的最大允许偏差范围，表示产品的精度。允许误差的等级如表 1-5 所列。

表 1-5　允许误差的等级

级　别	005	01	02	Ⅰ	Ⅱ	Ⅲ
允许误差	0.5%	1%	2%	5%	10%	20%

4) 标称电阻色标识别

标称电阻色标识别如图 1-7 所示，其色环的颜色代表的数字或意义如表 1-6 所列。

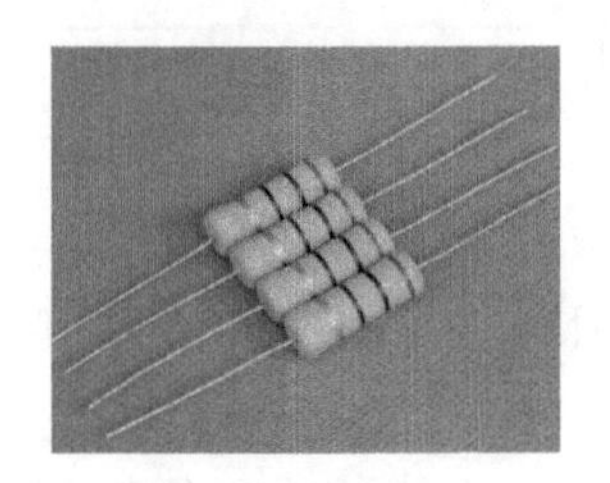

图 1-7 色环电阻实物图

表 1-6 颜色代表的数字或意义

颜　色	第一色环 最大一位数字	第二色环 第二位数字	第三色环 应乘的数	第四色环误差
棕	1	1	10	
红	2	2	100	
橙	3	3	1 000	
黄	4	4	10 000	
绿	5	5	100 000	
蓝	6	6	1 000 000	
紫	7	7	10 000 000	
灰	8	8	100 000 000	
白	9	9	1 000 000 000	
黑	0	0	1	
金			0.1	±5%
银			0.01	±10%
无色				±20%

5）在电路图中电阻器和电位器的单位标注规则

阻值在兆欧以上，标注单位 MΩ，比如 1 兆欧，标注 1 MΩ；2.7 兆欧，标注 2.7 MΩ。阻值在 1～100 千欧之间，标注单位 kΩ，比如 5.1 千欧，标注 5.1 kΩ；68 千欧，标注 68 kΩ。阻值在 100 千欧～1 兆欧之间，可以标注单位 kΩ，也可以标注单位 MΩ，比如 360 千欧，可以标注 360 kΩ，也可以标注 0.36 MΩ。阻值在 1 千欧以下，可以标注单位 Ω，也可以不标注，比如 5.1 欧，可以标注 5.1 Ω，或者 5.1；680 欧，可以标注 680 Ω 或者 680。

6）最高工作电压

最高工作电压指电阻器长期工作不发生过热或电击穿损坏时的电压。如果电压超过规定值，则电阻器内部可能产生火花，引起噪声，甚至损坏。表 1-7 所列为碳膜电阻的最高工作电压。

表 1-7　碳膜电阻的最高工作电压

标称功率/W	1/16	1/8	1/4	1/2	1	2
最高工作电压/V	100	150	350	500	750	1 000

7）高频特性

电阻器使用在高频条件下，要考虑其固有电感和固有电容的影响。这时，电阻器可看作一个直流电阻与分布电感串联，然后再与分布电容并联的等效电路，非线绕电阻器的分布电感 L_R 为 0.05～1 微亨，分布电容 C_R 为 1～5 皮法，线绕电阻器的 L_R 达几十微亨，C_R 达几十皮法，即使是无感绕法的线绕电阻器，L_R 仍有零点几微亨。

(3) 选用常识

通常根据电子设备的技术指标和电路的具体要求选用电阻的型号和误差等级；额定功率比它在电路中实际消耗的功率高 1～2 倍；电阻装接前要测量核对，尤其是要求较高时，还要人工老化处理，提高稳定性；根据电路工作频率选择不同类型的电阻。

2. 电　容

电容是电子设备中大量使用的电子元件之一，广泛应用于隔直、耦合、旁路、滤波、调谐回路、能量转换、控制电路等方面。用 C 表示电容，常用的电容单位有法(F)、微法(μF)、皮法(pF)，它们之间的换算关系如下：

$$1\text{F}=10^{6}\ \mu\text{F}=10^{12}\ \text{pF}$$

(1) 分　类

1）铝电解电容器

铝电解电容器用浸有糊状电解质的吸水纸夹在两条铝箔中间卷绕而成，薄的氧化膜作介质。因为氧化膜有单向导电性质，所以电解电容器具有极性，容量大且能耐受大的脉动电流。同时，铝电解电容器具有容量误差大、泄漏电流大等特点。普通的铝电解电容器不适于高频和低温下，它广泛应用于低频旁路、信号耦合、电源滤波等场合。铝电解电容器是使用广泛的电容器，常见有贴片式和引脚式两种封装。图 1-8(a)所示为贴片式铝电解电容器，图(b)所示为引脚式铝电解电容器，图(c)所示为铝电解电容器的极性表示方法。

(a) 贴片式　　(b) 引脚式　　(c) 极性表示方法

图 1-8　铝电解电容器的封装和极性表示方法

2）钽电解电容器

钽电解电容器用烧结的钽块作正极，电解质使用固体二氧化锰。其优点是温度特性、频率特性和可靠性均优于普通电解电容器，特别是漏电流极小，贮存性良好，寿命长，容量误差小，而且体积小，单位体积下能得到最大的电容与电压的乘积；缺点是对脉动电流的耐受能力差，若损坏易呈短路状态。它常用于超小型高可靠机件中。图 1－9 所示为贴片式钽电解电容器。

3）纸质电容器

纸质电容器一般是用两条铝箔作为电极，中间以厚度为 0.008～0.012 mm 的电容器纸隔开重叠卷绕而成。其制造工艺简单，价格便宜，能得到较大的电容量。一般用于低频电路中，通常不能在高于 4 MHz 的频率上运用。图 1－10 所示为纸质电容器。

图 1－9　贴片式钽电解电容器

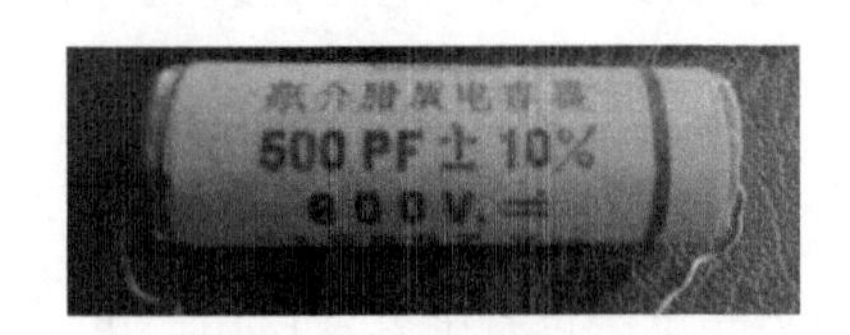

图 1－10　纸质电容器

4）瓷介电容器

瓷介电容器一般采用电容器陶瓷挤压成圆管、圆片或圆盘作为介质，并用烧渗法将银镀在陶瓷上作为电极制成。其引线电感极小，频率特性好，介电损耗小，有温度补偿作用。瓷介电容器主要分高频瓷介和低频瓷介两种。高频瓷介电容器适用于高频电路。低频瓷介电容器适用于工作频率较低的回路中作旁路或隔直流用，或对稳定性和损耗要求不高的场合。由于易于被脉冲电压击穿，所以这种电容器不宜使用在脉冲电路中。图 1－11 所示为瓷介电容器。

5）微调电容器

微调电容器的电容量可在某一小范围内调整，并可在调整后固定于某个电容值。微调电容器的品质因数(quality factor)Q 值高，体积小，通常可分为圆管式及圆片式两种。其介质通常有空气、陶瓷、云母、薄膜等。图 1－12 所示为微调电容器。

6）薄膜电容器

结构与纸质电容器相似，但用聚脂、聚苯乙烯等低损耗塑材作介质。其优点是频率特性好，介电损耗小；缺点是不能做成大的容量，耐热能力差。它常用于滤波器、积分、振荡、定时等电路。图 1－13 所示为薄膜电容器。

图1-11　瓷介电容器

图1-12　微调电容器

图1-13　薄膜电容器

7）聚苯乙烯电容器

聚苯乙烯电容器是采用聚苯乙烯作为介质，采用铝箔绕制而成的电容，可以用于高频电路。其容量一般在10 pF～2 μF。聚苯乙烯电容器的优点是制作工艺简单，成本低，精度高；缺点是耐热性差，在高温环境下容易失效。图1-14所示为聚苯乙烯电容器。

8）独石电容器

独石电容器也称多层陶瓷电容器，在若干片陶瓷薄膜坯上被覆以电极材料，叠合后一次绕结成一块不可分割的整体，外面再用树脂包封而成。独石电容器是一种小体积、大容量、高可靠性和耐高温的新型电容器，高介电常数的低频独石电容器性能稳定、体积极小、Q 值高、容量误差较大，常用于噪声旁路、滤波器、积分、振荡等电路。图1-15所示为贴片式独石电容器。

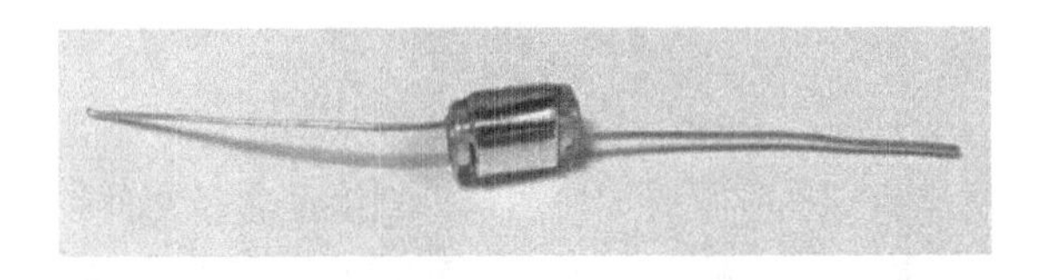
图1-14　聚苯乙烯电容器

图1-15　贴片式独石电容器

9）云母电容器

云母电容器用金属箔或者在云母片上喷涂银层做电极板，极板和云母一层一层叠合后，再压铸在胶木粉或者封固在环氧树脂中制成。其特点是介质损耗小、绝缘电阻大、温度系数小，适用于高频场合。图1-16所示为云母电容器。

10）玻璃釉电容器

玻璃釉电容器由一种浓度适于喷涂的特殊混合物喷涂成薄膜而成，介质再以银层电极经烧结而成“独石”结构性能，可与云母电容器媲美，能耐受各种气候环境，一般可在200 ℃或更高温度下工作，额定工作电压可达500 V。图1-17所示为玻璃釉电容器。

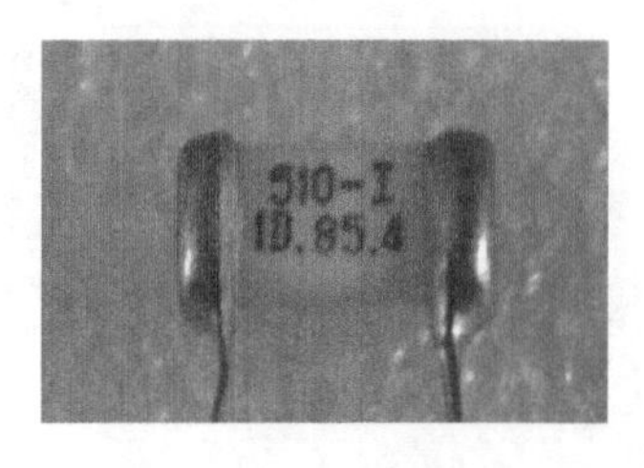

图 1-16　云母电容器

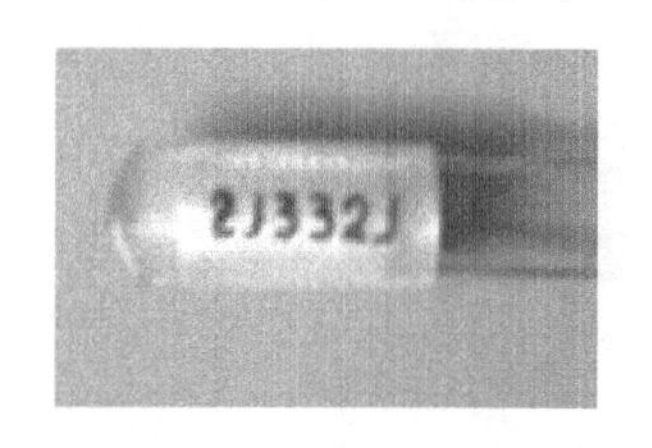

图 1-17　玻璃釉电容器

(2) 性能参数与标称方法

1）容量及精度

电容值是电容器的基本参数，一般值标在电容器本体上，不同型号的电容器有不同系列的标称值。常见的系列标称值与电阻标称值相同。应该注意的是，有些电容器的体积太小，往往在标称容量上没有标注单位符号，只标注值。电容器容量精度等级低，一般误差大于±5%。

2）额定电压

当电容两端加一个电压时，能保证长时间工作而不击穿的电压称为电容的额定电压，这个值通常标在电容上。这里的电压包含直流电压和交流电压两部分。

3）损耗角

实际电容并非理想器件，电容介质的绝缘性能往往取决于材料及厚度。但无论如何，总存在漏电流。漏电流是电容消耗电能的一个因素。由于电容损耗而引起的相位偏移角称为电容器的损耗角。

4）标称方法

常见的标称方法是直接标注法和文字直标法。直接标注法是指直接在电容表面写明该电容的容值。一种典型的直接标注法如图 1-10 的电容所示。而文字直标法与电阻的方法类似。如图 1-13 所示的 822 电容，其电容值为 $C=82\times10^2\ \mu\text{F}=8.2\ \text{mF}$。更一般的，对于 abc 全为数字的情况，电容值的计算公式为

$$C=ab\times10^c\ \mu\text{F}$$

(3) 选用常识

在电容器选用时应注意：

① 选用电容器时，对其额定电压留出一定余量。一般而言，电容器的额定电压值应超过电路上实际电压的 30%～50%。

② 当电路某些精确参数高度依赖电容器时，如截止频率、时间常数等，则需要选用高精度的电容器，避免大误差的影响。

③ 在高频电路中要选用低损耗角的电容器。

④ 独石电容器往往被用作电源端与地之间的去耦电容。

3. 电　感

电感的应用非常广泛，在调谐、振荡、耦合、滤波、延迟和其他电路中，都是必不可少的。由于其用途、工作频率、功率、工作环境不同，对电感的基本参数和结构形式的要求也不同，这就导致了电感的类型和结构的多样化。

(1) 分　类

一般而言，当对电感的要求较高时，应当根据设计者的需求，选择合适的磁芯和漆包线自行绕制。常采用的绕制方式包含有卧式和立式两种，如图1-18所示。当对电感的需求不高时，可以直接使用定值电感。定值电感可分为功率型和普通型两类。常见的片式电感器外形如图1-19所示。

图1-18　卧式、立式绕制电感

功率型

普通型

图1-19　片式电感器外形

(2) 性能参数与标称方法

1) 电感值

电感值是电感的基本参数，用 L 表示。一般将值标在电感本体上，不同型号的电感有不同系列的标称值。常见的系列标称值与电阻标称值相同。电感常用单位是亨(H)、毫亨(mH)、微亨(μH)。

2) 品质因数

电感的品质因数是衡量电感的主要参数，一般用 Q 表示。其含义是当电感在某频率的交流信号下工作时，电感的感抗与其等效损耗电阻的比值。一般来说，Q 越高，效率越高。

3) 额定电流

额定电流是指电感线圈中允许通过的最大电流。

4) 标称方法

电感的标称方法与电阻的标称方法类似，通常采用文字直标法、符号标注法和色环标注法。

文字直标法容易识别，直接在电感表面标注电感值。如图1-19所示的220电感，其电感值为 $L=22\times10^{0}\ \mu\text{H}=22\ \mu\text{H}$。更一般的，对于 abc 全为数字的情况，电感值的计算公式为

$$L = ab \times 10^{c}\ \mu H$$

符号标注法采用数字和文字符号结合标注电感值小于 10 μH 的电容。如图 1－19 所示的电感 4R7，其电感值为 4.7 μH。

色环标注法与电阻的色环标注法类似，如图 1－20 所示。常见的色环电感有 4 环和 5 环两种。色环的具体含义如表 1－8 所列，其中 4 环电感不考虑表 1－8 的第三环。

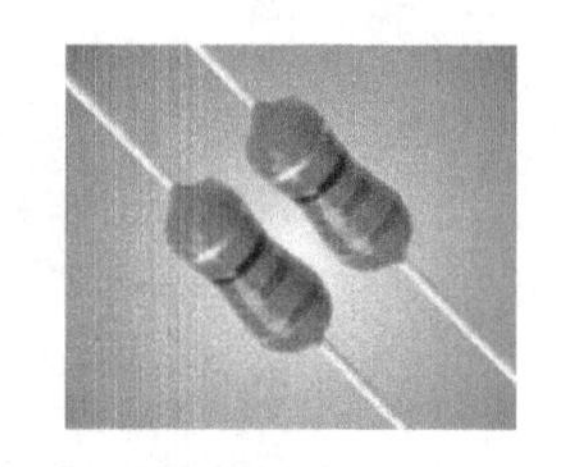

图 1－20　色环电感实物图

表 1－8　色环电感颜色代表的数字或意义

颜　色	第一环	第二环	第三环	第四环(乘数)	误　差
黑	0	0	0	1	
棕	1	1	1	10	±1%
红	2	2	2	100	±2%
橙	3	3	3	1 000	
黄	4	4	4	10 000	
绿	5	5	5	100 000	±0.5%
蓝	6	6	6	1 000 000	±0.25%
紫	7	7	7	10 000 000	±0.1%
灰	8	8	8		±0.05%
白	9	9	9		
金				0.1	±5%
银				0.01	±10%
无					±20%

(3) 选用经验

在电感器选用时应注意：

① 额定电流降额使用，即电感器的额定电流值应超过电路上实际电压的 30%～50%；

② 在高频电路中要选用高 Q 值、低损耗角的电感器。

1.1.2　半导体分立器件

电子产品根据其导电性能分为导体和绝缘体，半导体介于导体和绝缘体之间。半导体元器件以封装形式又分为分立和集成，包括二极管、三极管、晶体管等。半导体分立器件，泛指半导体晶体二极管、半导体三极管及半导体特殊器件。

1. 半导体分立器件的命名方法

半导体分立器件的命名方法有很多种，这里简要介绍我国的国家标准：GB/

T 249—2017《半导体分立器件型号命名方法》，如表 1-9 所列。

表 1-9　半导体分立器件型号命名方法(GB/T 249—2017)

第一部分		第二部分		第三部分		第四部分	第五部分
阿拉伯数字表示器件的电极数目		汉语拼音字母表示器件的材料和极性		汉语拼音字母表示器件的类别		阿拉伯数字表示登记顺序号	汉语拼音字母表示规格号
符　号	意　义	符　号	意　义	符　号	意　义		
2	二极管	A	N 型，锗材料	P	小信号管		
		B	P 型，锗材料	H	混频管		
		C	N 型，硅材料	V	检波管		
		D	P 型，硅材料	W	电压调整管和电压基准管		
		E	化合物或合金材料	C	变容管		
				Z	整流管		
3	三极管	A	PNP 型，锗材料	L	整流堆		
		B	NPN 型，锗材料	S	隧道管		
		C	PNP 型，硅材料	K	开关管		
		D	NPN 型，硅材料	N	噪声管		
		E	化合物或合金材料	F	限幅管		
				X	低频小功率晶体管($f_a<3$ MHz，$P_c<1$ W)		
				G	高频小功率晶体管($f_a\geqslant 3$ MHz，$P_c<1$ W)		
				D	低频大功率晶体管($f_a<3$ MHz，$P_c\geqslant 1$ W)		
				A	高频大功率晶体管($f_a\geqslant 3$ MHz，$P_c\geqslant 1$ W)		
				T	闸流管		
				Y	体效应管		
				B	雪崩管		
				J	阶跃恢复管		

例如:3DG6C 表示硅 NPN 型高频小功率晶体管。

2. 半导体分立器件的常用测试方法

(1) 二极管

第一种方法是使用数字万用表的电阻挡测量二极管的正、反向电阻。由于二极管的单向导通特性,一个好的二极管其正向电阻小,反向电阻大。红表笔接二极管的正极,黑表笔接二极管的负极,此时测得是正向电阻,将两表笔对调,测得是反向电阻。若测得的反向电阻比正向电阻大得多,则表明二极管正常。第二种方法是使用数字万用表的二极管挡测试,将红表笔接二极管的正极,黑表笔接二极管的负极,此时读数为二极管的正向压降,一般硅管为 0.5~0.7 V、锗管为 0.2~0.4 V。对于一些特殊的二极管,例如稳压二极管、发光二极管等也按上述方法测量。

(2) 三极管

三极管可以等效为两个二极管,因此可以用数字万用表判断其好坏。下面以硅管为例,说明用数字万用表来判断三极管的好坏和引脚。

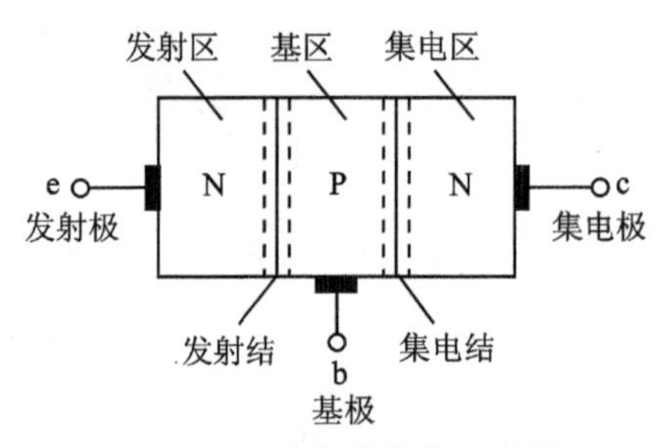

图 1-21 三极管结构示意图

第一步:判断管型和基极。NPN 型三极管结构示意图如图 1-21 所示。首先将数字万用表的挡位旋转到二极管挡,用数字万用表的红表笔和黑表笔分别接三个极中的两个。通过交换表笔位置,最终总会出现下列情况:当红表笔不动,黑表笔分别接两个电极时,读数均为 0.5 V 左右,说明与红表笔相联的电极为基极 b,且该管是 NPN 型管;当黑表笔不动,红表笔分别接两个电极时,读数均为 0.5 V 左右,说明与黑表笔相联的电极为基极 b,且该管是 PNP 型管。

第二步:集电极 c、发射极 e 和放大倍数的测量。明确了管型和基极 b 之后,将数字万用表的挡位旋转到 hFE 挡,并将三极管插入相应的插孔内(指 NPN 或 PNP、b 位置确定,其余两个电极插入 c 或 e),若此时数字万用表读数正常,则说明三极管的电极刚好插入正确的孔,此时的读数为三极管的放大倍数值;若读数过大或无显示数字,则将未知的两个电极换个位置即可。

1.1.3 半导体集成电路

半导体集成电路是将有源元件如晶体管、二极管和无源元件如电阻、电容等,按照一定的电路互连,集成在单一的半导体芯片上,从而完成特定电路或系统的功能。半导体集成电路可分为:数字集成电路、模拟集成电路、数字和模拟混合集成电路及专用集成电路。

半导体集成电路的封装方式有很多，根据封装材料的不同，可大致分为金属、陶瓷、塑料等。如图 1－22 所示，一般半导体集成电路的封装形式为金属封装的 t 型或 k 型；塑料和陶瓷包装的平板和双线直包装；表面贴片封装式的 SOP、SOC、SOJ、QFP、PLCC 等形式。

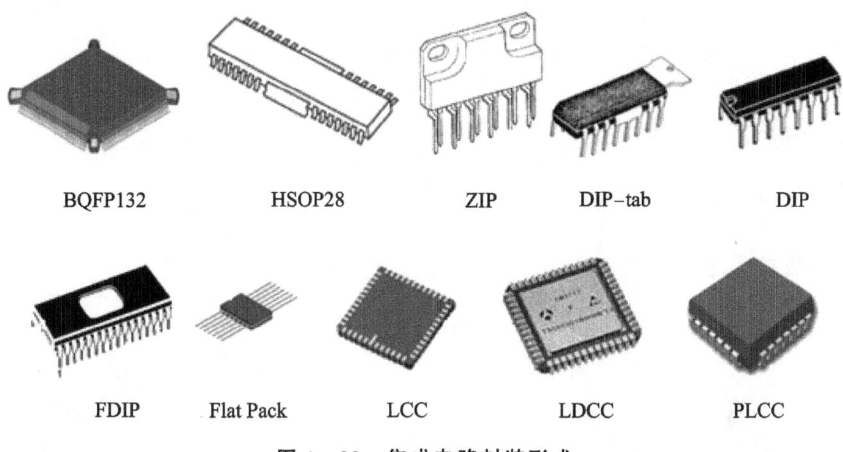

图 1－22　集成电路封装形式

1.1.4　元件封装

元件封装，就是指把硅片上的电路引脚，用导线接引到外部接头处，以便与其他器件连接。封装形式一般是指安装半导体集成电路芯片用的外壳形式。它不仅起着安装、固定、密封、保护芯片及增强电热性能等方面的作用，而且还通过芯片上的接点用导线连接到封装外壳的引脚上，这些引脚又通过印刷电路板上的导线与其他器件相连接，从而实现内部芯片与外部电路的连接。一方面芯片通过封装与外界隔离，以防止空气中的杂质对芯片电路的腐蚀而造成电气性能下降；另一方面，封装后的芯片也更便于安装和运输。

一般而言，封装可以分为贴片式封装和直插式封装两大类。这两类封装形式的最大差异在于：安装在对应 PCB 板上时，是否需要开孔设计。如图 1－22 中的 DIP、FDIP 等就是典型的直插式封装，而 LCC、LDCC 等就是典型的贴片式封装。

在现代高度集成的电子设备中，大多数元件都采用贴片式封装形式。这是因为相比于直插式，贴片元件的体积和质量都更小，并且不用在 PCB 上开孔，有助于 PCB 的设计，提高电路的稳定性和可靠性。除去 1.1.1 小节介绍的电阻、电容、电感元件具有贴片式封装以外，下面再介绍一些常见的贴片元件。

1. 贴片三极管

贴片三极管一般采用塑料封装，封装形式有 SOT、SOT23、SOT223、SOT25、

SOT343、SOT220、SOT89、SOT143 等，结构外形如图 1－23 所示。

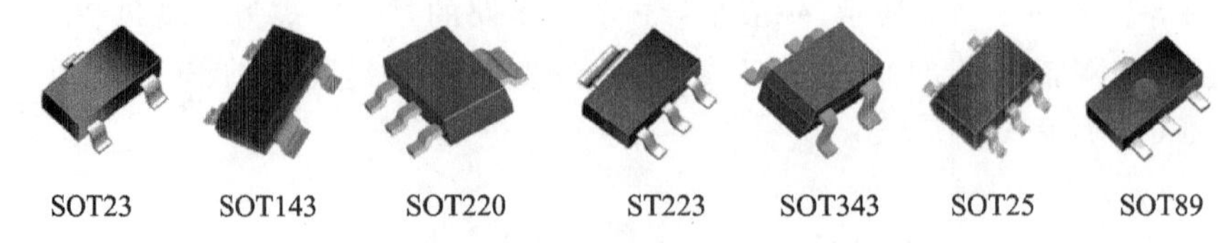

图 1－23　SOT 贴片三极管

2. 贴片晶振

贴片晶振封装形式如图 1－24 所示。

3. 贴片二极管

贴片二极管外形与贴片电阻的外形相似，如图 1－25 所示。

图 1－24　贴片晶振

图 1－25　贴片二极管

1.2　常用仪器

本节以本科电子系统设计中常用的仪器（数字示波器、波形发生器、直流稳压电源和数字万用表）为例，重点介绍仪器用法和注意事项。

1.2.1　数字示波器

目前本科电子系统设计实验室常用的数字示波器是数字存储示波器，由内部微型计算机进行信号分析、处理、存储、显示或打印等操作。这类示波器通常还具有程控和遥控能力，可将数据传输到计算机等外部设备进行分析处理。其工作过程一般分为存储和显示两个阶段。在存储阶段，对被测模拟信号进行采样和量化，经模/数（A/D）转换器转换成数字信号后，依次存入存储器中。当采样频率足够高时，即可实现信号的不失真存储。在显示阶段，以合适的频率将上述信息从存储器中依次读出，经数/模（D/A）转换和滤波后，即可显示还原后的被测波形。北航电工电子中心本科创新自助实验室配备了数字存储示波器 Agilent DSO－X 2012A。由于数字存储示波器的原理与操作大致相同，在此主要介绍 Agilent DSO－X 2012A 示波器的用法，掌握后对于其他型号的示波器也能够熟练驾驭。

下面介绍示波器的主要设置及控制按钮。Agilent DSO－X 2012A 示波器的主要设置及控制按钮如图 1－26 所示。

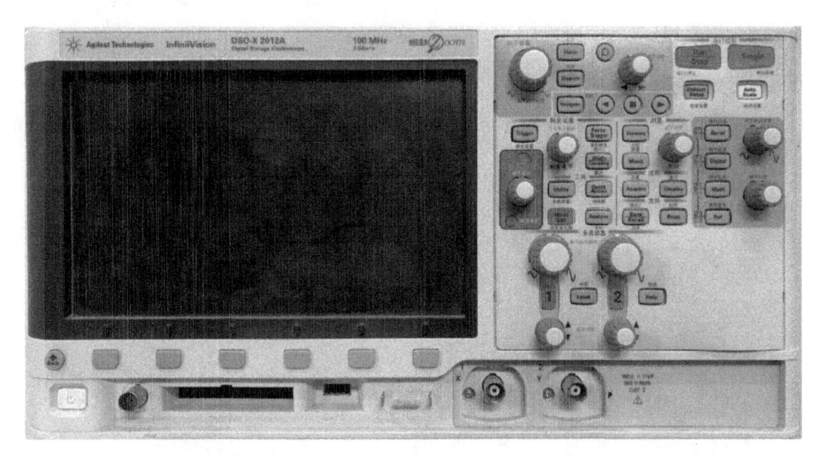

图 1－26　示波器的主要设置及控制按钮

(1) 水平控件

如图 1－27 所示，在水平设置区域，左侧较大旋钮用于调节水平刻度(秒/格，s/div)，此旋钮按下可实现粗调与精调之间的切换。右侧较小旋钮用于设置波形的水平位置，调节此旋钮可左右移动波形，按下此旋钮可迅速将波形的偏移归零。

(2) 垂直控件

如图 1－28 所示，在垂直设置区域，每个输入通道的较大旋钮都可用于设置垂直刻度调整系数(伏/格，V/div)。此旋钮按下可实现粗调与精调之间的切换。每个通道的较小旋钮都可用于调节波形的垂直位置/偏移，即可使用此旋钮上下移动波形。此旋钮按下可迅速将波形的垂直偏移归零。

图 1－27　示波器水平控件

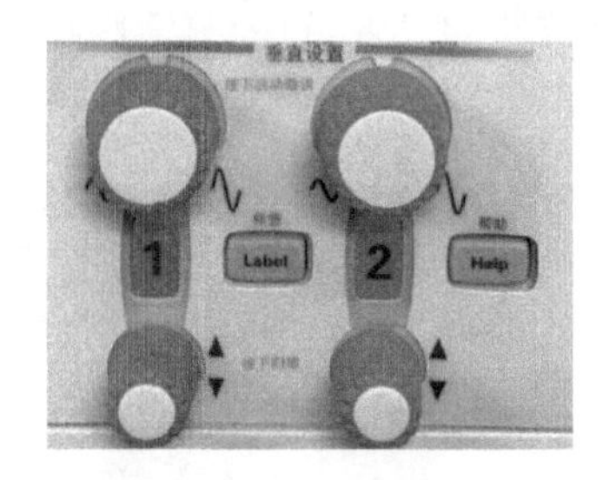

图 1－28　示波器垂直控件

(3) 触发控件

图 1-29 所示为示波器触发控件。示波器触发控件主要用于调节波形的稳定。若显示波形的初相位相同,则扫描显示的波形在屏幕上重叠,通过人眼看上去波形是稳定的,否则波形在屏幕上移动。触发的调节一般通过“触发设置”选择合适的触发源,通过“触发电平”旋钮调节触发电平。通常将被测通道选为触发源,将触发电平调至被测信号幅值范围之内,被测波形更易稳定。

(4) 通用旋钮

图 1-30 所示为示波器通用旋钮。通过此旋钮可以频繁地更改一系列无专用前面板控件的设置变量和选择。使用该旋钮控制变量时,可以看到绿色的弯曲箭头。还可以用此旋钮设置波形的亮度级别。

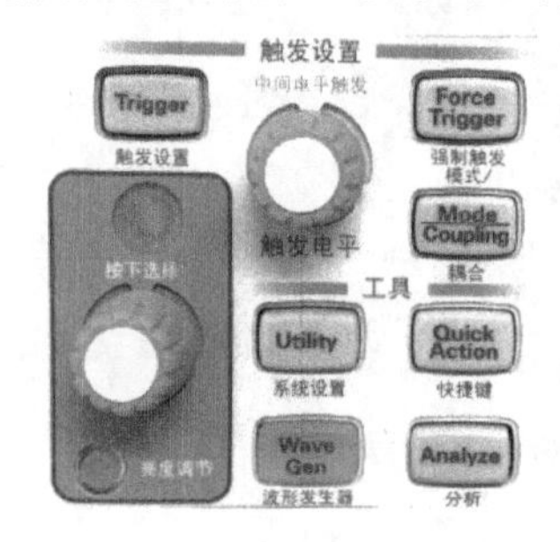

图 1-29 示波器触发控件

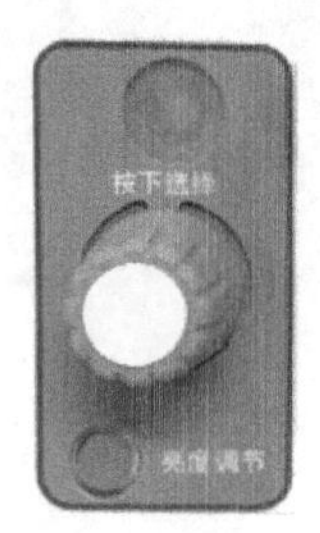

图 1-30 示波器通用旋钮

(5) 测量光标控件

图 1-31 所示为示波器测量光标控件。测量光标按钮可以方便地辅助测量,包括波形的幅值、相位、周期等参数的测量。

(6) 结果记录与保存控件

图 1-32 所示为示波器结果记录与保存控件。结果记录与保存控件可将 USB 存储设备插入前面板 USB 端口,按下“保存/调用”键,调节通用旋钮选择保存的波形图像格式(如 PNG 24 位图像,*.png),并对保存的文件命名。还可以使用相同方法保存示波器的设置条件,只需将格式改为 *.scp,并可切换“保存/调用”的按键功能,调用 USB 设备中的示波器文件。

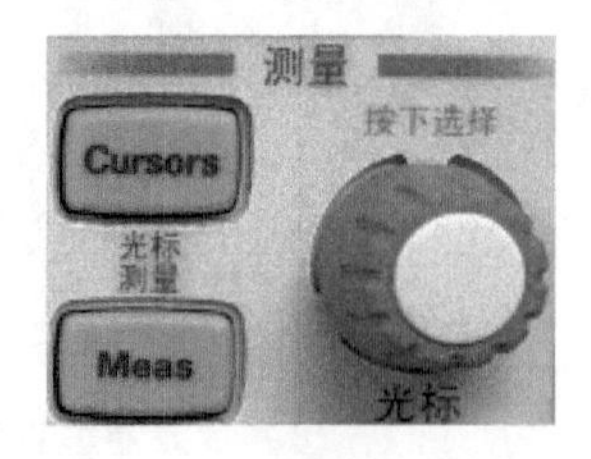

图 1-31 测量光标控件

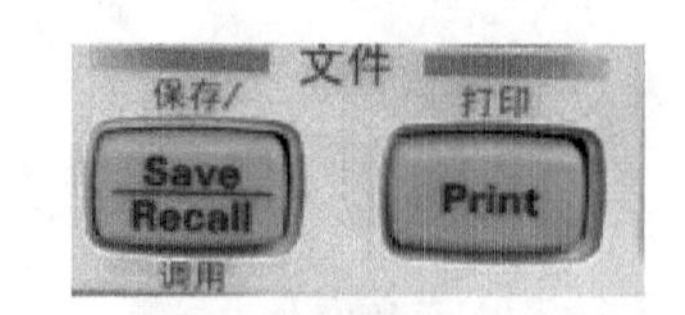

图 1-32 结果记录与保存控件

1.2.2　波形发生器

在示波器 DSO－X 2012A 中内置有可选的波形发生器，称为 WaveGen，其控件如图 1－33 所示。下面以正弦波为例，介绍其内置波形发生器的用法。

步骤如下：

① 将示波器所有探头的连接断开。

② 将 50 Ω BNC 同轴电缆连接到波形发生器的输出端（电源开关右侧，Gen Out 端口）与通道 1 输入 BNC 之间。

③ 按下“默认设置”。

④ 将通道 1 的探头衰减常数设置为 1∶1。

⑤ 按前面板键 WaveGen。

⑥ 按“设置”软键，然后按“默认波形发生器”软键。

⑦ 再次按前面板键 WaveGen。

⑧ 将通道 1 的 V/div 设置设为 100 MV/div。

⑨ 将示波器的时基设置为 100.0 μs/div（默认设置）。

⑩ 可通过示波器观测到正弦波的一个周期，如图 1－34 所示。峰峰值为 500 mV 的 1.000 kHz 正弦波是该波形发生器的默认信号。

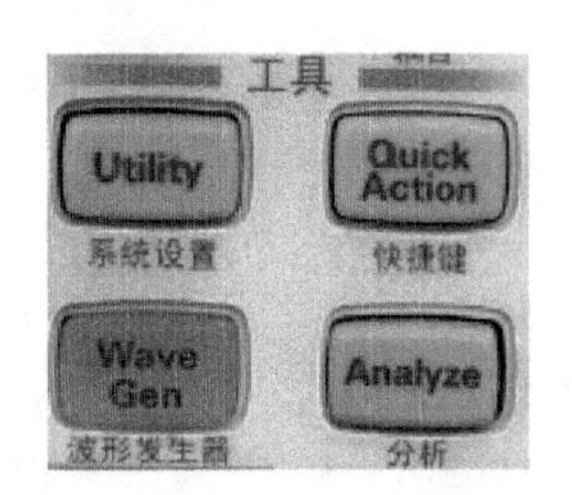

图 1－33　波形发生器控件

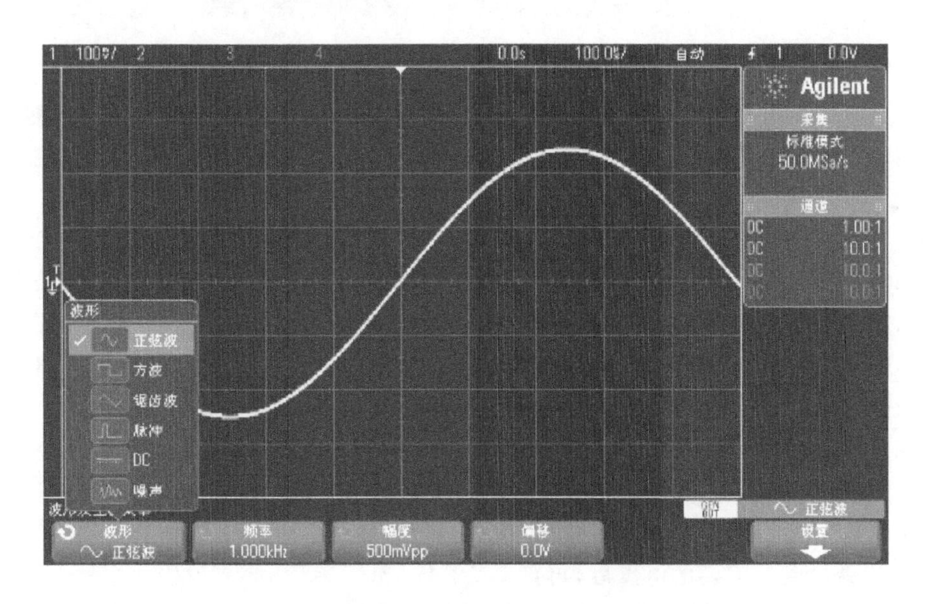

图 1－34　示波器内置波形发生器的正弦波形

◆ 按“频率”软键，可旋转通用旋钮增加或减少频率，最大频率设置为 20.00 MHz。

◆ 按“振幅”软键，可旋转通用旋钮更改信号的振幅。

◆ 按“偏移”软键，可旋转通用旋钮更改信号的偏移。

◆ 按“波形”软键，可旋转通用旋钮选择各种波形。选择方波后，可以微调占空比；选择脉冲后，可以微调脉冲宽度。

◆ 其他信号的调节方法与上述波形的调节方法类似。

1.2.3 直流稳压电源

北航电工电子中心本科创新自助实验室配备了固纬(GWINSTEK)GPC－3030DN型直流稳压电源，如图1－35所示。它具有四组数字面板表头、三组输出(两路0～30 V可调电压，0～3 A可调电流；一路5 V固定电压)、自动同步追踪、自动串并联操作、定电压与定电流操作、低涟波与低噪声、可选择连续或动态负载、过载和极性反向保护功能。

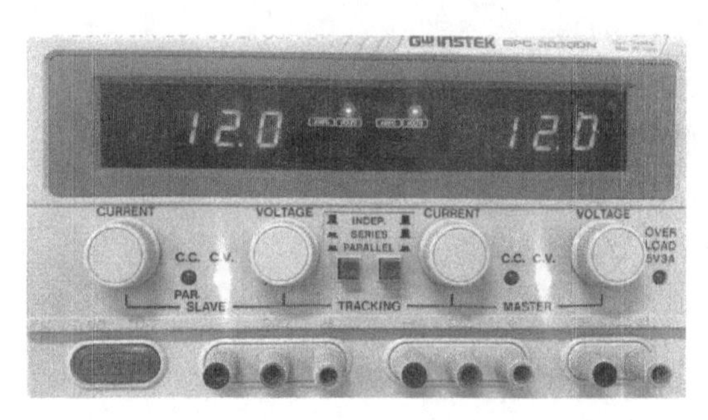

图1－35 直流稳压电源

直流稳压电源通常作为电压源输出，但需要注意，它具有稳压和稳流自动转换的功能。当负载电流小于设定值时，C. V. 指示灯亮，此时为稳压状态；当负载电流大于设定值时，C. C. 指示灯亮，此时为稳流状态，输出电流恒为设定值。

直流稳压电源负载电流的设定，首先应确定负载需要提供的最大安全电流值；然后用测试导线暂时将一路可调输出端的正极和负极短路；再将电压调节旋钮(VOLTAGE)从零开始由小到大旋转，直至C. C. 指示灯亮；接着将电流调节旋钮(CURRENT)调到所需电流值，则负载最大允许电流(限流点)设定完成，不再改变旋钮位置；最后拆除输出端的短路导线。电源是一种供给量仪器，一般不要将输出端长期短路。

直流稳压电源在本科电子系统设计中应用相当普遍，以GPC－3030DN型直流稳压电源为例，在此主要强调一些使用方法和注意事项：

① 调整到所需要的电压后，再接上负载。

② 在使用过程中，因负载短路或过载引起保护时，应首先断开负载，然后按下POWER按钮，关闭电源。重新开启电源后，电压即可恢复，待排除故障后再接上负载。

③ 将额定电流不等的各路电源串联使用时，输出电流为其中最小一路的额定值。

④ 每一路电源有一个表头，在 AMPS/VOLTS 不同状态时，分别指示本路的输出电流或者输出电压。通常放在电压指示状态。

⑤ 每一路都有红、黑两个输出端子，红端子表示“+”，黑端子表示“−”。面板中间带有接“大地”符号的黑端子，表示该端子接机壳，与每一路输出都没有电气连接，仅作为安全线使用。

⑥ 两路可调电压的工作方式（TRACKING）包括 3 种：独立、串联、并联。当并联使用时，调节右侧主路（MASTER）电压调节旋钮，可实现主路和从路（SLAVE）电压的一致输出。3 种工作方式的接线方法如图 1－36 所示。

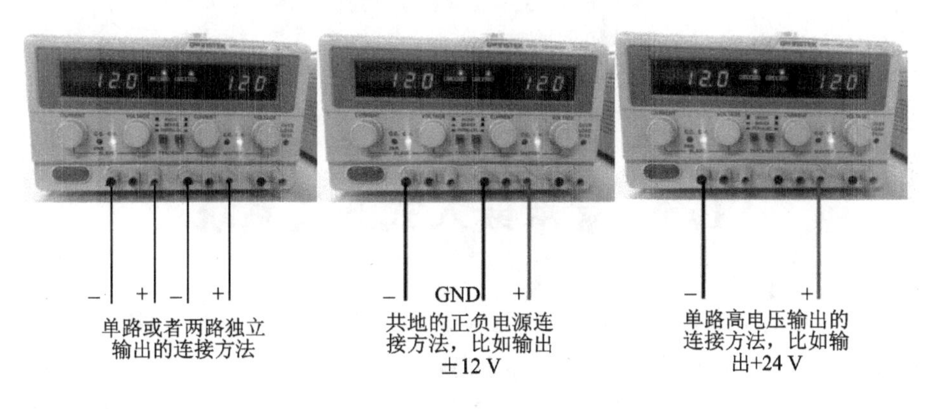

图 1－36　常用连接方法

1.2.4　数字万用表

作为一种多用途的电子测量仪器，数字万用表可测量电流、电压、电阻、二极管、电路通断、电容、频率、占空比和温度等，又称为万用计、多用计、多用表。由于其具有测量功能较全、读数方便等优点，深受使用者喜爱，应用广泛。数字万用表的种类、形式较多，但使用方法大致相同。下面以实验室中常用的 UNI－T UT804 台式数字万用表为例进行讲解，如图 1－37 所示。

UNI－T UT804 台式数字万用表的使用方法和注意事项主要包括以下几点：

① 根据被测对象选择正确的测试插孔，一般红色代表信号正极，黑色代表信号负极。图中 5 个测试孔中，黑色表笔应固定插在 COM 端，红色表笔应根据被测对象选择测试孔。

② 通过面板右侧“多功能旋钮”和屏幕下方 SELECT 按键，选择被测对象。可通过 SELECT 按键，切换“多功能旋钮”上对应的第一功能（白色字符）和第二功能（蓝色字符），屏幕将显示对应的功能符号。在测试过程中，请勿随意操作“多功能旋钮”改变被测对象，以免烧坏仪表。

图 1-37　台式数字万用表

③ “—”(V̄)代表测量直流平均值;“～”(Ṽ)代表测量交流有效值。该挡位(Ω)可通过 SELECT 按键的切换进行电阻测量、导通测试和二极管测量。

1.3　常用嵌入式开发系统

在近些年的全国大学生电子设计竞赛中,根据仪器设备和主要元器件清单要求,针对开发系统,本科组应当准备的仪器设备包括:单片机开发系统、FPGA 开发系统、DSP 开发系统、嵌入式开发系统。主要元器件包括:嵌入式开发系统板、TI 处理器系统板、微处理器最小系统板。符合以上标准且常见的开发系统包括 51 单片机、AVR 单片机、MSP430 单片机、Arduino、FPGA(Field-Programmable Gate Array)、ARM(Acorn RISC Machine)、DSP(Digital Signal Processing)等,下面概述它们的特点。

1.3.1　51 单片机

51 单片机是基础入门的一款单片机,应用较广。一般采用的 CPU(中央处理器)为 ST89C52,如图 1-38 所示,它是 STC 公司生产的一种低功耗、高性能 CMOS 8 位微控制器,具有 8 KB 系统内可编程 FLASH 存储器。

对于初学者,51 单片机易于入门,市面上相关的视频与学习资料很多,网络上供参考的源程序资源也很丰富。但该款单片机外设接口较少,根据需要可将地址线与数据线共用,内部没有 A/D(模拟/数字)信号转换器,使用时需要搭配较多的外设。

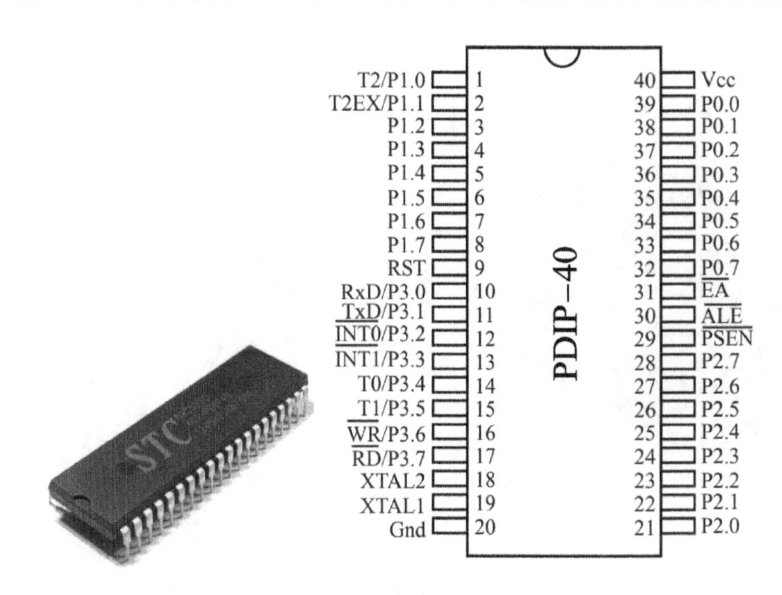

图 1-38 ST89C52 芯片及引脚分布图

针对全国大学生电子设计竞赛的控制类题目,采用 51 单片机一般能满足题目要求。若之前熟悉 51 单片机的使用,且未接触过其他 MCU(微控制器),推荐竞赛时采用。

1.3.2 AVR 单片机

1997 年,ATMEL 公司研发出了采用精简指令集的高性能 8 位单片机。相对采用复杂指令集的传统 8051 单片机体系,AVR 单片机通过精简指令集简化了指令功能,缩短了指令的平均执行时间,使其性能得到了较大幅度的提升。在相同晶片技术以及时钟的条件下,采用精简指令集 CPU 的运行速度是采用复杂指令集 CPU 运行速度的 2~4 倍。正因为如此,采用精简指令集的 AVR 单片机在高端系统中得到了广泛应用。

AVR 单片机易于入门,市面上相关的视频与学习资料较多,网络上供参考的源程序资源也很丰富,但是市场的占有率不如 51 单片机。与 51 单片机相比,其外设接口更加丰富。针对全国大学生电子设计竞赛的控制类题目,采用 AVR 单片机一般也能满足题目要求。

图 1-39 所示为 ATmega8 芯片及引脚分布图。

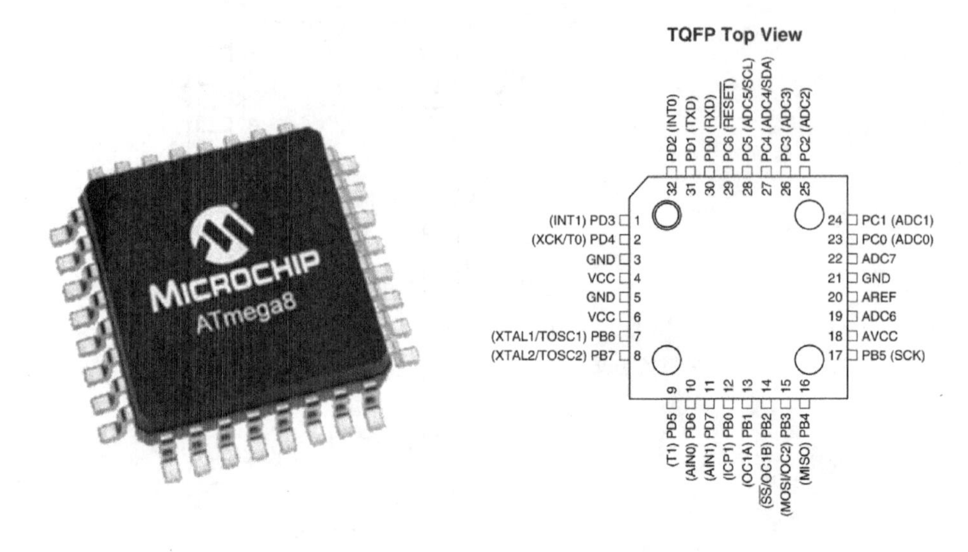

图 1-39 ATmega8 芯片及引脚分布图

1.3.3 MSP430 单片机

MSP430 单片机是 TI 公司的一款 16 位超低功耗单片机，运算速度较快，能够实现一些乘法/加法运算和数字信号处理算法（如快速傅里叶变换 FFT 等）。其外设 I/O（输入/输出）接口较多，内置有 10 位/12 位 A/D、硬件乘法器等。在 2019 年的全国大学生电子设计竞赛仪器设备和主要元器件清单中，包含有 TI 处理器系统板，因此可采用 MSP430 单片机系统板，如图 1-40 所示。

近几年来，北京市大学生电子设计竞赛的统一开发平台是基于 MSP430 单片机的，而全国大学生电子设计竞赛大多题目对于单片机没有具体要求。此单片机虽然功能强大，但是难度相较于 AVR 和 51 单片机而言较高一些，对于单片机初学者，不建议以此入门。等学会 51 或者 AVR 单片机，再使用 MSP430 单片机则相对容易。

针对全国大学生电子设计竞赛的电源类题目，若需要乘法器与 FFT 变换等运算，可以采用此款单片机，但相较于 FPGA 与 DSP，从整体而言，它的性能较差一些。

1.3.4 Arduino

Arduino 是一款便捷灵活、上手方便的开源电子原型平台，包含硬件（各种型号的 Arduino 板）和软件（Arduino IDE）两部分。Arduino 环境安装方便，开发易于上手，网络资源丰富，特别适合初学者。目前市面上常见的 Arduino 主板有 Arduino Uno、Arduino Mega 2560、Arduino Nano 等。Arduino 适用于大部分控制类和电源类题目。但是在频率高或者算法复杂的需求下，其支持能力并不理想。

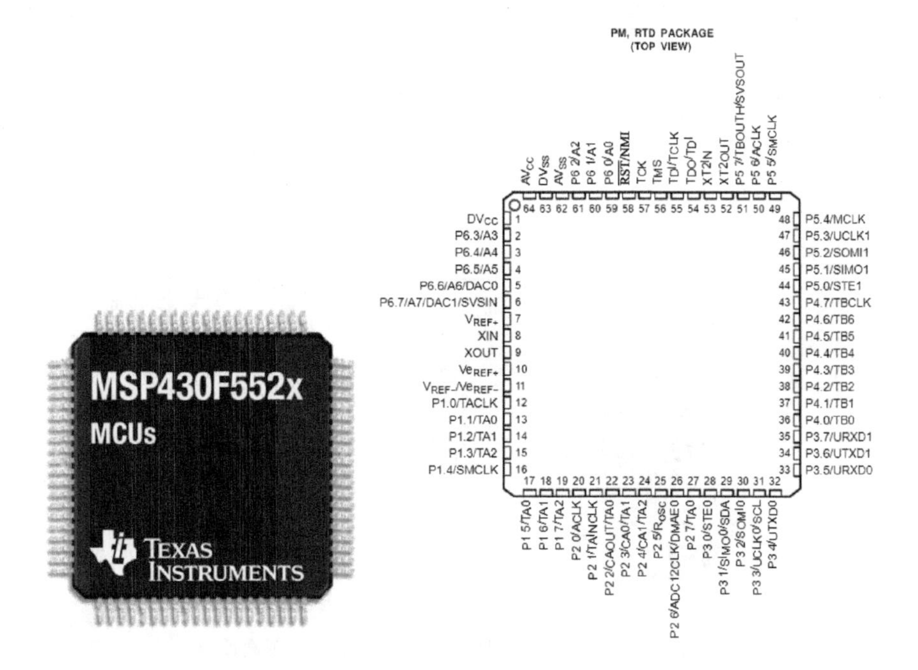

图 1-40 MSP430 芯片及引脚分布图

图 1-41 所示为 Arduino Uno 主板及核心 IC ATMEGA328 引脚图。

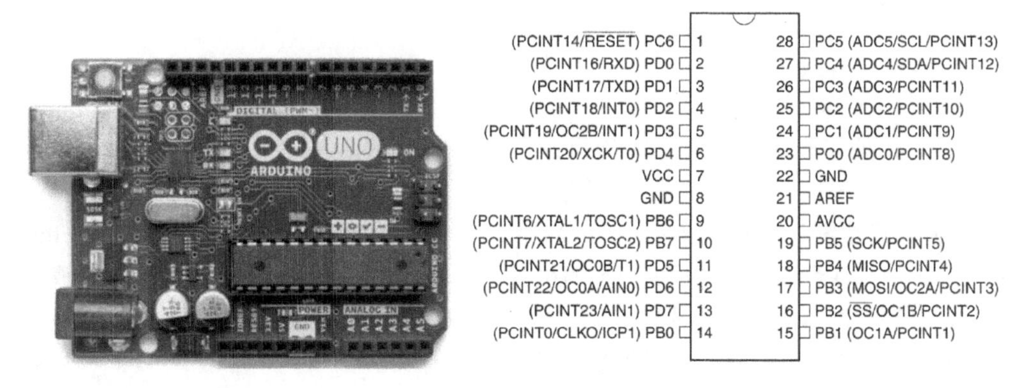

图 1-41 Arduino Uno 主板及核心 IC ATMEGA328 引脚图

1.3.5 FPGA

FPGA 的开发相较于传统单片机有很大不同。FPGA 以并行运算为主，用硬件描述语言来实现；与传统单片机的顺序操作有很大区别，也造成了其开发入门较难。FPGA 的基础主要围绕数字电路和硬件描述语言展开，因此若想学好 FPGA，一方面，建议参考数字电路的相关学习资料；另一方面，在硬件描述语言方面，因 VHDL

语言语法更加规范严格，建议初学者学习 Verilog 语言，其更容易上手，调试更为简单。

图 1－42 所示为 FPGA 芯片(XC17V16)及引脚分布图。

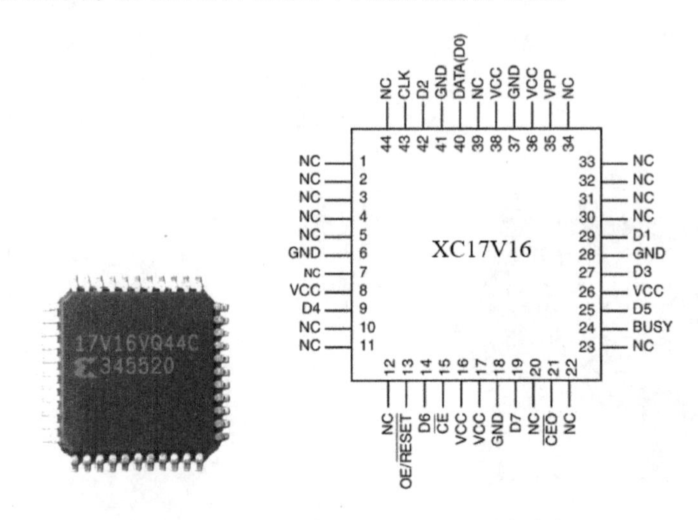

图 1－42　FPGA 芯片(XC17V16)及引脚分布图

FPGA 在高频类题目中应用较为普遍，在某些电源类题目中也有使用，但 FPGA 已属于高阶控制类芯片，建议有一定基础的同学使用，对于起步阶段的同学，难度偏大，且一般对于控制类题目的必要性不太大。

1.3.6　ARM

ARM 处理器是英国 Acorn 公司设计的第一款 RISC(Reduced Instruction Set Computer，精简指令集计算机)微处理器，本身是 32 位设计，但也配备 16 位指令集。作为嵌入式系统开发的主流之一，ARM 芯片大多把 SDRAM(Synchronous Dynamic Random Access Memory，同步动态随机存储器)、LCD(Liquid Crystal Display，液晶显示器)等控制器集成到芯片中。前述的单片机中，大多数功能需要扩展外围电路实现，而 ARM 显然已经是个集成度较高的微处理器了。

图 1－43 所示为 ARM 芯片(LPC2134)及引脚分布图。

ARM 开发板根据 ARM 内核可以分为 ARM7、ARM9、ARM11 等系列，增加外设后，具备许多功能接口，包括触摸屏、矩阵键盘、外部总线、音频等常用接口。还有意法半导体公司基于 ARM Cortex－M3 内核推出了 STM32 单片机，价格较低，性能很强，而且有库函数的支持，开发的流程简化很多。对于全国大学生电子设计竞赛而言，其他单片机，如 51 单片机和 Arduino，价低且开发工具多，易于上手；而 MSP430 功耗低且性能突出。若简单开发系统性能满足功能要求，不建议使用 ARM，因为在本科阶段，对 ARM 十分熟悉的人比较少，很多时候出了问题只能通过自己努力去慢

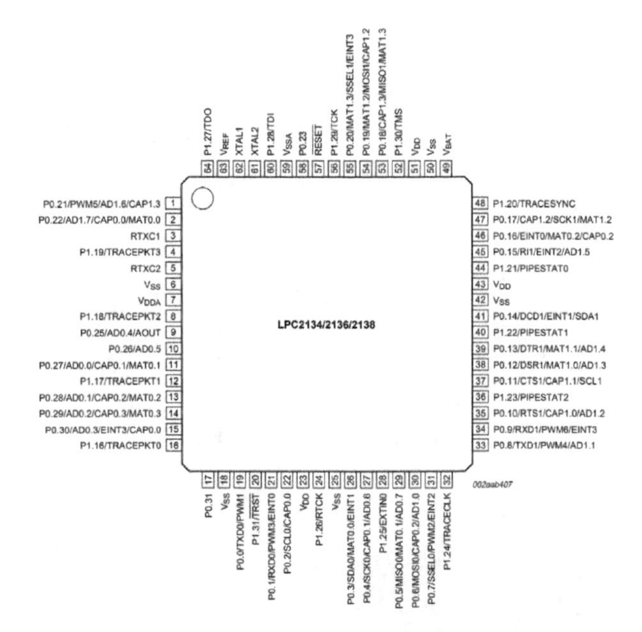

图 1-43　ARM 芯片(LPC2134)及引脚分布图

慢解决,开发难度会增加许多。

1.3.7　其他 MCU

1. DSP

DSP 又称数字信号处理器,是一种特别适合进行数字信号处理运算的微处理器,其主要应用是实时快速地实现各种数字信号处理算法。在全国大学生电子设计竞赛中,某些电源类题目需要大量乘法器与数字信号处理,适合使用 DSP,如可选择 DSP28335,如图 1-44 所示。根据多年来的电赛指导经验,针对电源类和控制类题目,极少有参赛同学采用 DSP 作为主控 MCU,所以在此不作详细介绍。

2. 瑞萨 MCU

近年来瑞萨公司赞助全国大学生电子设计竞赛,针对旋翼类题目,原则上要求使用瑞萨芯片作为主控 MCU,如在近几届的全国大学生电子设计竞赛中,竞赛组委会要求在控制类题——四旋翼自主飞行器中使用指定的瑞萨芯片,但是该芯片普及率不高,提高了赛题的难度。要想取得理想的成绩,充分的赛前准备尤为重要。

图 1-45 所示为瑞萨 RX23T 开发板套件及引脚分布图。

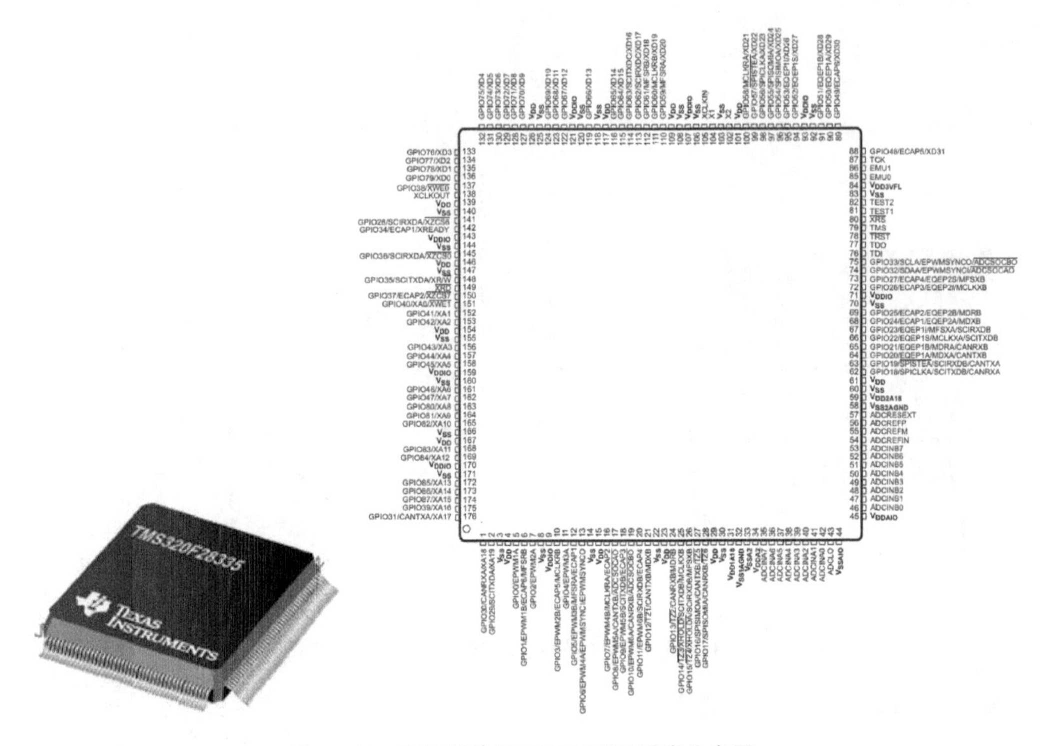

图 1-44　DSP 芯片(DSP28335)及引脚分布图

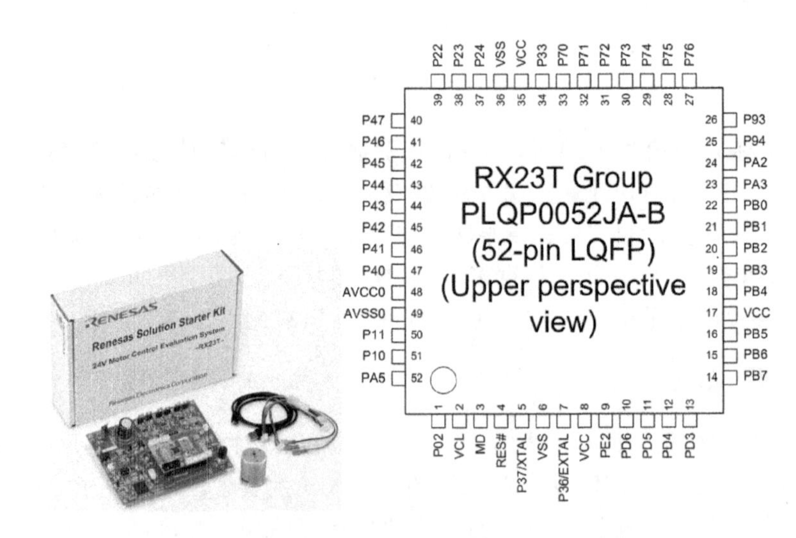

图 1-45　瑞萨 RX23T 开发板套件及引脚分布图

第2章　EDA设计与实训

内容提要

EDA(Electronic Design Automation,电子设计自动化)技术主要以计算机为工作平台,将应用电子技术、计算机技术、智能化技术等最新成果融合,进行电子产品的自动设计。

按照功能划分,依托EDA工具软件开展的电子设计,主要划分为IC(Integrated Circuit,集成电路)级辅助设计、电路级辅助设计、系统级辅助设计。IC级辅助设计主要是指物理集成电路级设计,多由半导体厂家完成。电路级辅助设计主要是指按电路的功能要求设计原理图,经过仿真分析后,根据原理图产生的电气连接网络表,完成PCB(Printed Circuit Board,印制电路板)设计。在电子系统的设计阶段,通过电路级EDA设计可以全面了解系统的功能和物理特性,消除设计缺陷。电路级辅助设计本质上是基于门级描述的单层次设计,较之电路级辅助设计,系统级辅助设计是概念驱动式的高层次设计,主要是针对设计目标,定义系统的行为特性,进行功能描述。依托EDA软件以规则驱动的方式完成描述转换,实现整体设计。

PCB,印制电路板,又称印刷线路板。由于它是采用电子印刷术制作的,故被称为"印刷"电路板。PCB是重要的电子部件,它为电子元器件提供了支撑,并为元件之间的电气连接提供载体。如图2-1所示,PCB采用了不同材料的板层,通过热量和黏合剂压制到一起,并在其中完成电路线路的部署,实现板面部署器件之间的连接。

PCB的制作一般采用玻璃纤维作为基础材料,在其表面可以黏合铜箔层来实现电路布线,常见的有单层、双层和四层,也有多达十余层的PCB。在PCB的铜层之上,是一层让PCB看起来是绿色(或为红色等其他颜色)的阻焊层。阻焊层覆盖住铜层上面的走线,防止走线和其他的金属、焊锡或导电物体接触导致短路。阻焊层的存在,有利于正确焊接,并且防止焊锡搭桥。在阻焊层上面,是白色的丝印层,其上印有

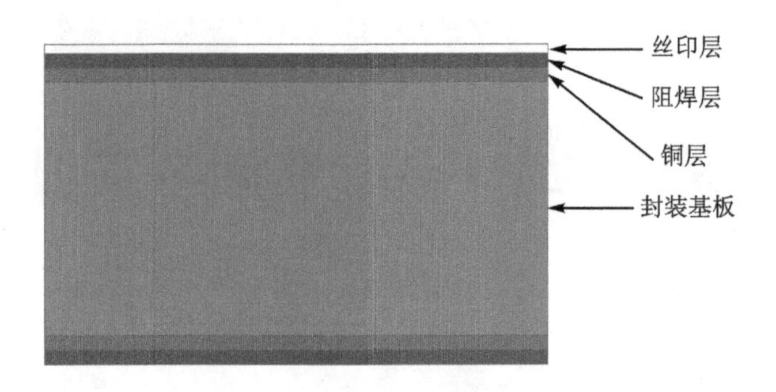

图 2-1 PCB 构成

字母、数字和符号，便于组装以及指示板卡的设计。丝印层的符号常用于标示引脚或者 LED 的功能等。

本章主要针对电路级辅助设计，就业内流行的几种常用 EDA 工具软件（Proteus、Altium Designer、OrCAD、PADS），介绍电路仿真、原理图绘制及 PCB 设计的方法。

2.1 电路设计与仿真

Proteus 是英国 Lab Center Electronics 公司开发的电路分析与实物仿真软件。该软件具有电路设计、制板及仿真等多种功能，包括对模拟电路、数字电路、模/数混合电路、微处理器的设计与实时仿真、PCB 设计、脚本编程。该软件功能齐全，界面多彩，是近年来备受电子设计者青睐的一款电子线路设计与仿真软件。

以一个单片机系统为例。在开展系统设计时，首先进行原理图设计，从元器件库中调用所需元件，进行合适的连线，并可通过单击原理图中单片机芯片加入已编译好的十六进制程序文件，运行仿真。运用 Proteus 的 PCB 制板功能，通过原理图生成的网络表，设计布局形成 PCB。

图 2-2 所示为单片机系统设计。

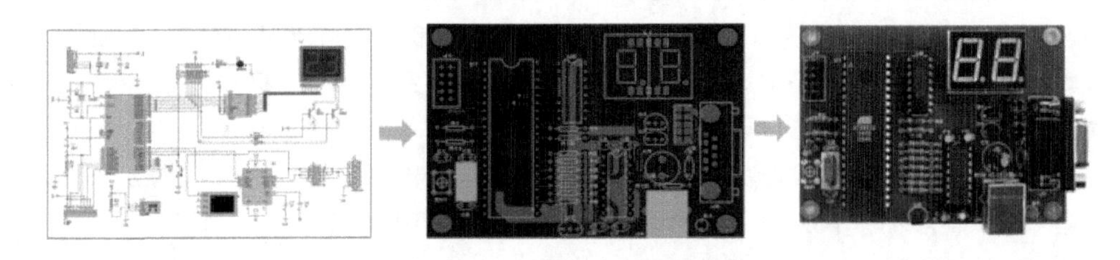

图 2-2 单片机系统设计

根据设计的 PCB 加工而成的电路板，焊接、安装、调试后就完成了实际的电路制作。由此可见，经过电路仿真、原理图设计、单片机编程、PCB 设计，就实现了从概念到样机的完整设计。其重要优势在于缩短了设计周期，降低了生产成本，提高了设计成功率。

Proteus 的 PCB 制板功能还支持三维预览，便于观察器件布局和展示设计结果，如图 2－3 所示。

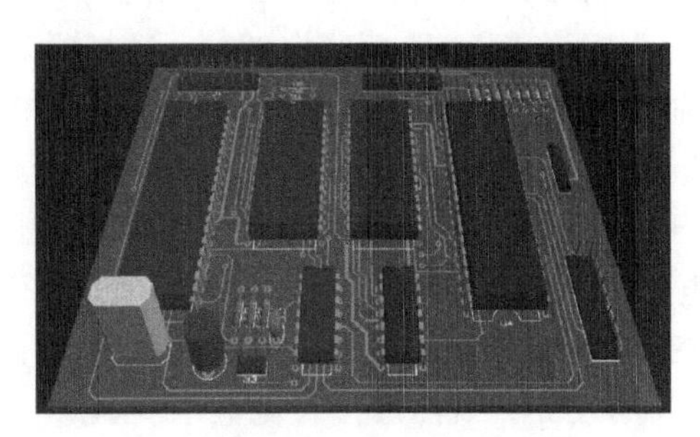

图 2－3　Proteus PCB 三维预览

2.1.1　Proteus VSM 仿真与分析

Proteus 主要包括 3 大结构模块：原理图（Schematic Capture）、印制电路板（PCB Layout）、虚拟系统模型（VSM Studio IDE），相应的功能如表 2－1 所列。

表 2－1　Proteus 主要模块的功能

模　块	功　能
原理图（Schematic Capture）	ISIS（Intelligent Schematic Input System，智能原理图输入系统）原理设计和仿真
	交互式仿真、图表仿真
	虚拟激励源
	丰富的辅助工具
印制电路板（PCB Layout）	自动布线布局
	泪滴操作、覆铜操作
	Gerber 文件视图
	功能强大的 PCB 辅助工具
虚拟系统模型（VSM Studio IDE）	虚拟系统建模
	支持程序单步、中断调试
	支持多种嵌入式微处理器
	硬件中断源、活动弹出窗

虚拟系统建模 VSM（Virtual System Modeling）是 Proteus 软件中一大核心优势

功能。当调用电路元件时，选用具有动画演示功能或具有仿真模型的器件，在电路连接完成无误后，运行仿真，即可实现声、光、动画等逼真效果，非常有利于检验电路的硬件及软件设计。

下面以 RC 电容充放电电路仿真为例，介绍 Proteus 仿真工具的作用。

如图 2－4 所示，RC 电容充放电仿真电路中，单击闭合 SW1 开关，断开 SW2 开关，单击原理图绘制界面左下角【运行仿真】按钮▶，运行原理图仿真。可观察充电过程中电解电容的电荷变化，导线上箭头标识了电流方向。靠近电源的正极板带上了正电荷，接电源的负极板带上了负电荷，电荷量不断增加。通过虚拟直流电压表 VM 可观测，当 C1 电压值达到直流电压源电压 12 V 时，停止充电。虚拟直流电流表 AM1 的电流值充电开始时最大，逐渐变小，最终为 0 mA。调整 R1 和 C1 的值，会改变充电时间。断开 SW1 开关，闭合 SW2 开关，电容放电，可以观测到灯泡被点亮。电容放电结束后，灯泡不再发光。观测虚拟直流电压表 AM2，电流值由大变小，最后为 0 mA。

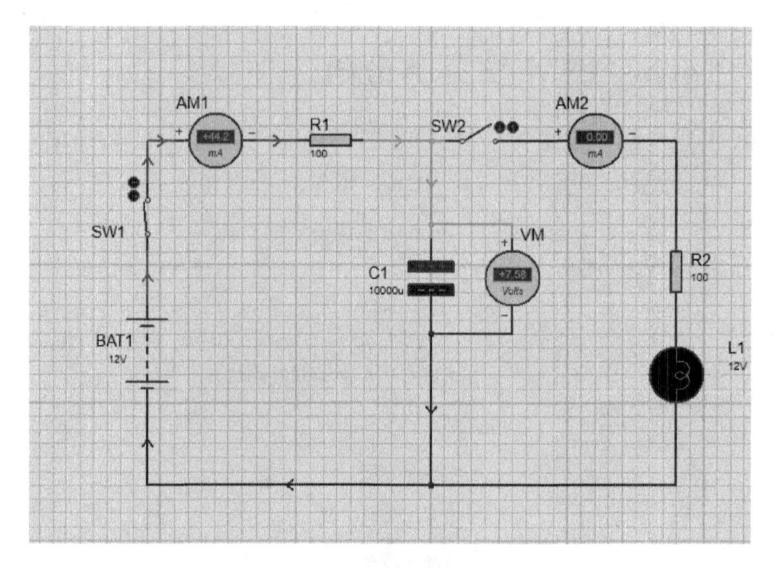

图 2－4　RC 电容充放电仿真电路

针对 VSM 电路仿真，Proteus 除了提供上万种 SPICE 模型元器件外，还提供了包括激励源、虚拟测量设备、电压与电流探针、分析图表在内的仿真工具。接下来介绍各仿真工具。

(1) 激励源

激励源主要包括直流电压源、正弦波发生器等多种激励源，如在上述 RC 电容充放电仿真电路中，有激励源直流电压源 BAT1。

图 2－5 所示为 Proteus 激励源仿真视图，表 2－2 所列为 Proteus 激励源。

表 2－2　Proteus 激励源

序　号	名　称	激励源
1	DC	直流电压源
2	SINE	正弦波发生器
3	PULSE	脉冲发生器
4	EXP	指数脉冲发生器
5	SFFM	单频率调频波信号发生器
6	PWLIN	任意分段线性脉冲信号发生器
7	FILE	File 信号发生器，数据来源于 ASCII 文件
8	AUDIO	音频信号发生器，数据来源于 wav 文件
9	DSTATE	单稳态逻辑电平发生器
10	DEDGE	单边沿信号发生器
11	DPULSE	单周期数字脉冲发生器
12	DCLOCK	数字时钟信号发生器
13	DPATTERN	模式信号发生器
14	SCRIPTABLE	脚本化波形发生器

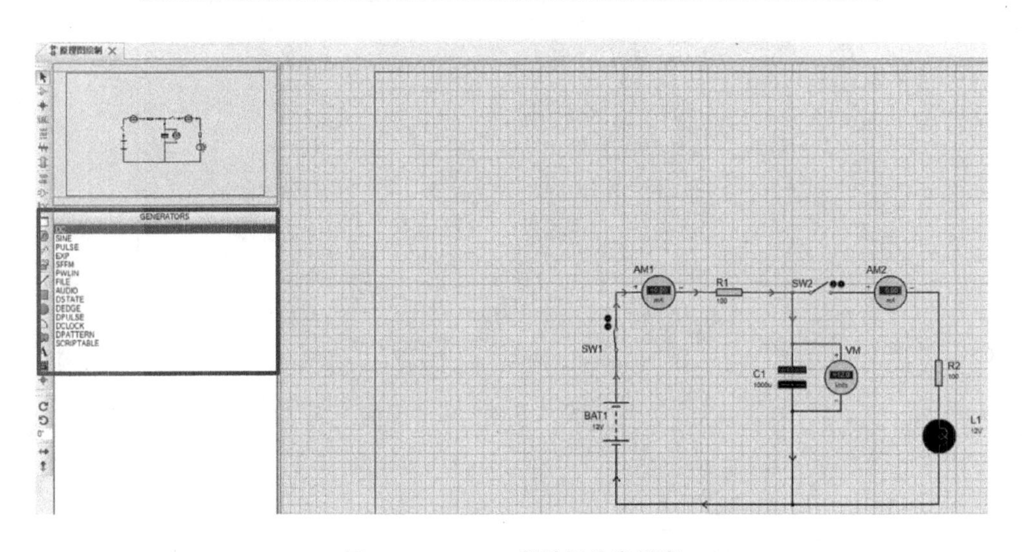

图 2－5　Proteus 激励源仿真视图

(2) 虚拟仪器

虚拟仪器主要用于观测电路的运行状况，包括虚拟示波器、交直流电压表和电流表、计数器、定时器、信号发生器等。如 RC 电路中的直流电流表 AM1、AM2，直流电压表 VM 都是虚拟仪器。

图 2-6 所示为 Proteus 虚拟仪器仿真视图，表 2-3 所列为 Proteus 虚拟仪器。

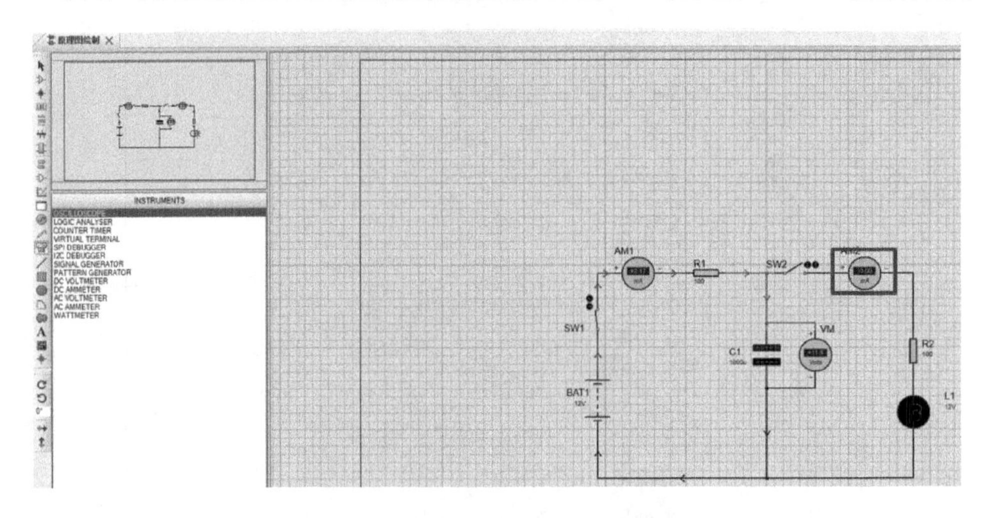

图 2-6 Proteus 虚拟仪器仿真视图

表 2-3 Proteus 虚拟仪器

序　号	名　称	激励源
1	OSCILLOSCOPE	虚拟示波器
2	LOGIC ANALYSER	逻辑分析仪
3	COUNTER TIMER	计数器、定时器
4	VIRUAL TERMINAL	虚拟终端
5	SPI DEBUGGER	SPI 调试器
6	I^2C DEBUGGER	I^2C 调试器
7	SIGNAL GENERATOR	信号发生器
8	PATTERN GENERATOR	模式发生器
9	DC VOLTMETERS	直流电压表
10	DC AMMETERS	直流电流表
11	AC VOLTMETERS	交流电压表
12	AC AMMETERS	交流电流表
13	WATTMETERS	功率表

(3) 探　针

探针直接布置在线路上，采集和测量电压或电流信号。

(4) 曲线图表

通过电路运行仿真，绘制出电压、电流波形，用于分析电路的参数指标。

下面通过一位 BCD 码十六进制计数器的实例，来了解探针和曲线图表这两种仿真工具。如图 2-7 所示,这是一个由 4 个 JK 触发器构建的一位 BCD 码十六进制同步计数器,4 个 JK 触发器输出接数码管的 4 位输入。随着输入时钟信号的变化,数码管循环输出 0～F 16 个 BCD 码。数码管输入接入了 4 个电压探针,可以观测到当前输入高低电平值,高电平时对应电压为 5 V,低电平时对应电压为 0 V。还可以通过下方的图表仿真,观测到时钟和 4 个 JK 触发器的输出波形,仔细观测可发现,各波形依次实现了二分频,即频率依次减半。

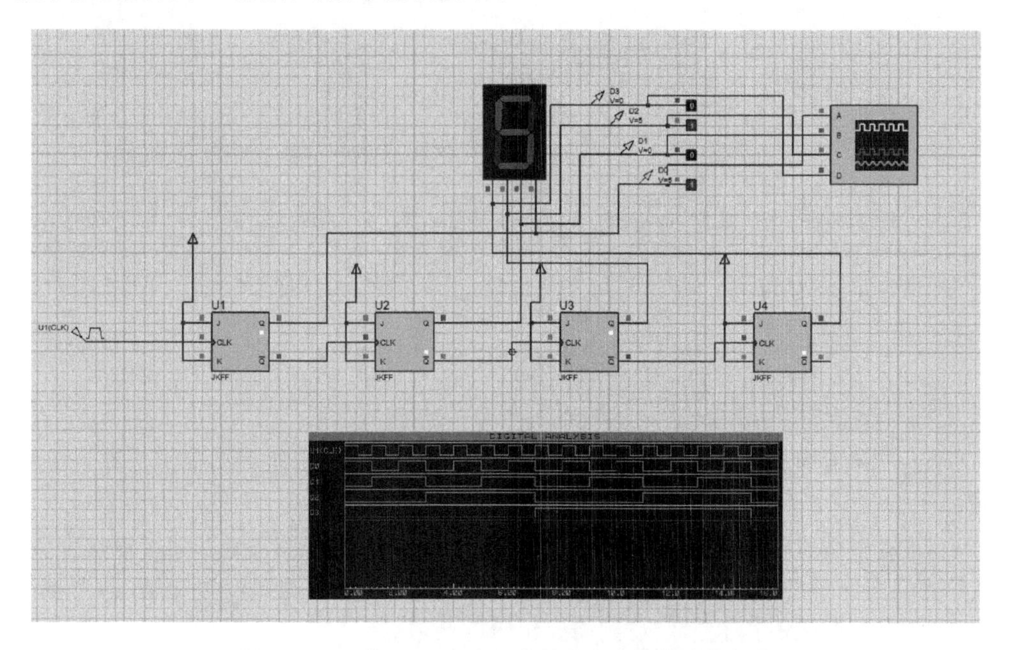

图 2-7 一位 BCD 码十六进制同步计数器仿真电路

2.1.2 Proteus 之做中学

学习工具软件常常遇到的困惑是想迅速上手,但对于层层叠叠的菜单和详而又细的教程却望而生畏,最后会很容易因没有足够的耐心而失去兴趣,半途而废。其实,对于初学者,应尽量"做中学",即不必了解软件的全部功能,只要把握它的核心和宗旨的东西,拿来就用,边用边学。在有了兴趣和信心之后,再根据具体任务有针对性地学习软件的详细功能。

如图 2-8 所示,在进行电路仿真之前,首先需要了解 Proteus 的原理图绘制工作界面,主要的功能选项包括:

① 标题栏 包含项目工程名称、软件版本等信息。

② 主菜单 包含常用的功能选项,如工程文件的存档,仿真运行时相关选项的设置等。

③ 标准工具栏 在绘制原理图时能提供很多辅助功能,如电气规则检查,能帮

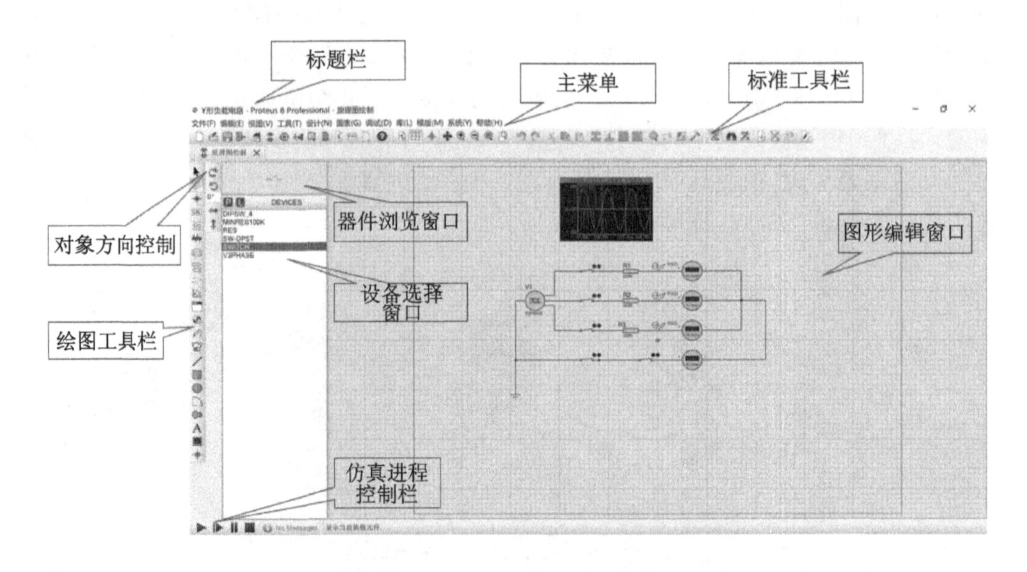

图 2-8 Proteus 原理图绘制工作界面

助检查原理图是否存在问题。

④ 对象方向控制　对元器件进行旋转、镜像等操作，使原理图更加工整、美观，连线更为简洁。

⑤ 图形编辑窗口　进行元器件编辑、连线的区域，原理图主要在此区域呈现。

⑥ 器件浏览窗口　图形编辑窗口的缩略图形式，在原理图较为复杂时，可以在此区域对其进行操作，快速定位到需要编辑的区域。

⑦ 设备选择窗口　选取所用元器件的窗口，分为 P 和 L 两种模式。其中，P 为元器件选择模式，可在此模式下选择所用元器件；L 为元器件库模式，以列表的形式展示了能用的元器件。

⑧ 仿真进程控制栏　用于仿真控制，包括运行仿真、由动态帧运行仿真、暂停仿真、停止仿真等控制。

⑨ 绘图工具栏　绘制原理图的相关操作，包括选取相应类型的器件、激励源、仪表、图形等。

接下来通过数字电路和模拟电路的两个实例，学习 Proteus 电路设计与仿真，选用 Proteus 8.4 版本的软件。

1. CMOS 驱动 TTL 的互连电路

(1) 新建工程

打开软件之后，首先需要新建工程。单击【文件】选项中的【新建工程】选项，自行命名、设置存放路径之后，其他选项均选择默认项，即可进入电路原理图绘制界面，如

图 2－9 所示。

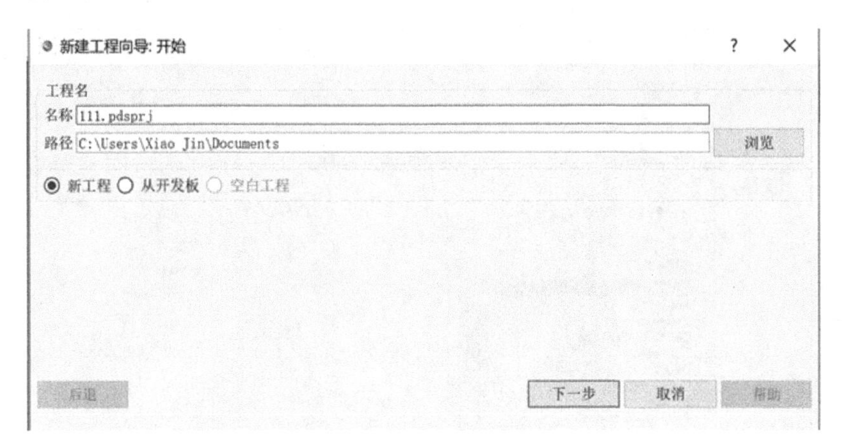

图 2－9　新建工程页面

(2) 元件选取

单击【原理图设计】图标可见原理图编辑界面。若工程建立之后没有出现原理图绘制界面，或者误操作关闭了原理图绘制界面，也可直接单击【原理图设计】图标，重新打开原理图绘制界面，进行后续的操作。

如图 2－10 所示，在 CMOS 驱动 TTL 的互连电路中，U_{o1}、U_{o2} 需用示波器观测波形，U_i 需接入 100 kHz 方波信号，因此本例所用到的元件清单如表 2－4 所列。需要用到 74LS00 和 CD4011 两个集成芯片，在 Proteus 软件中分属于 TTL 74LS series 和 CMOS 4000 series 类别。另外，还需要一个信号源作为第一级输入，通过绘图工具栏中的激励源模式调出；需要示波器观测 TTL 与 CMOS "与非"门输出，示波器可通过绘图工具栏中的仪器仪表模式调出。

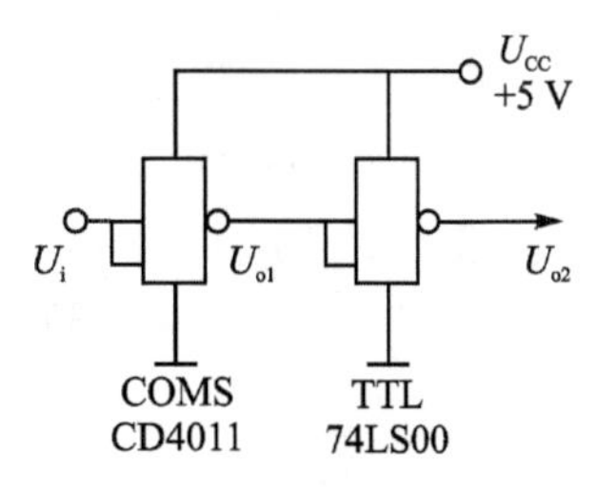

图 2－10　TTL 与 CMOS 门电路

表 2－4　CMOS 驱动 TTL 门电路元件清单

元件名/器件名	所属类别/模式	含　义
74LS00	TTL 74LS series	TTL 双输入"与非"门
CD4011	CMOS 4000 series	CMOS 双输入"与非"门
PULSE	激励源模式	方波信号输入
OSCILLOSCOPE	仪器仪表	四通道示波器

在进行原理图的绘制时，所要做的第一步就是找到所需的元器件。单击【设备选择器】的 P 选项，弹出【选择元器件】(Pick Devices)对话框，如图 2－11 所示。

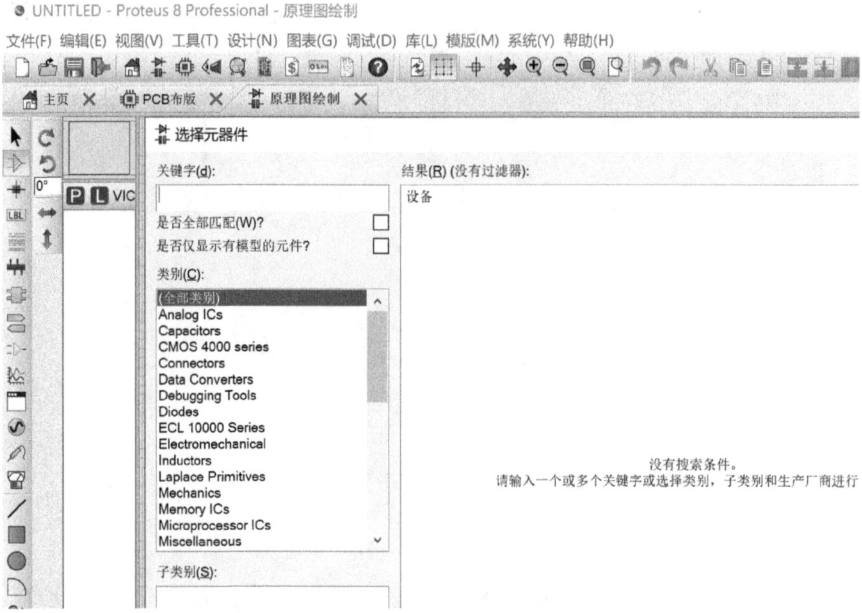

图 2－11　元器件选择界面

查找所需的元器件有两种方式：

① 直接查找和选取。把元器件名的全称或部分输入对话框中的【关键字】文本框中。如输入“74LS00”，然后双击选中查找到的元器件，即可将其放置在【设备选择器】区。

② 按类别查找和选取，元器件通常以其英文名称或器件代号在库中存放。查找 CMOS 4000 series，找到 CD4011，双击选取，如图 2－12 所示。

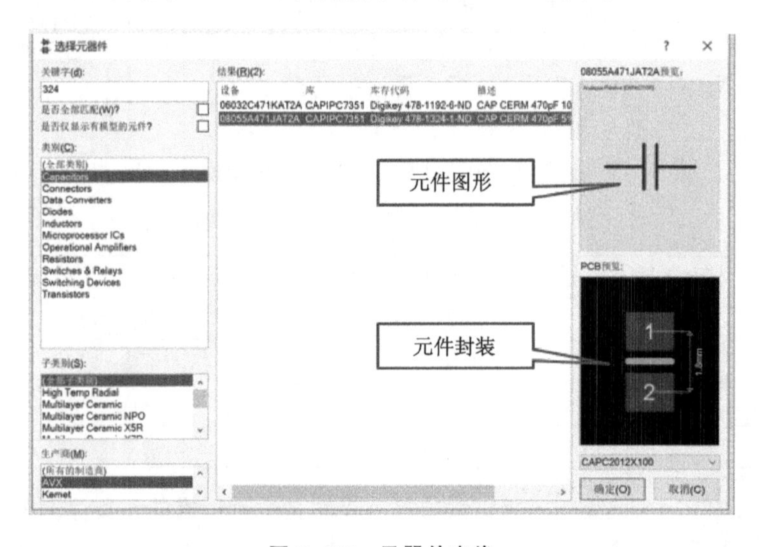

图 2－12　元器件查找

在将所用的元器件放置到【设备选择器】区之后，单击某一元器件名，可将其移动到图形编辑区后双击，元器件即被放置到编辑区中。另外，由于实验中还需要有方波输入和示波器观测波形，因此选择激励源模式找到时钟信号，输入方波；并在仪器仪表模式中选中示波器。在图形编辑区双击将它们放置，如图 2－13 所示。

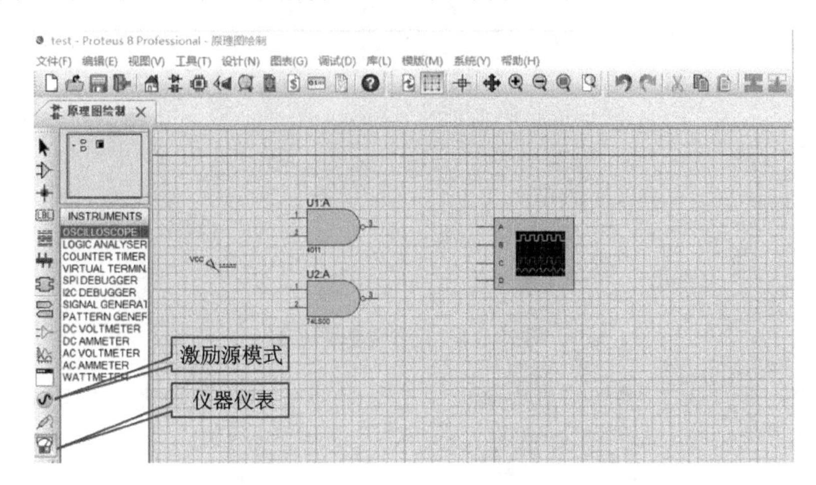

图 2－13　元器件布置

元器件位置调整的方法如下：

① 在元器件上单击选中元器件(选中为红色)，而在其以外的区域内右击则取消选择。

② 右击可以对元器件进行相关操作，如删除元器件。元器件误删除后可单击【撤销】图标找回。

③ 添加到图形编辑区的元器件是默认方向和位置的，在实际使用时，经常需要对其进行调整。单个元器件选中后，可拖动该元器件。群选则是左键拖出一个选择区域，单击【块移动】图标可整体移动；单击【块复制】图标可整体复制。

④ 按所示元器件位置布置好元器件，使用界面左下方的四个图标、、、可改变元器件的方向及对称性。选中需要操作的元器件，单击也能对其进行旋转和镜像操作。

元器件参数修改的方法是：双击元器件，在弹出的属性框中设置参数，如图 2－14 所示，与虚拟仪表的选项设置类似。例如，双击原理图编辑区中的信号源 clock，弹出 Digital Clock Generator Properties(数字时钟发生器属性)对话框，把 clock 的频率设为 100 kHz。

(3) 电路连线

选取好元器件并合理放置，设置参数后，即可对其进行连线。通常采取自动连线，步骤如下：选定结点模式，再选定自动连线。Proteus 会判断下一步操作是

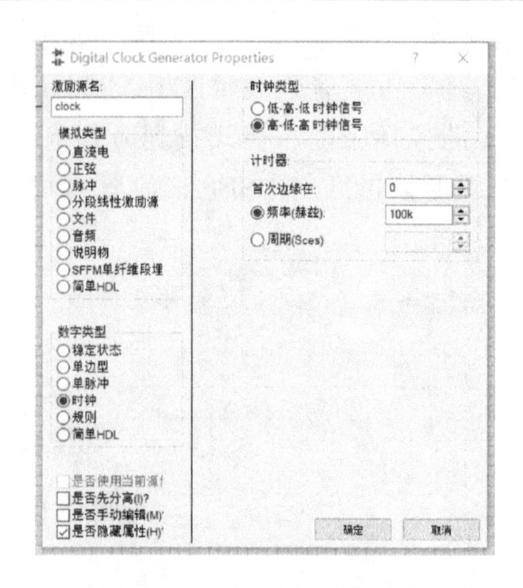

图 2-14　元器件参数设置

否想连线从而自动连线，只需单击编辑区元器件的一个端点，拖动到要连接的另一元器件的端点，松开后再单击，即完成一根连线。如果需要删除一根连线，则可以先选中需要删除的连线，然后右击，在弹出的快捷菜单中选择【删除连线】，或者双击右键。操作时，可单击▦图标取消或打开背景格点显示。

(4) 编辑窗口视野控制

合理控制编辑区的视野是元器件编辑和电路连接时的重要工作。编辑窗口的视野平移可用以下 3 种方法：一是通过菜单中的标准工具栏 ✥🔍🔍🔍🔍 控制，单击【光标居中】，实现编辑窗口视野以光标为中心居中，还可以进行放大、缩小等操作；二是编辑窗口的视野平移，在原理图编辑区蓝色方框内，把光标指针放置在某个地方后，按下 F5 键，将显示以光标指针为中心图形；三是编辑窗口的缩放，光标移动到需要缩放的地方，滚动鼠标中间滚轮即可实现缩放，还可以按下 F6 键实现放大，按下 F7 键实现缩小，按下 F8 键显示整张图纸。此外，在预览窗口进行操作，编辑窗口将有相应变化。

最终连接完成的电路图如图 2-15 所示，电路连接完成后，还需要对其进行电气

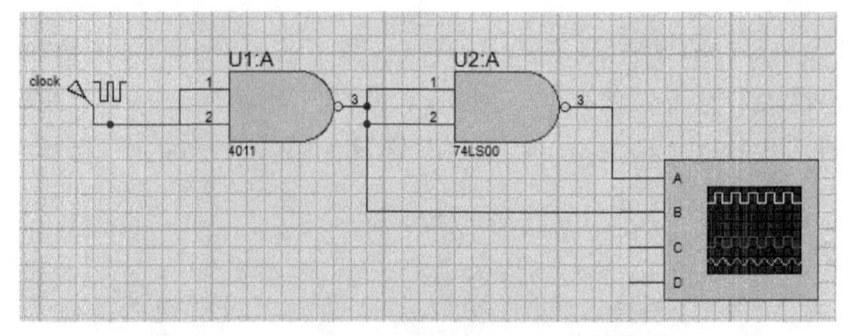

图 2-15　CMOS 驱动 TTL 门电路原理图

规则检查。电气规则检查选项在标准工具栏中，单击后就会弹出显示检查结果的窗口，如图 2－16 所示。若有问题，可以依据检查结果进行修改。

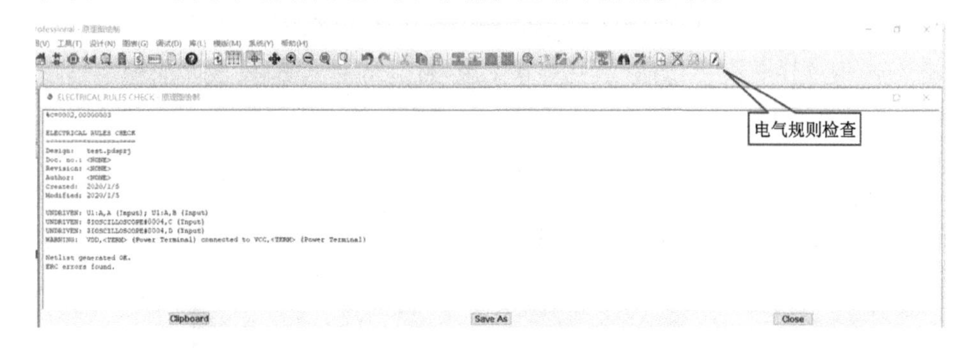

图 2－16　电路电气规则检查

(5) 电路动态仿真

完成电路设计后，接下来看电路的仿真效果。可配置相应的仿真选项，即选定主菜单【系统】→【设置动画选项】中的选项：在探针上显示电压与电流值、显示引脚逻辑状态、用颜色显示连线电压、用箭头显示电流方向，如图 2－17 所示。

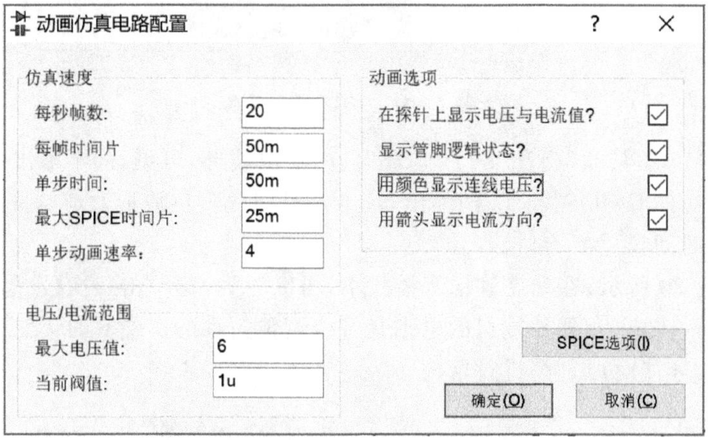

图 2－17　电路仿真配置

之后，单击仿真进程控制栏的选项开始仿真，这里有【运行仿真】【由动态帧运行仿真】【暂停】【停止】选项，如图 2－18 所示。针对一些变化较快的仿真，为了更清楚地观察现象，可以采用动态帧仿真，每次单击会让仿真向前一步。

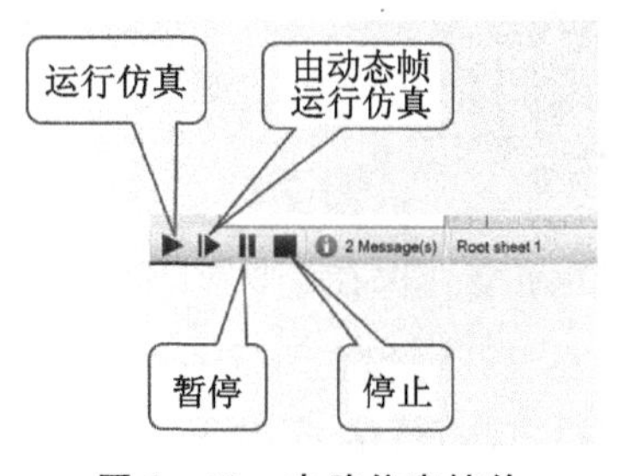

图 2－18　电路仿真控件

单击【运行仿真】选项，可以看到元件引脚端的颜色不断闪烁，意味着高低电平的不断转换。同时，单击菜单栏【调试】选项，可以调出示波器界面，观测波形的变化，如图 2-19 所示。建议关闭示波器不用的两个通道，适当调节被测两个波形的位置，并调节被测波形水平和垂直方向的灵敏度。为使波形稳定，调节触发系统：选择一个被测波形作为触发源，如选择通道 A；然后调节触发电平，将其放置在通道 A 波形幅值范围内，这样波形容易稳定。

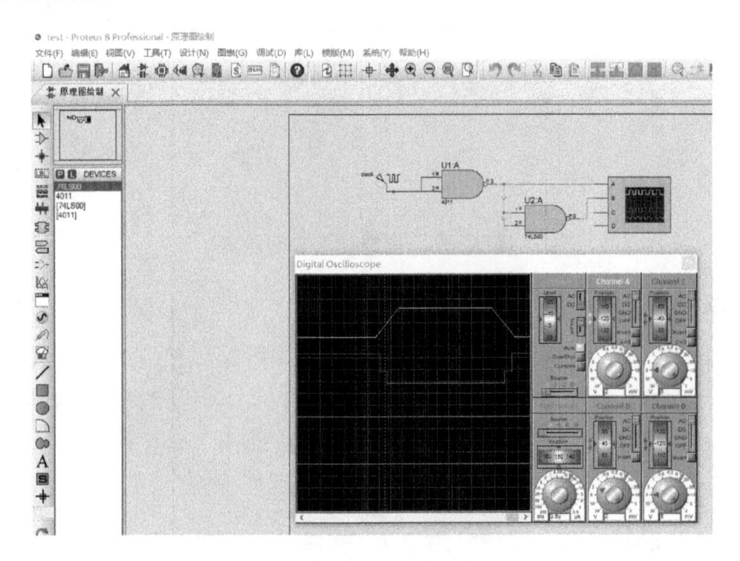

图 2-19　仿真波形观测

比较 CMOS“与非”门和 TTL“与非”门的输出波形，可见，两个输出波形反向，但蓝色波形对应的 CMOS“与非”门输出，其上升时间比黄色波形对应的 TTL“与非”门输出的上升时间长。

如图 2-20 所示，在动态帧仿真模式下，可以看到，每单击一次【动态帧】选项，仿真向前进行一步，在元器件端口的电平是符合逻辑关系的。仿真时无法修改原理图，停止仿真后，才能对原理图进行修改。

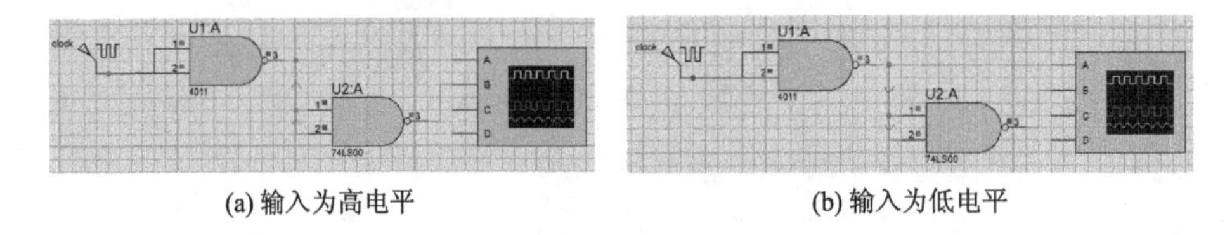

(a) 输入为高电平　　(b) 输入为低电平

图 2-20　动态帧仿真模式

(6) 文件保存

在设计过程中要养成不断存盘的好习惯。建议建立一个存放工程文件的专用文件夹（一般不选中文路径），选择主菜单【文件】→【工程另存为】选项，在打开的对话框中将修改的工程文件改名另存（后缀为 pdsprj）。除了该后缀名工程文件外，其他扩展名文件可删除。下次打开时，可直接双击该后缀名工程文件，或先运行 Proteus，再打开该工程文件。

2. 共射极放大电路

如图 2－21 所示，该电路需要 NPN 型三极管、电容、电位器等元器件。为了测量静态工作点，还需要电压探针、电流探针和电压表等虚拟仪器。为了观察波形，还需要示波器。因此，该电路所需的元器件清单如表 2－5 所列。

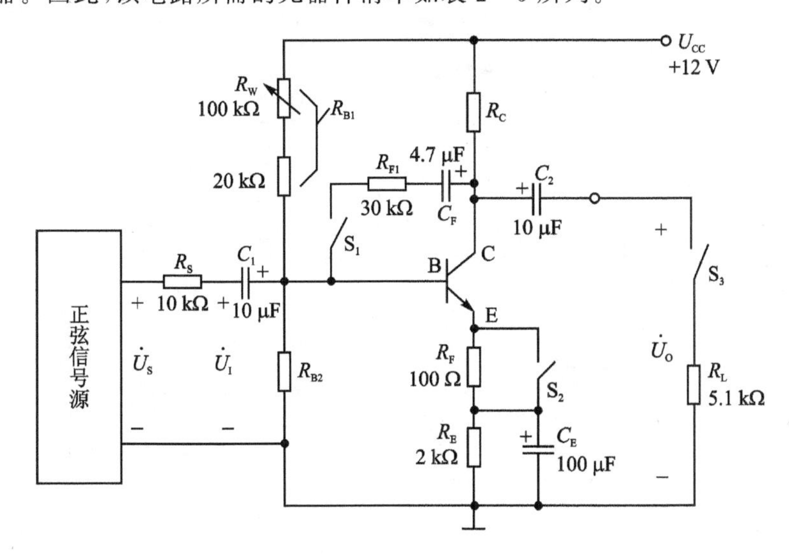

图 2－21　共射极放大电路原理图

表 2－5　共射极放大电路元器件清单

元件名/器件名	所属类别/模式	含　义
CAP	Capacitors	电容
NPN	Transistors	NPN 型三极管
POT－HG	Resistors	滑动变阻器
RES	Resistors	电阻
SW－SPDT	Switches & Relays	单刀双掷开关
SWITCH	Switches & Relays	开关
VOLTAGE	探针模式	电压探针
CURRENT	探针模式	电流探针
AC VOLTMETER	仪器仪表	交流电压表
OSCILLOSCOPE	仪器仪表	示波器

根据共射极放大电路原理图（见图 2－21），将需要用到的元器件加到【设备选择器】区，按图将其放置于图形编辑窗口，然后将各个元器件按照电路图连接。再在绘

图工具栏中选择激励源模式,找到正弦信号源;选择仪器仪表模式,找到示波器,将其添加到电路图中;选择探针模式,可以直接将其放置在需要测量的线路上,即可测量此点的电压或者电流。电路连接完成,即得到如图 2-22 所示的共射极放大电路原理仿真图,并可进行电气规则检查。

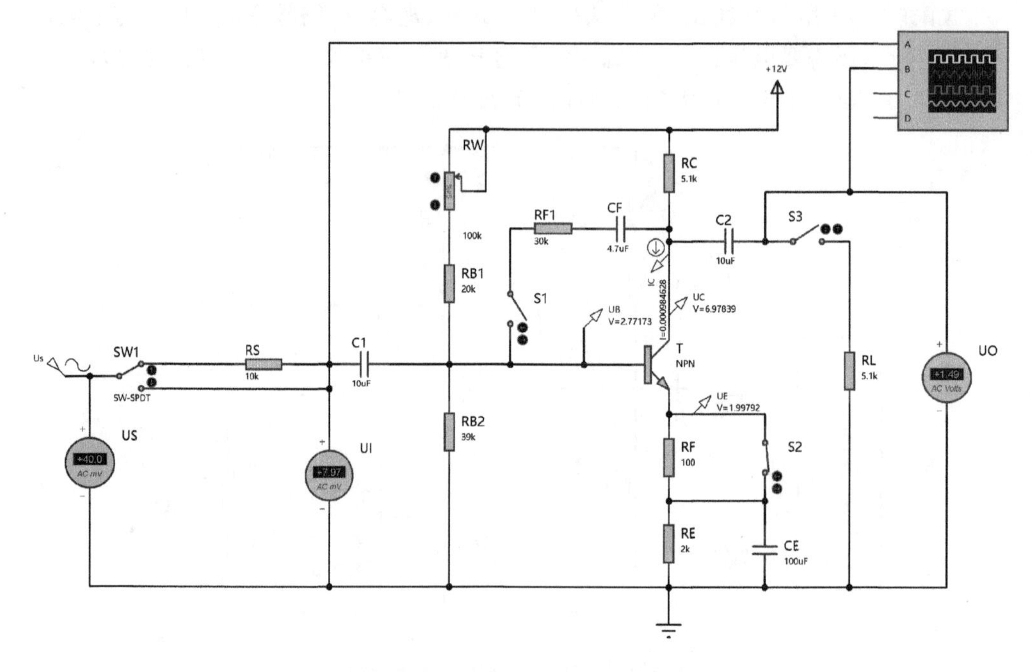

图 2-22 共射极放大电路原理仿真图

电气规则检查通过后,首先进行静态工作点的调节。此时,不需要交流信号输入,将正弦信号源的输入设为 1 kHz,幅值设为 0,电源电压 $U_{CC}=12$ V,运行仿真。调电位器 R_B,使 $I_{CQ}=1$ mA 即 $U_{EQ}=2$ V,测 U_{BQ}、U_{CQ}。表 2-6 所列为设置好的一个静态工作点数据,可以看到,此时三极管满足导通条件,并且 Q 点处在较为靠中的位置,是一个较理想的静态工作点。

表 2-6 共射极放大电路静态工作点

符　号	含　义	电压值/V
U_{EQ}	发射极电压	1.997 55
U_{BQ}	基极电压	2.771 47
U_{CEQ}	集电极与发射极之间电压	4.959 16

下面测量该电路的动态参数。从正弦信号源输出一个毫伏级交流信号 $u_{PP}=23$ mV,$f=1\ 000$ Hz,在输出 u_o 不失真的条件下测试相关参数。运行仿真时,单击菜单栏中的【调试】选项,选择最下方的【示波器】选项,打开示波器,调节其显示选项。

如图 2－23 所示，可以观测电路的输入和输出波形，可见，输出波形无失真。

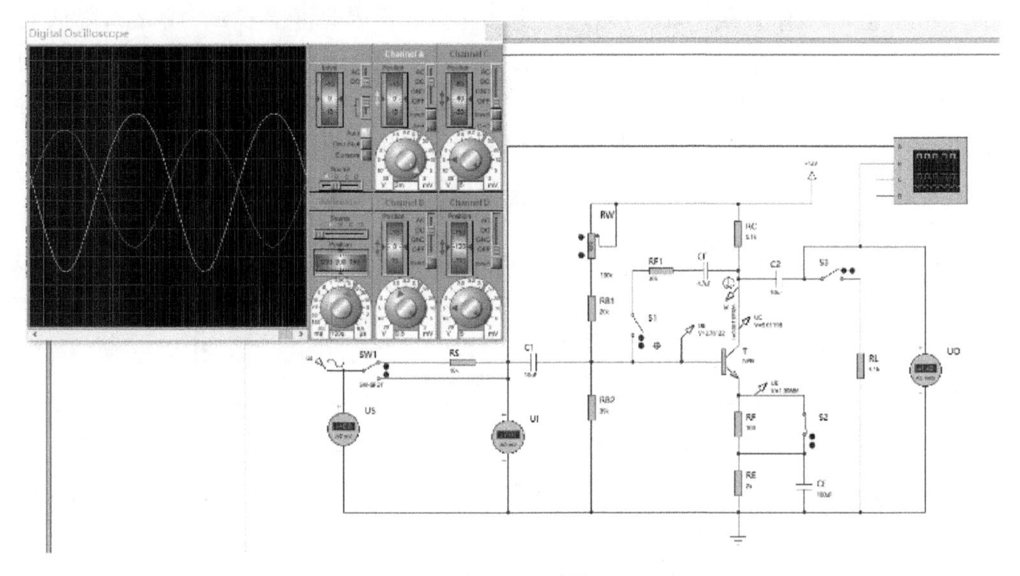

图 2－23　共射极放大电路动态参数测量

接下来观测输出波形的失真现象。首先观测饱和失真，共射极放大电路的 Q 点过高时，产生饱和失真。因此可调节 R_C 或 R_W，抬高 Q 点，观测输出波形的饱和失真，如图 2－24(a)所示。此时测量电路的静态工作点。先停止仿真，关闭正弦信号源，即将信号源的幅值调为 0，重新仿真，读取电压探针的值，可以看到，饱和失真时电路的 U_{CEQ} 非常小，对应的 Q 点过高。共射极放大电路饱和失真下的静态工作点测量值如表 2－7 所列。

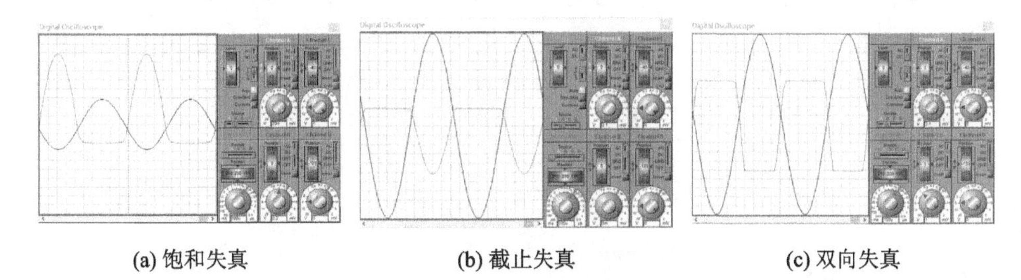

(a) 饱和失真　　(b) 截止失真　　(c) 双向失真

图 2－24　共射极放大电路失真测量

表 2－7　共射极放大电路饱和失真下的静态工作点

符　号	含　义	电压值/V
U_{EQ}	发射极电压	2.010 54
U_{BQ}	基极电压	2.783 37
U_{CEQ}	集电极与射极之间电压	0.510 24

接下来调节电路参数观测截止失真。因 Q 点过低，晶体管 b－e 间电压 U_{BE} 小于其开启电压，晶体管截止，此时输出产生截止失真。因此可调节 R_C 或 R_W，降低 Q 点，得到截止失真波形，即其顶部发生了失真，如图 2－24(b)所示。停止仿真后，关闭正弦信号源，测量截止失真时的静态工作点。可见，U_{CEQ} 与正常放大时相比大了很多，对应的 Q 点过低。共射极放大电路截止失真下的静态工作点测量值如表 2－8 所列。

表 2－8　共射极放大电路截止失真下的静态工作点

符　号	含　义	电压值/V
U_{EQ}	发射极电压	2.010 54
U_{BQ}	基极电压	2.783 37
U_{CEQ}	集电极与射极之间电压	9.979 96

共射极放大电路的双向失真现象可通过调大输入信号观测，将输入的正弦信号幅值设为 1 V，可见输出波形的顶部和底部均发生了失真，如图 2－24(c)所示。

2.2　电路原理图和 PCB 设计

EDA 设计是实操性很强的学习内容，因此本节将继续以实例来阐述采用 Altium Designer 进行原理图和 PCB 设计的方法。本节将设计前文仿真的共射极放大电路。

2.2.1　更改默认语言

在 Altium Designer 16.1 中，支持部分中文，通过以下步骤进行更改：

步骤 1：运行 Altium Designer 16.1，单击标签 DXP→Preferences，如图 2－25 所示。

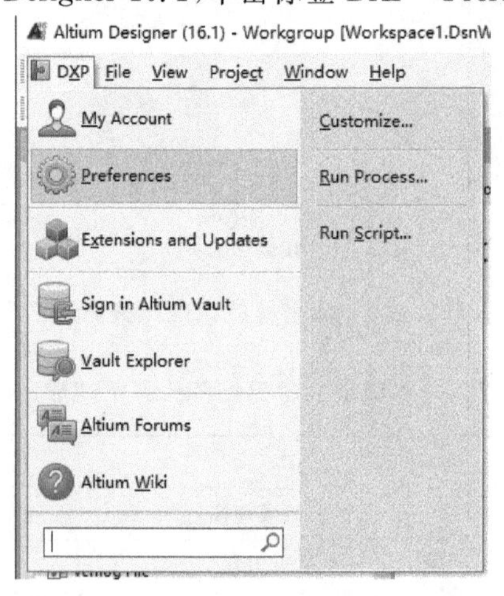

图 2－25　更改默认语言——步骤 1

步骤 2：在弹出的对话框中，选择最后的 Use localized resources 复选框，保存并退出软件，如图 2－26 所示。下次启动时默认语言即为中文。

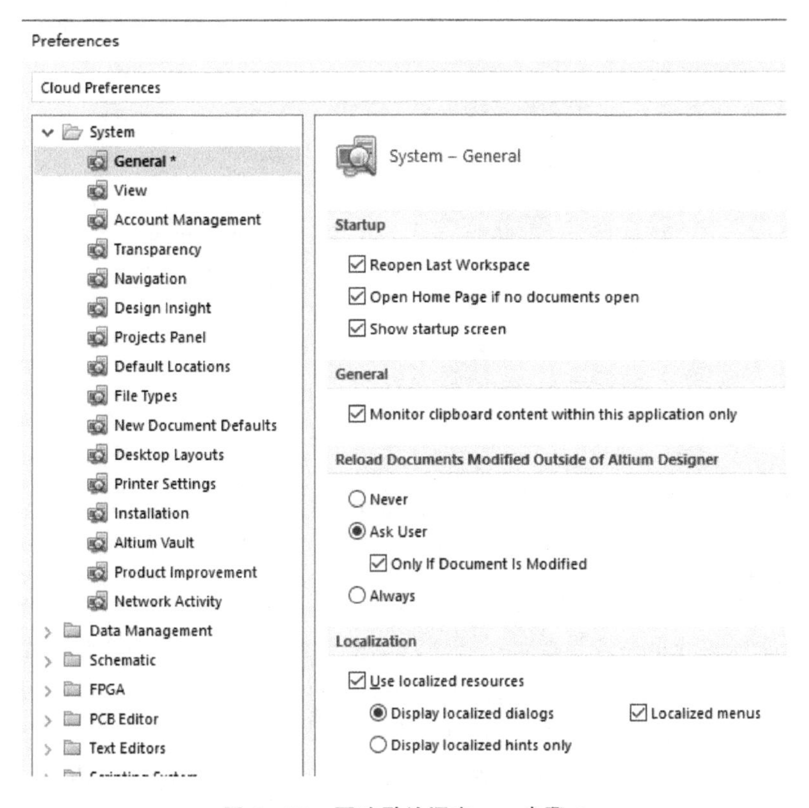

图 2－26　更改默认语言——步骤 2

2.2.2　创建 PCB 工程

运行 Altium Designer 16.1，选择【文件】→New→Project→PCB Project 选项。在弹出的对话框中选择保存路径与项目名称，单击 OK 按钮。

2.2.3　设计原理图

1. 新建电路原理图文件

右击上述新建的项目，在弹出的快捷菜单中选择【给工程添加新的】→Schematic 选项，在该项目中新建电路原理图，如图 2－27 所示。

选择【文件】选项，在弹出的对话框中输入文件名，单击【保存】(或按快捷键 Ctrl＋S)。

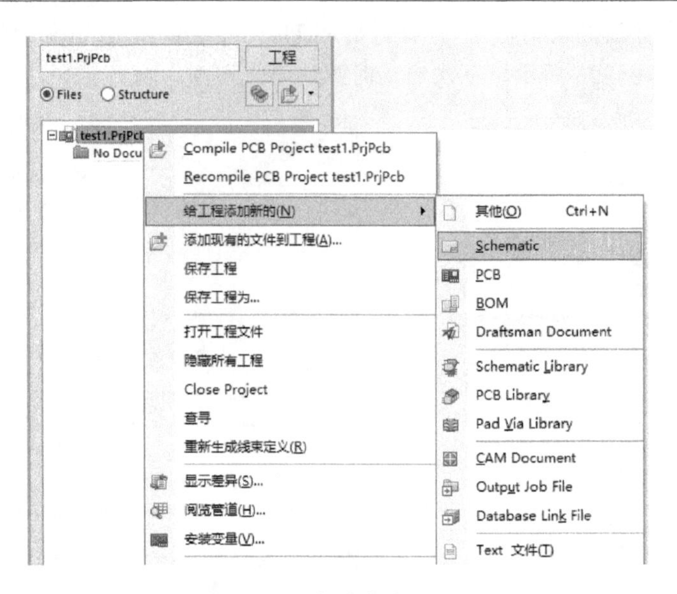

图 2-27 新建电路原理图

2. 绘制原理图

绘制原理图的第一步是放置元器件。单击软件右侧的库，在弹出的对话框的第一栏中，选择 Miscellaneous Devices. IntLib。在第二栏中，输入 res，按下回车键。此时列表中所显示的元器件均为电阻，选择合适型号的电阻，双击，放置在原理图中，如图 2-28 所示。同理，输入 cap 放置电容，输入 switch 放置开关，输入 res TA 放置滑动变阻器，输入 NPN 放置三极管。之后，将第一栏更改为 Miscellaneous Connectors. IntLib。输入 hea，在元件名称列表中选择名为 Heade HDR1X3 的三脚排针放置在原理图中，如图 2-29 所示。

之后，利用【复制】【粘贴】操作，复制多个元件。以电阻为例介绍【复制】【粘贴】操作。右击电阻元器件，在弹出的快捷菜单中选择【复制】。之后右击原理图空白处，在弹出的快捷菜单中选择【粘贴】。

通过选中元器件，利用空格键可以调整元器件的方向。对比图 2-21，放置元器件如图 2-30 所示。

绘制原理图的第二步是修改属性。双击原理图中的元器件，可以更改其属性，包括更改电阻值大小等，如图 2-31 所示。

绘制原理图的第三步是连接导线。在图纸上方找到图 2-32 所示的工具栏，放置一个 GND 和 VCC，之后利用第一个按钮放置导线，连接各个元器件。连接完成后，选择【工具】→【标注所有器件】选项，最终得到如图 2-33 所示的电路原理仿真图。

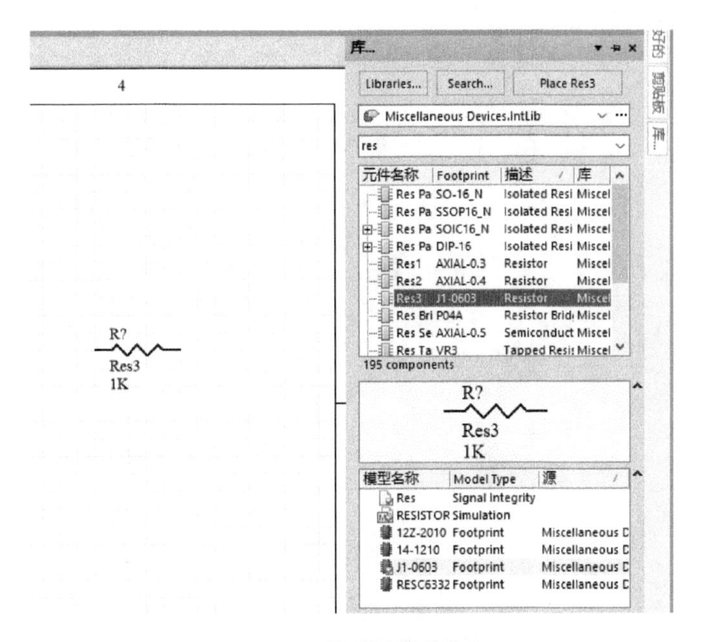

图 2-28　搜索并放置电阻

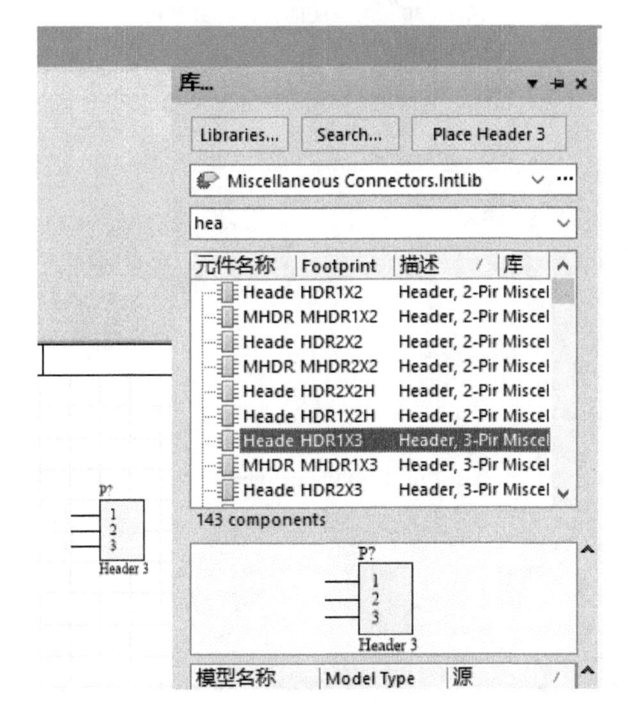

图 2-29　搜索并放置排针

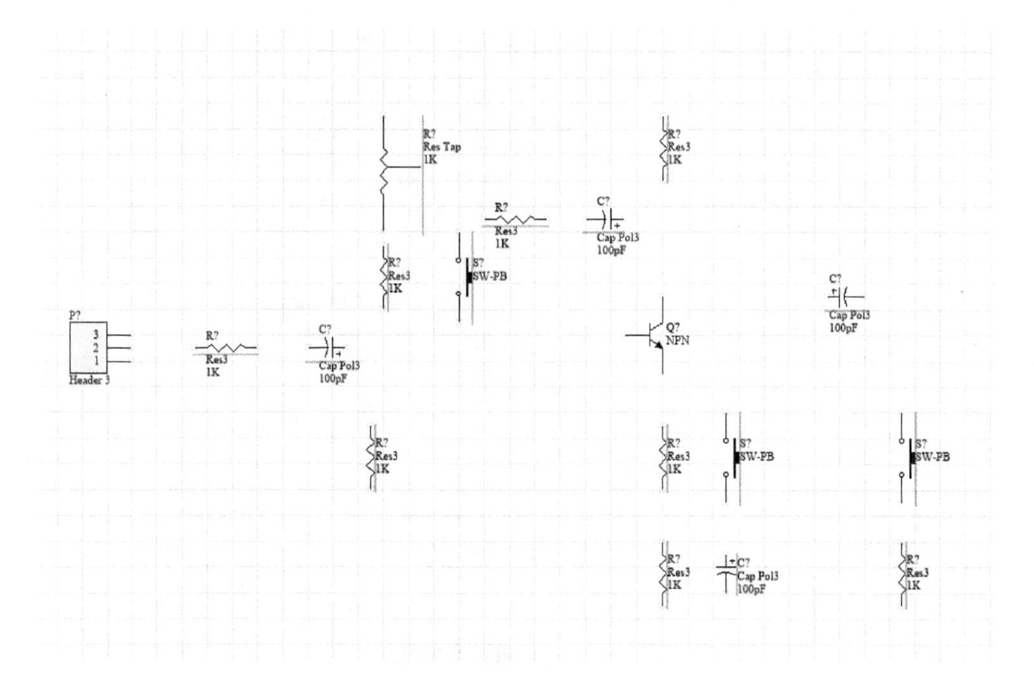

图 2－30　未连线的元器件关系图

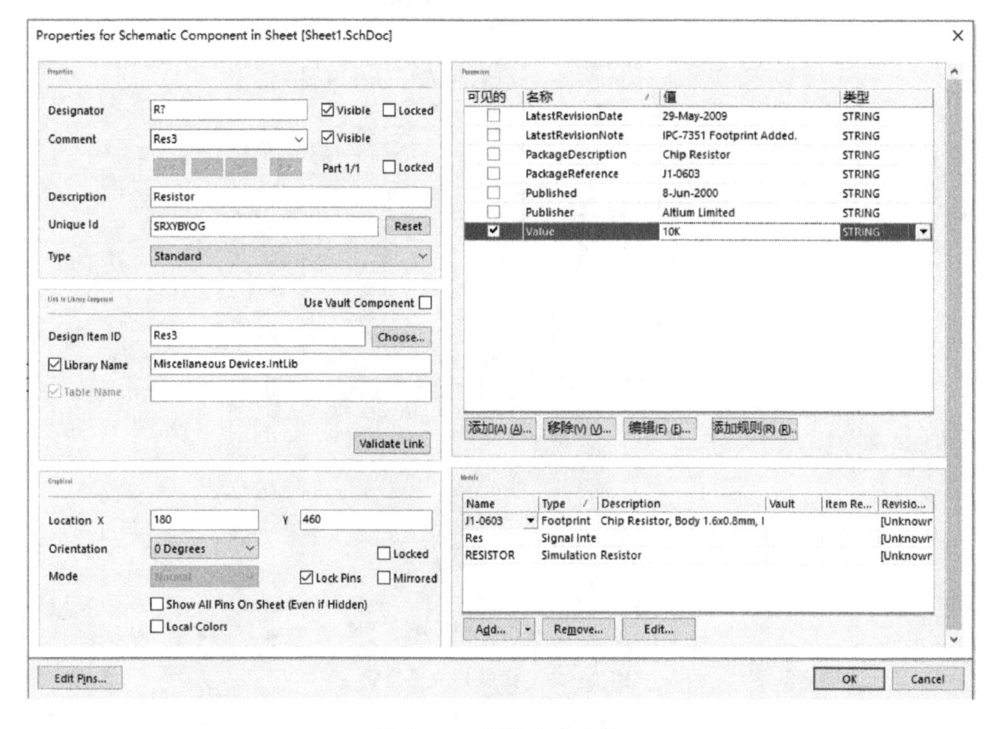

图 2－31　更改电阻阻值

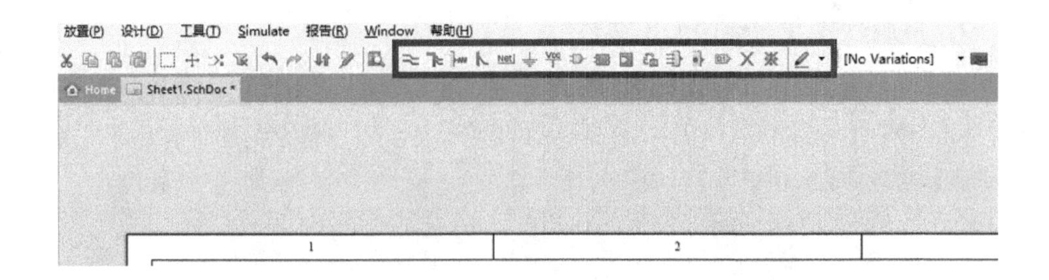

图 2－32　顶部工具栏

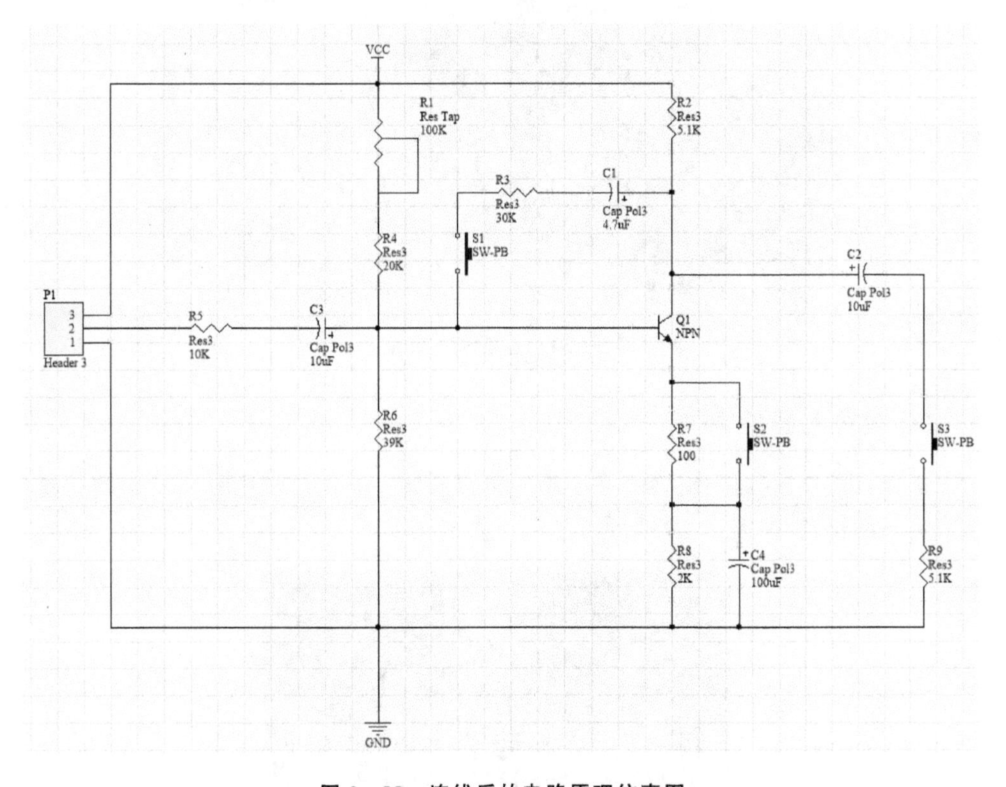

图 2－33　连线后的电路原理仿真图

2.2.4　设计 PCB

1. 新建 PCB 文件

右击项目，在弹出的快捷菜单中选择【给工程添加新的】→PCB 选项，按下 Ctrl＋S 组合键完成保存。

2. 将原理图更新到 PCB 文件

首先确保项目中的原理图文件与 PCB 文件均处于打开状态。然后在顶部窗口中，单击【设计】→Update PCB Document PCB1. PcbDoc，在弹出的对话框中单击【生效更改】，再单击【执行更改】。最后关闭对话框，生成 PCB 文件，如图 2－34 所示。

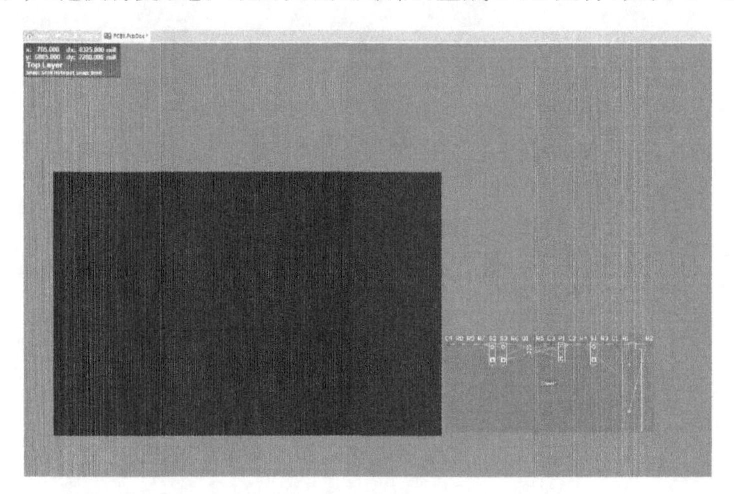

图 2－34　生成的 PCB 文件

3. 放置元器件

将元器件摆放到黑色区域，按空格键可以旋转元器件。对比图 2－21，将元器件放在合适的位置，如图 2－35 所示。

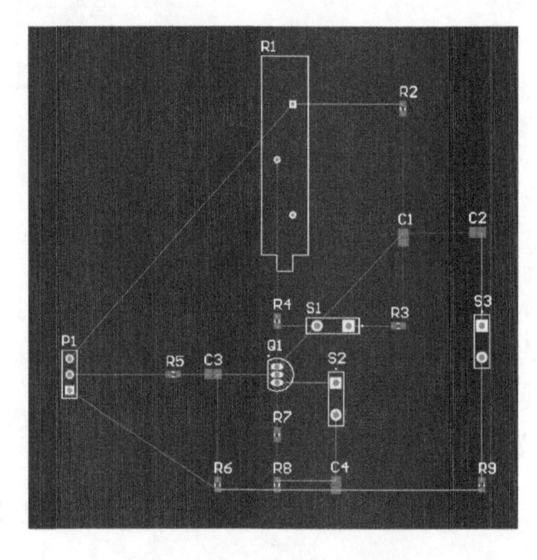

图 2－35　摆放好元器件

4. 布　线

布线分为手动布线和自动布线，简单电路可采用自动布线，较为复杂的电路可按布线规则手动布线。下面介绍自动布线，在顶部窗口中，选择【自动布线】→【全部】选项，在弹出的对话框中单击 Route All，等待布线完成，如图 2－36 所示。

Messages

Class	Document	Source	Message	Time	Date	No.
Situs E...	PCB1.PcbDoc	Situs	Routing Started	18:43:25	2021/2/1	1
Routin...	PCB1.PcbDoc	Situs	Creating topology map	18:43:25	2021/2/1	2
Situs E...	PCB1.PcbDoc	Situs	Starting Fan out to Plane	18:43:25	2021/2/1	3
Situs E...	PCB1.PcbDoc	Situs	Completed Fan out to Plane in 0 Seconds	18:43:25	2021/2/1	4
Situs E...	PCB1.PcbDoc	Situs	Starting Memory	18:43:25	2021/2/1	5
Situs E...	PCB1.PcbDoc	Situs	Completed Memory in 0 Seconds	18:43:25	2021/2/1	6
Situs E...	PCB1.PcbDoc	Situs	Starting Layer Patterns	18:43:25	2021/2/1	7
Routin...	PCB1.PcbDoc	Situs	Calculating Board Density	18:43:25	2021/2/1	8
Situs E...	PCB1.PcbDoc	Situs	Completed Layer Patterns in 0 Seconds	18:43:25	2021/2/1	9
Situs E...	PCB1.PcbDoc	Situs	Starting Main	18:43:25	2021/2/1	10
Routin...	PCB1.PcbDoc	Situs	Calculating Board Density	18:43:25	2021/2/1	11
Situs E...	PCB1.PcbDoc	Situs	Completed Main in 0 Seconds	18:43:25	2021/2/1	12
Situs E...	PCB1.PcbDoc	Situs	Starting Completion	18:43:25	2021/2/1	13
Situs E...	PCB1.PcbDoc	Situs	Completed Completion in 0 Seconds	18:43:25	2021/2/1	14
Situs E...	PCB1.PcbDoc	Situs	Starting Straighten	18:43:25	2021/2/1	15
Situs E...	PCB1.PcbDoc	Situs	Completed Straighten in 0 Seconds	18:43:25	2021/2/1	16
Routin...	PCB1.PcbDoc	Situs	25 of 25 connections routed (100.00%) in 0 Seconds	18:43:25	2021/2/1	17
Situs E...	PCB1.PcbDoc	Situs	Routing finished with 0 contentions(s). Failed to complete 0 connection(s) in...	18:43:25	2021/2/1	18

图 2－36　布线信息

在提示布线完成，没有失败之后，即可看到已经布线完成的 PCB，如图 2－37 所示。

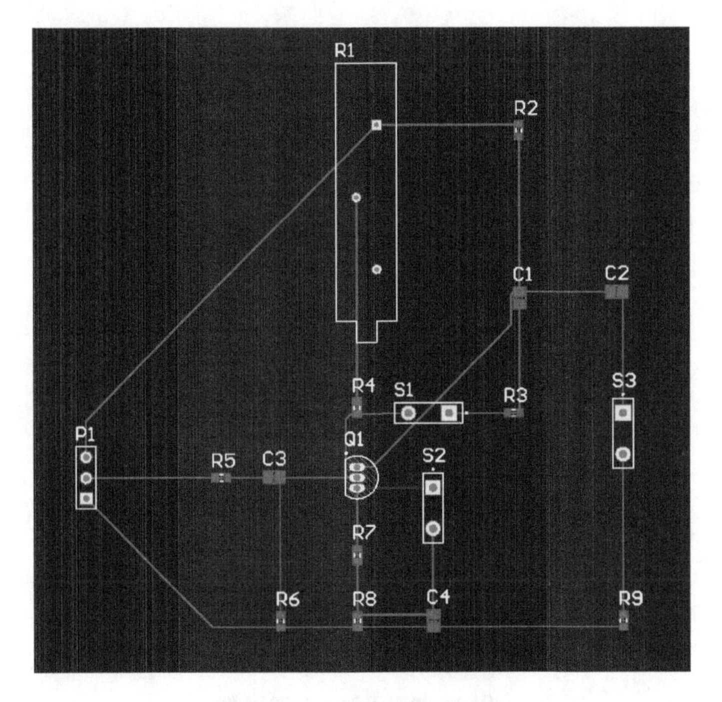

图 2－37　布线完成后的 PCB

若要更改布线的线宽，可以在顶部窗口中选择【设计】→【规则】选项，选中 Routing 选项下的 Width，按照需求进行更改，如图 2－38 所示。PCB 设计中的所有规则均在此处更改。若要取消已经自动布好的线，则可以在顶部窗口中选择【工具】→【取消布线】→【全部】选项。

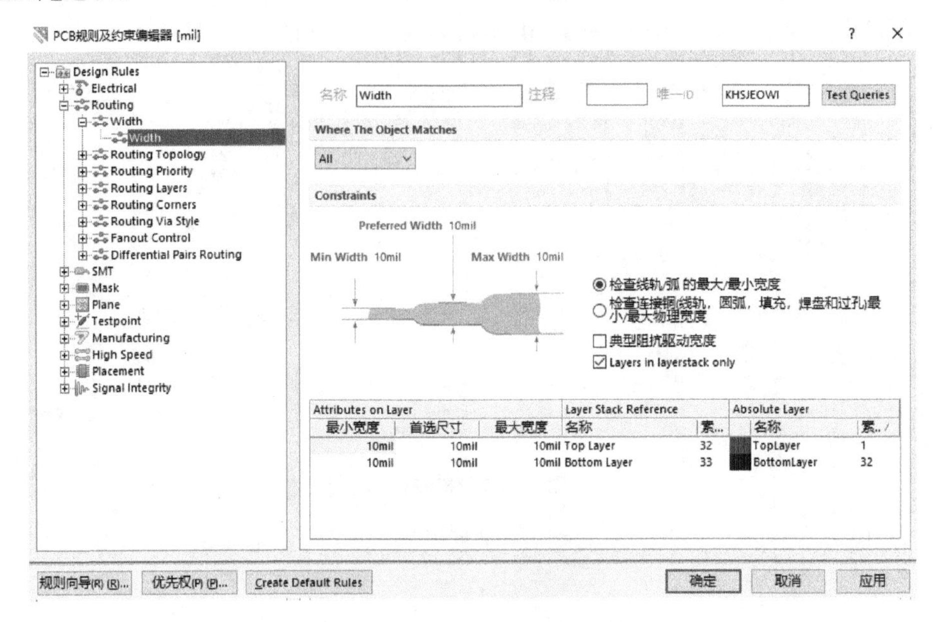

图 2－38　PCB 设计规则设置

5. 滴泪焊盘

在顶部窗口中选择【工具】→【滴泪】→【全部】选项，在弹出的对话框中单击 OK 按钮，即完成操作，如图 2－39 所示。

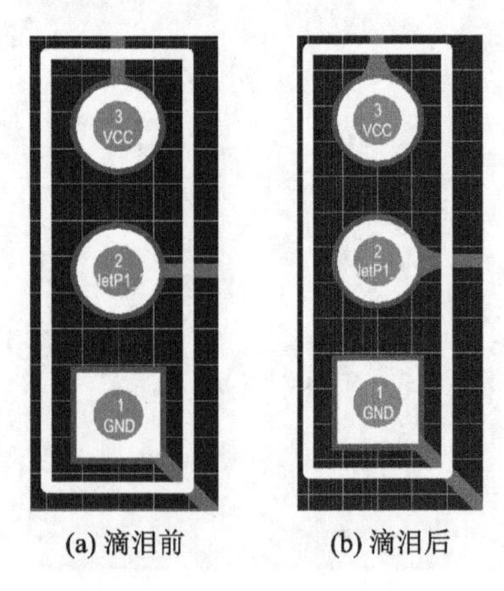

(a) 滴泪前　　(b) 滴泪后

图 2－39　滴泪前后对比图

6. 铺　铜

在顶部窗口中选择【放置】→【多边形敷铜】选项，在弹出的对话框中选择相应层铺铜，并可将铺铜设置到相应电气连接点，如图 2－40 所示，单击【确定】按钮。此时光标呈十字形，顺时针依次单击 PCB 板卡的四个顶点，再右击确定，将自动完成铺铜，如图 2－41 所示。同理，也可在 Bottom Layer 完成铺铜。

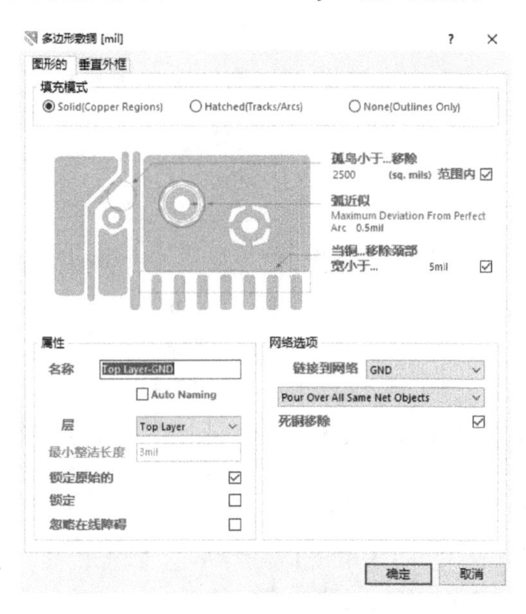

图 2－40　设置铺铜

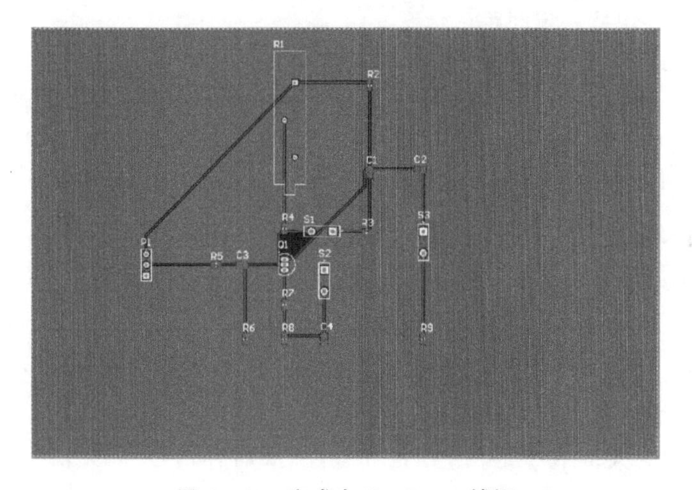

图 2－41　完成在 Top Layer 铺铜

➢ PCB 设计贴士

1. PCB 布局

(1) 框板尺寸与器件定位

一般根据结构图设置板框尺寸，布置安装孔、接插件等器件，并按工艺设计规范的要求进行尺寸标注。

(2) 边线和原点

设计 PCB 前，根据结构和加工要求、元件的特殊要求按需设置禁止布线区和布局区域。根据单板左边和下边的延长线交汇点，或左下角的第一个焊盘，选定单板坐标原点的位置。

(3) 布局操作

遵循“先大后小，先难后易”的原则，优先布局重要的单元电路和核心元器件，并且要参考原理图，根据单板的主信号流向规律布置主要元器件，还应注意：

① 依照“重心平衡、均匀分布、版面美观”的原则对布局进行优化，建议采用“对称式”原则布局相同的结构电路；应考虑后期的调试和维修，一般小元件周围不放置大元件，需调试的元件周围应有足够的空间；同类型插装元件或有极性分立元件在水平或垂直方向上尽量朝一个方向放置；尽量将采用同一种电源的器件集中放置，以便于后续的电源分隔。

② 分开以下信号：高电压/大电流信号与小电流/低电压信号、模拟信号与数字信号、高频信号与低频信号，高频元器件间保持一定的间隔。

③ 考虑散热问题，发热元件应均匀排布；除温度检测元件外，温度敏感器件应与发热量大的元件保持一定间距。

④ 一般布局微型电子元件时，栅格设置为 50～100 mil；小型表面安装器件，如表面贴装元件，栅格设置应不小于 25 mil；去耦电容应尽量靠近芯片的电源引脚，尽量与电源和地之间形成的回路最短。

⑤ 为便于后续调试，还应预留调试用的二极管、测试点等。

2. PCB 布线

PCB 元件布局完成后，开始进行布线操作。在设置线宽和线间距时，一要考虑单板的密度，一般密度越高，采用的线宽和间隙越窄；二要考虑信号的电流强度，当平均电流较大时，要确保布线宽度能承载该电流。此外，还需要考虑工艺加工水平。布线中还需要注意的具体规则如下：

① 应尽量为关键信号提供专门的布线层，如时钟信号、高频信号、敏感信号等，并保证其最小的回路面积。为保证信号质量，必要时应采用手动布线、屏蔽和加大安全间距等方法。

② 布线时关键信号线优先，包括电源、模拟小信号、高速信号、时钟信号和同步

信号等;并遵循密度优先原则,即从单板上连接关系最复杂的器件、连线最密集的区域开始布线。

③ 布线长度应尽量短,走线过长易产生干扰,尤其是一些关键信号线,如将振荡器就近放置在器件旁边,时钟线应尽量短些。对驱动多个器件的情况,应合理选择网络拓扑结构。

④ 走线时应避免锐角和直角,采用锐角和直角工艺性能不好,还可能产生一定的辐射,推荐采用 45°走线。

⑤ 相邻层的走线方向应成正交结构,不同信号线在相邻层走同一方向,会产生层间窜扰。当受到结构限制,如背板原因等,难以避免上述问题,尤其是信号速率较高时,应采用地平面隔离各布线层,并用地信号线隔离各信号线。

对于一个硬件研发人员而言,在开展 PCB 设计工作时,合理的选取元器件库,做好准备工作,往往能事半功倍。但要注意,合理正确比美观更加重要。而通过在现成库资源等基础上,进行调用与修改,常能更为高效地完成任务。在完成相关工作的同时,要注意积累自己的资源库和工程经验。这些积累是硬件研发人员的一笔宝贵财富。在日常开发过程中,不要为当前所遇到的困难和挫折而沮丧,心平气和地去解决问题,研发能力定会得到不断提升。

2.2.5　其他常用操作

1. 输出物料清单

在顶部窗口中选择【报告】→Bill of Materials 选项,在弹出的对话框中可以设置需要输出的物料清单,如图 2-42 所示。设置完成后单击输出,即可导出物料清单。

2. 常用快捷键

保存:Ctrl+S;

复制:Ctrl+C;

粘贴:Ctrl+V;

撤销:Ctrl+Z;

缩放:按住 Ctrl 键并滚动鼠标滚轮(或者按住 Ctrl 和鼠标右键同时移动鼠标);

拖拽:按住鼠标右键并移动鼠标;

PCB 上器件小距离移动:按住 Ctrl 键,再按方向键;

测量距离:Ctrl+M;

切换布线层:*;

旋转元件:拖动元件后按空格键;

设置元件属性:双击元件或拖动元件后按 Tab 键。

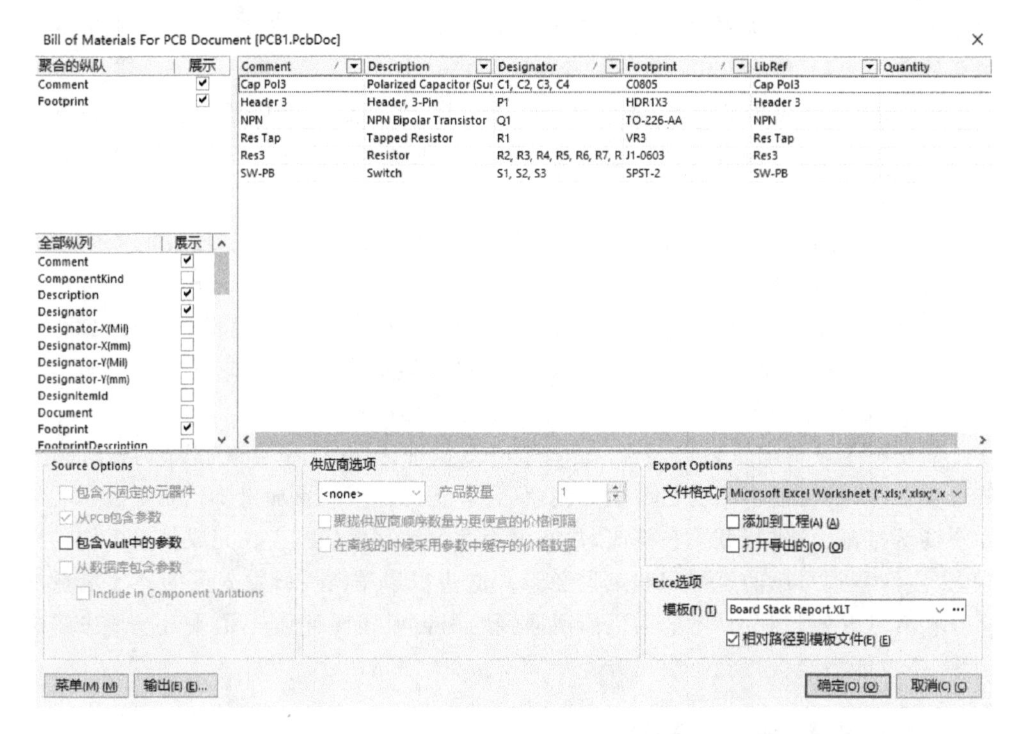

图 2-42　输出物料清单

2.3　PCB 焊接

焊接是使金属连接的一种方法。利用加热手段，在两种金属的接触面，通过焊接材料的原子或分子相互扩散作用，使两种金属间形成一种牢固的结合，结合点叫做焊点。

1. 手工焊接工具

常用的手工焊接工具包括电烙铁、调温式电焊台、焊锡、助焊剂、吸水海绵、吸锡器、镊子、斜口钳等。

(1) 电烙铁

电烙铁是手工焊接的主要工具，根据用途和结构的不同，有以下几种分类：按加热方式分类，有直热式、感应式、气体燃烧式等；按烙铁发热能力分类，有 20 W、30 W、…、300 W 等；按功能分类，有单用式、两用式、调温式等。图 2-43 所示为常用的直热式单用电烙铁，它也分为内热式和外热式两种。

电烙铁的使用及保养方法如下：

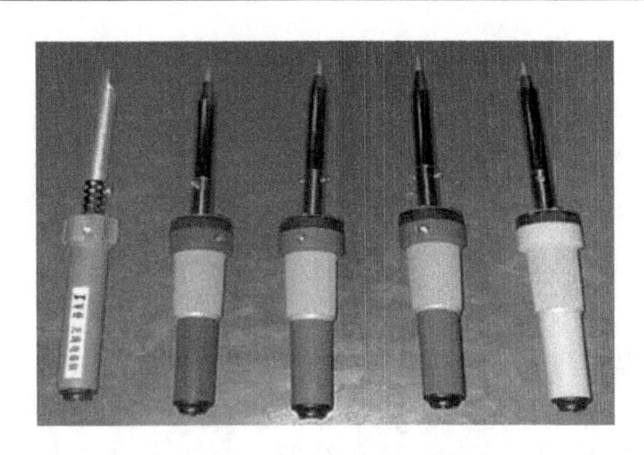

图 2－43　直热式单用电烙铁

① 打开电源，一般几秒钟后烙铁头就达到预设温度。海绵湿水后，在海绵上轻擦烙铁头，将烙铁头清理干净后，开始焊接；焊锡过多时，用海绵轻擦，避免焊锡四溅。

② 采用烙铁头温度较高、受热面积较大的部分焊接，焊完将烙铁放回托架。烙铁头不用时应加焊锡层保护，在温度较低时镀上新焊锡，可使焊锡膜变厚以避免氧化，有助于延长烙铁头的使用寿命。若烙铁头上有氧化层，使用前可用细砂纸除去。

③ 焊接时应用力适当，不要把烙铁头当成改锥等工具使用。烙铁头中有传感器，一般由较细电阴线组成，因此注意不要磕碰烙铁头。更换烙铁头时，首先断电，待其冷却。千万不要直接用手取，避免烫伤；也不要用金属夹直接取，一般用手柄带有隔热层的镊子取。

(2) 调温式电焊台

从本质上讲，调温式电焊台也是一种电烙铁，如图 2－44 所示。随着焊接技术的成熟和不断完善，调温式电焊台相比于电烙铁有了很大进步。它更加正规，并且热效率高，具有温控能力，回温速度快。在使用调温式电焊台时，温度的设置非常重要。各面贴装组件适合的温度为 325 ℃；对于直插元件，烙铁温度一般设置在 330～370 ℃，焊接大的元件引脚时温度可适当调高，但焊接时间不宜过长。

图 2－44　调温式电焊台

(3) 焊 锡

焊锡是一种易熔金属,能有效连接元器件与印制电路板。常用的焊锡是在锡中加入一定比例的铅和少量其他金属,具有熔点低、流动性好、附着力强、机械强度高、导电性好、不易氧化、抗腐蚀性好、焊点光亮等优点。手工焊接常用丝状焊锡,如图 2-45 所示。

(4) 助焊剂

助焊剂是一种焊接辅助材料,有固体、液体和气体状,主要起到降低被焊接材质表面张力、辅助热传导、增大焊接面积、去除氧化物和油污、防止再氧化的作用。常用的助焊剂有松香、松香酒精助焊剂、焊膏、氯化锌助焊剂、氯化铵助焊剂等。如图 2-46 所示,焊接中常采用松香助焊剂,搭配锡铅焊锡丝使用。

图 2-45 丝状焊锡

图 2-46 松香助焊剂

(5) 吸水海绵

焊接时通常将海绵湿水,用手挤压海绵无水流出为较佳状态,不要使用干燥或过湿的海绵,如图 2-47 所示。

(6) 吸锡器

使用吸锡器时,先把活塞向下压至卡住,再用电烙铁加热焊点至焊锡熔化,移开电烙铁的同时,迅速把吸嘴贴上焊点,并按动按钮。若一次吸不干净,可重复操作多次。吸锡器如图 2-48 所示。

图 2-47 吸水海绵

图 2-48 吸锡器

2. 焊接步骤

(1) 手工焊接方法

如图 2-49 所示，手工焊接步骤如下：①焊前准备，将电烙铁、镊子、剪刀、斜口钳、尖嘴钳、焊锡、助焊剂等准备好。左手握焊锡，右手握电烙铁，在烙铁头及焊件表面镀上一层锡。②用烙铁头加热焊件。③送入焊锡，熔化适量焊锡。④移开焊锡。⑤当焊锡流动覆盖焊接点后，迅速移开烙铁头。一般的焊点 2～3 s 完成焊接，而各步骤间的停留时间，对保证焊接质量至关重要，需要反复实践才能熟练掌握。

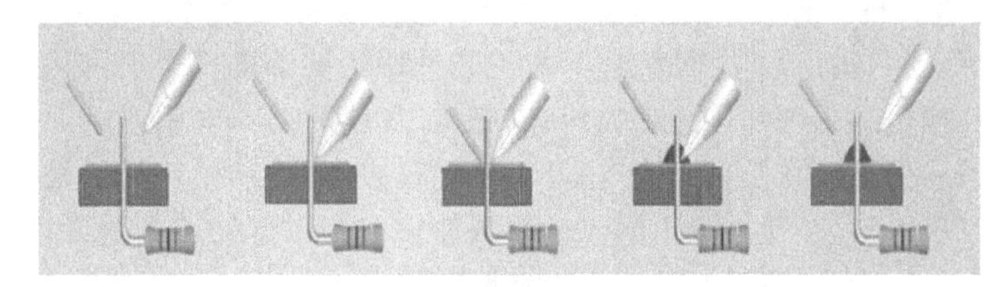

图 2-49　手工焊接五步法

(2) 电路板焊接

电路板焊接时，首先要熟悉其 PCB 图，按图准备元件，检查元件型号、规格及数量，并完成元件引线成形等准备工作。按照由低到高、由小到大的原则，依次焊接电阻器、电容器、二极管、三极管、集成电路、大功率管等。

针对双列直插式电阻器，先装入规定位置，一般标记向上，方向一致。装完同一种规格后再装另一种规格，尽量保持高低一致。在焊接完成后将多余引脚齐根剪掉。针对双列直插式电容器，先装入规定位置，一般按照以下顺序安装：玻璃釉电容器、有机介质电容器、瓷介电容器、电解电容器。注意，极性电容正负极不能装错，且要便于查看电容器上的标记。

如图 2-50 所示，贴片电阻和电容的焊接方法是：首先在焊接面上添加少许焊锡，当焊锡与焊盘充分接触后，迅速移去焊锡丝和烙铁头；再用扁口防滑或防静电镊子夹取贴片电阻，熔化焊点，迅速把元件紧贴焊盘边缘焊好；同理，焊接另一侧焊点。最后用万用表检查焊点。

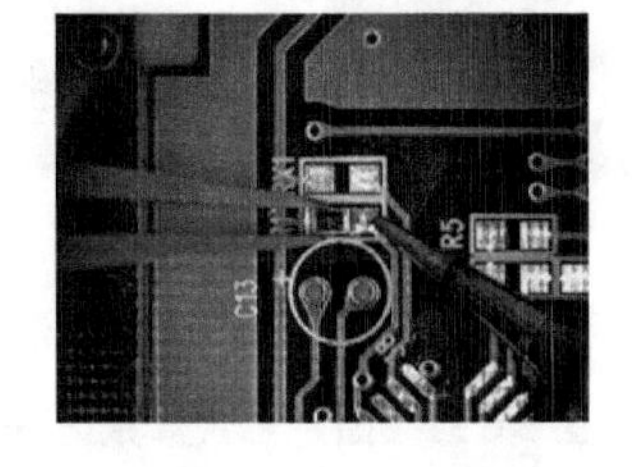

图 2-50　贴片电阻、电容焊接方法

二极管焊接时，应注意阳极和阴极的极性，不要装反；型号标记要易于查看；而焊接立式二极管时，尽量控制焊接时间，对最短引线焊接不要超过 2 s。

三极管焊接时，确保三极引线插接位置；用镊子夹住引线脚焊接，时间尽可能短，有利于散热。而焊接大功率三极管时，若需加装散热片，应使接触面平整、打磨光滑后再紧固，并按需加垫绝缘薄膜。引脚与电路板连接时，一般采用塑料导线。

焊接电阻器、电容器、二极管、三极管等元件，露在板面上多余的引脚应齐根剪去。

针对集成电路芯片的焊接，如图 2－51 所示，首先对照 PCB 图，检查元件型号、引脚位置是否正确。然后开始焊接，具体步骤是：①将芯片对准焊盘后用手压住；②焊接芯片几个引脚使之位置固定；③先焊芯片四边头部的两个引脚使之进一步固定；④在芯片四边的头部均匀地加焊锡；⑤把 PCB 斜放 45°，焊锡在熔化状态下可顺势向下流动；⑥用烙铁从上往下迅速移动，若焊锡过多，将烙铁头浸入松香去掉多余焊锡；⑦重复步骤⑥，剩余几个引脚可采取从左往右刮去焊锡的方法处理，完成后达到子图⑦的效果；⑧采用相同方法，焊接其他引脚。

注:子图序号与正文中各步骤对应。

图 2－51　贴片芯片焊接方法

3. 拆焊方法

在调试过程中，由于更换元件等问题难免要进行拆焊操作，拆焊往往比焊接更为麻烦。拆焊时常用的工具有电烙铁、吸锡器、镊子等。针对引脚较少的元件，拆焊时一边用镊子夹元件，一边用烙铁头加热待拆元件引脚焊点。待焊锡熔化时，用夹子将元件轻轻往外拉。针对多焊点且引脚较硬的元件，如图 2－52 所示，用吸锡器逐个将引脚焊锡吸净，再用夹子取出元件。

图 2－52　用吸锡器拆焊

针对双列或四列芯片，用热风枪拆焊，将温度控制在 350 ℃左右，风量控制在 3～4 格，对着引脚垂直、均匀的来回吹热风，同时将镊子尖靠在芯片的一个角上，待所有引脚焊锡熔化时，用镊子尖轻轻将芯片挑起，取下。

第 3 章 单片机学习与实践

内容提要

单片机是一个电子系统的控制核心，在电子系统设计中只有熟练地掌握单片机的使用才能提高开发的效率，缩短调试时间。本章介绍单片机基础且重要的一些概念，结合 STC 增强型 51 单片机介绍其开发环境，并对单片机软件编程和调试进行讲解。

3.1 基本概念

3.1.1 单片机定义

单片机的英文缩写是 MCU(Micro Control Unit)，直译为微控制单元，又称为单片微型计算机。通俗地讲，单片机是一块集成芯片，通过编程可以让它处理数据和控制电路。在一般的电路系统中，它扮演着“大脑”角色，而开发人员通过编程控制着这个“大脑”，所以依托单片机，将人类的智慧赋予了机器。

常见的单片机外形如图 3-1 所示。单片机既然是一种计算机，那么很自然地就会拿它与常见计算机——个人电脑进行比较。通常，从外观上看，单片机是一块与手指差不多大小的芯片，还有很多体积更小的单片机。相对单片机，个人电脑已然是一个庞然大物，可是单片机“麻雀虽小，五脏俱全”。

按照计算机的鼻祖冯·诺依曼对计算机的结构定义，一台计算机应该具有五个最基本的部件：输入设备、存储器、运算器、控制器、输出设备。其结构如图 3-2 所示。

以个人电脑为例，其输入设备包括鼠标、键盘、麦克风和网口等接口，输出设备为

(a) 直插封装

(b) 贴片封装

图 3－1　单片机的封装形式

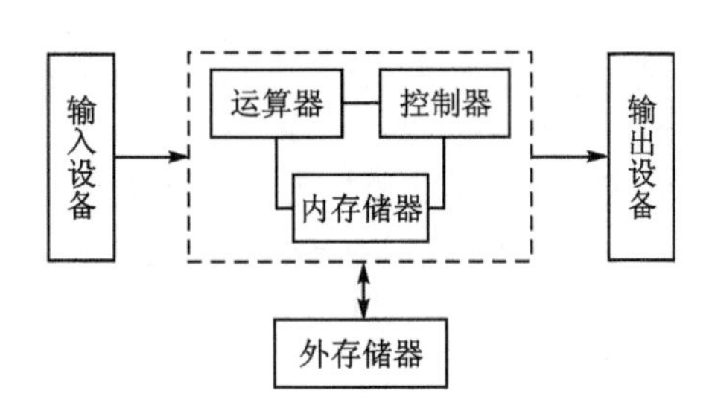

图 3－2　计算机结构

显示器、音响和各种接口，运算器和控制器一般包含在 CPU 中，内存储器指的是内存条以及 CPU 芯片内部的高速缓存，外存储器则为硬盘、U 盘等。而对应于单片机，其输入/输出设备通过芯片那些与电路板相连的引脚连接，单片机的 RAM（Random Access Memory，随机存取存储器）对应于个人电脑的内存，ROM（Read Only Memory，只读存储器）、FLASH（Flash Memory，闪存）则对应于硬盘。当然，这样的对应关系并不十分准确，但对于初学者，可以借此更好地理解单片机。

单片机的身影随处可见，在智能家居、医疗、通信、汽车电子、航空航天、工业控制等各行各业都发挥着巨大的作用。日常生活中，比如智能穿戴设备、门禁系统、智能电表、机器人等，都少不了单片机。单片机的广泛应用是计算机所带来的科技革命的进一步延伸，推动了智能化进程，极大地提升了生活品质。

从 1974 年的 MC6800 至今，单片机已经发展了 40 余年。从 NMOS 工艺到 CMOS 工艺，从 8 位机到 32 位机，工艺、性能和功能都得到了很大提高。如今单片机的类型千千万万，许多半导体厂商不断推出自己的特色单片机，从 8 引脚的到 144 引脚的，连接各种类型的外设，运算速度逐步提高，功耗不断降低，价格也在不断降低，从最早一块 51 单片机上百元的价格到现在的单价不足一元的产品。随着集成电路和计算机技术的不断发展，单片机正朝着低功耗、网络功能增强等方向加速发展。

一些低年级本科生刚开始接触电子设计与制作时，通常会思考如何通过电路来实现功能。一些功能采用分立元件等直接搭接电路来实现是非常复杂的，而在采用单片机之后，只需要通过几行代码就可以解决需要一大堆电路才能解决的问题。所以通过单片机的使用，往往可极大地降低电路设计的难度。目前，单片机技术已经变成了电子、电气、自动化等相关专业从业人员必须要掌握的基本功。

20世纪80年代初，单片机在国内开始应用。90年代是单片机发展非常迅速的一段时期，51单片机得以推广应用。此后，ATMEL公司的AVR系列单片机由于其价格低廉、性能稳定占据了亚洲很大的市场。后期51单片机经过不断地升级，性能、价格、种类都较AVR具有更大的优势。其中国内"宏晶公司"STC系列的51单片机凭借高性价比在国内低端单片机市场获得了较大的市场份额，且由于其简单的ISP程序下载等功能，国内不少教材都选择这一系列单片机进行教学，读者可以非常方便地找到相关资料。

总体而言，51单片机结构较为简单，寄存器数量少，配套资料齐备，是开展单片机系统学习非常好的选择。与市面上相关产品对比，ARM内核的Cortex-M3系列单片机，价格较低，普及度非常高，但由于其内部资源太多，不适合初学者学习。因此，本章选取典型51单片机STC12C56A60S2进行讲解。通过学习51单片机，将对单片机有较为深刻的认识，进而学习ARM或者其他类型单片机就变得驾轻就熟了。

3.1.2 单片机结构

单片机是一个微型的计算机系统，它包含以下几个主要部分：CPU（主要进行算术运算和逻辑运算，以及对其他设备进行控制）、存储器（包括RAM和ROM）、输入/输出（I/O）、外设（包括ADC（模拟/数字转换器）、UART（通用异步收发器）、SPI（串行外设接口）等），其结构框图如图3-3所示。

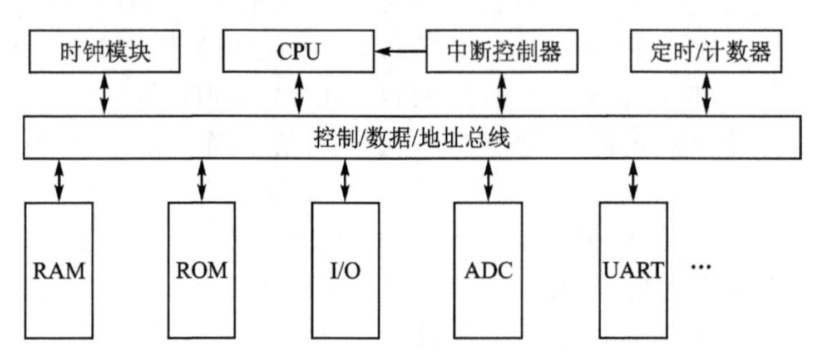

图3-3　单片机结构框图

下面介绍单片机几个核心模块的基本概念。

1. 时钟模块

在数字电路中，时钟的重要程度与系统电源一样，如乐团里的指挥、教官的口哨，整个系统都是按照时钟的跳动而有规律地工作。时钟信号通常是由振荡器产生的连续方波。一般通过外接晶振与单片机内部的电路形成振荡器,产生时钟信号。晶振全称石英晶体谐振器,由于其特有的频率特性,由它构成的振荡器可以稳定在一个固定的频率。单片机一般用于系统控制,保证时钟的正常和精准才能实施有效的控制。目前许多单片机内部都有经过校准后的 RC 振荡器产生时钟信号,在对时钟要求不高的场合可以省掉晶振,简化电路。

在挑选 CPU 时,会比较它们的主频。因为主频越高,CPU 处理数据的速度越快。在单片机中,晶振的频率类似于 CPU 的主频,因为晶振频率与单片机的运算速度直接相关,频率越高,单片机运算速度越快。刚开始学习 51 单片机时,要注意时钟容易混淆的三个概念——时钟周期、机器周期、指令周期。

时钟周期:是单片机中的最小时间刻度,对于 51 单片机,它等于外接晶振的振荡周期。对于高端一些的单片机,其晶振输入接有一个锁相环(PLL),可以将晶振的输入频率进行倍频,倍频输出的频率就是系统的时钟周期,如 ARM 等单片机的外接晶振只有 8 MHz,但其时钟周期为几十或上百兆赫兹。

机器周期:单片机执行指令所消耗的最小时间单位。早期的 51 单片机将一个机器周期划分为 6 个状态,每个状态 2 个节拍,所以一个机器周期就需要 12 个时钟周期。不过目前 51 单片机的机器周期与时钟周期相等,因此速度有了非常大的提高。通常用 MIPS(Millions of Instructions Per Second,百万条指令每秒)来衡量处理器的运算速度,51 单片机已从 1 MIPS/12 MHz 发展到 1 MIPS/1 MHz。(备注:MIPS 还是另一种处理器的缩写,Microchip 公司的 PIC32 系列单片机是其代表产品)。

指令周期:执行某一指令所消耗的机器周期数。单片机内部的本质工作是执行指令,如果用过汇编语言编程,易知只能通过固定的指令组合来实现相应任务。而用 C 语言编写的程序最终通过编译器都转换成单片机的内部指令。通过查看单片机的芯片手册,就可知一款单片机的指令和其执行时间,例如 STC12C5A60S2,具有 111 条指令。

时钟系统电路:晶振的电路如图 3-4 所示,其中的两个电容叫做晶振的负载电容,一般在几十皮法(pF),它会影响晶振的谐振频率和输出幅值,也可使振荡频率更稳定。在设计电路时,由于晶振的频率相对较高,布局应该尽量靠近单片机,附近也不要布置有较大干扰的器件或走线。

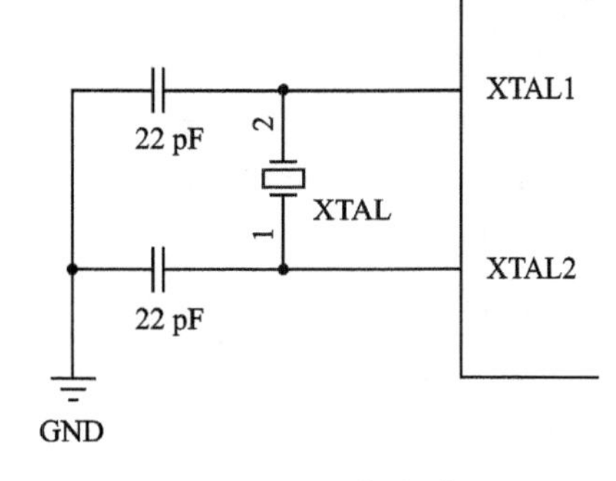

图 3-4　晶振电路

51 单片机的时钟系统是非常简单的,所有的模块都是用同一个时钟源。对于稍微高端一些的单片机,其时钟系统就会变得复杂,不同的模块会采用不同的时钟。可理解为,51 单片机只有一个教官,大家都是按照这个教官的口号进行动作,而其他的单片机中不同的模块有不同的教官,它们的节拍可以有快有慢,各有差别。由于目前单片机朝着低功耗的方向发展,而降低时钟频率是一个非常有效的方法,但为了不牺牲性能,时钟就变得复杂多变了。在计算机领域也是如此,CPU 加速睿频技术就是当前系统根据 CPU 的使用情况,在一定范围内改变 CPU 的主频。

2. 存储器

程序存储器:顾名思义,这是用来存放程序的,掉电不丢失。目前单片机都是采用 FLASH(一种存储芯片,U 盘也使用)存储程序,擦/写次数高达 1 万次,其价格低廉,因此具备不同大小 FLASH 的单片机价格并无多少差别。对于 51 单片机而言,由于其地址总线为 16 位,所以它的最大程序存储空间被限制在了 64 KB 以内,如 STC12C5A60S2 的 FLASH 大小为 60 KB。单片机复位后,程序计数器(PC)变为 0000H,也就是单片机从程序存储器的第一个位置开始执行烧录在 FLASH 内的指令。如果没有跳转指令,它就会一直按顺序执行下去。这就是为什么在编写单片机程序时,main 函数里需要一个大 while 循环。

数据存储器:用来存储 CPU 在运算过程中的变量,程序调用、中断时的堆栈。传统的 51 单片机内部 RAM 的大小为 256 B,而 STC12C5A60S2 在片内扩展了 1 024 B 的 RAM,所以 RAM 总大小为 1 280 B。而 51 单片机内核中 256 B 的 RAM,又分为高 128 位字节和低 128 位字节两部分,低 128 位字节 RAM 的结构如图 3-5 所示。

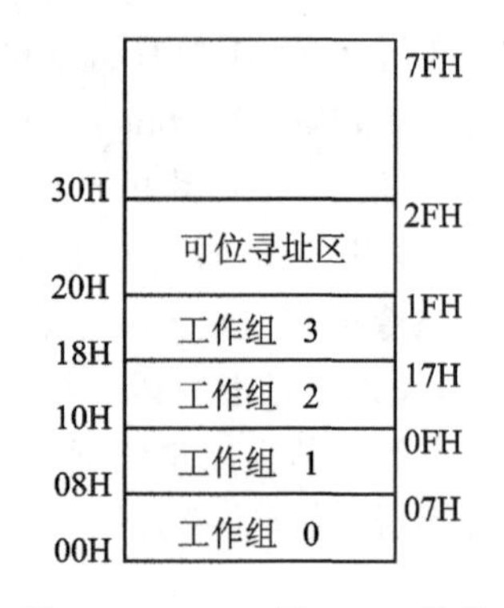

图 3-5 RAM 低 128 B 结构

前 32 B 为工作寄存器组,对这些工作寄存器组的操作指令耗时最少,使用它们可以提高运算速度。接下来有一段可进行位寻址的 RAM 区,可以访问其中每个字节的每一位,因此在编写 51 单片机程序时可以采用单个 bit 型的变量,这在许多其他的单片机上是不允许的。

特殊功能寄存器(SFRs):指对片内各个功能模块进行管理、控制、监视的控制寄存器和状态寄存器,是一个特殊功能的 RAM 区。要想熟练灵活地应用单片机,应熟知这个知识点。如果把单片机看作是一个功能强劲的机器,那么这些特殊功能寄存器就相当于它的控制面板,其中的每一位相当于面板上的开关或者指示灯,通过这些“开关”可以控制单片机这台机器的工作,而通过这些“指示灯”,可知机器的运行状态。单片机的入门学习之所以推荐 51 单片机,正是因为这些“开关”和“指示灯”的数量相对较少,初学者可以通过它们掌握控制单片机这类“机器”正常运行的精髓。对于高端的单片机,其“控制面板”上的内容非常繁多,很难像对 51 单片机这样可以进行直接操作。

EEPROM:即电可擦除可编程只读存储器,从最开始的 ROM(存储内容在生产时固化在电路中)、PROM(一次烧写永久不可改动)、EPROM(可通过紫外线进行擦除)发展而来。在 FLASH 出现之前,单片机的程序存储器采用的就是 EEPROM。而目前一般单片机的内部既有 FLASH,又有 EEPROM,FLASH 用来存储指令,而 EEPROM 用来存储一些可修改但是掉电又不丢失的数据。

存储器结构:在比较单片机性能时,免不了接触到存储器的"哈佛结构"和"冯·诺依曼结构"这两个概念。冯·诺依曼结构是指令和数据共用同一根数据总线和地址总线,而哈佛结构中的指令和数据是采用不同的数据总线和地址总线。为便于理解,可把单片机比喻成一个冶铁厂,铁矿石和煤都需要送到炼铁炉。冯·诺依曼相当于将铁矿石和煤通过同一条传送带送进炼铁炉,而哈佛结构则相当于将铁矿石和煤通过两条不同的传送带送进炼铁炉。因此可以很明显地理解为,在其他条件相同的情况下,哈佛结构的处理速度要快于冯·诺依曼结构。

3.1.3 I/O 口

信息时代的关键技术包括信息传输的载体和信息交互的工具。人机交互可通过键盘、显示器等外设实现,而机器与机器之间的交互需要各种形式的接口。单片机并没有台式电脑、平板电脑那些通信接口,而是通过 I/O 口与外界进行信息交互。I/O 口是单片机与外界联系的通道。外界繁杂的信息都是通过 I/O 口输入单片机中,而单片机强大的控制功能也都是通过 I/O 输出实现的。

首先介绍 STC12C5A60S2 的 I/O,如图 3-6 所示。

传统的 51 单片机只有 P0、P1、P2、P3 四组,总共 32 个 I/O 口,而增强型的 STC12 增加了 P4 和 P5(P5 在 LQFP48 脚封装芯片中有)两组 I/O 口。在单片机实际应用中,外设器件稍多,就会发现 I/O 口变得非常紧张。当然对于大学生电子设计竞赛,设计的系统相对简单,需要的外围器件较少,30 多个 I/O 已然够用了。

U1

引脚	名称	名称	引脚
1	P1_0	VCC	40
2	P1_1	P0_0	39
3	P1_2	P0_1	38
4	P1_3	P0_2	37
5	P1_4	P0_3	36
6	P1_5	P0_4	35
7	P1_6	P0_5	34
8	P1_7	P0_6	33
9	P4.7/RST	P0_7	32
10	P3_0	P4_6	31
11	P3_1	P4_5	30
12	P3_2	P4_4	29
13	P3_3	P2_7	28
14	P3_4	P2_6	27
15	P3_5	P2_5	26
16	P3_6	P2_4	25
17	P3_7	P2_3	24
18	XTAL2	P2_2	23
19	XTAL1	P2_1	22
20	GND	P2_0	21

STC12C5A60S2

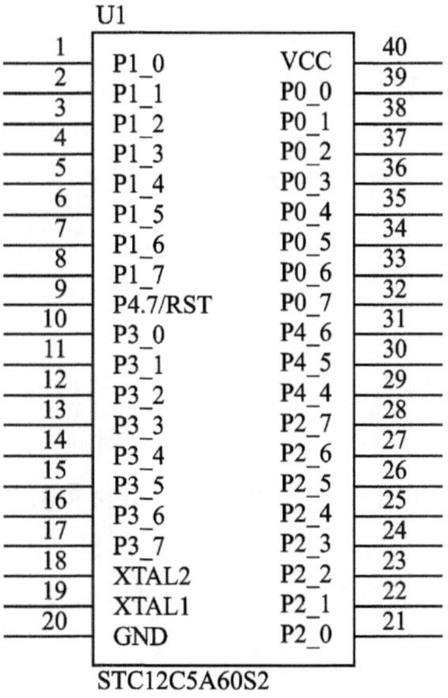

图 3-6　STC12C5A60S2 引脚图

通过查看 STC12C5A60S2 的数据手册,易知该单片机的 I/O 具有四种工作模式。

(1) 准双向口模式

这是传统 51 单片机 I/O 口的模式,其结构图如图 3-7 所示。细想一下,为什么是"准"双向呢?在选购电子设备时,可能听说过准 XX——准 3D、准 5G 等词，在这里要弄清楚准双向的含义。

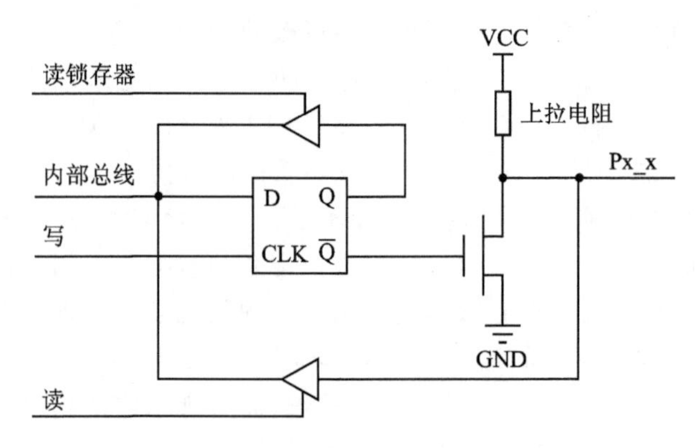

图 3-7 准双向 I/O 口结构图

首先看 I/O 口作为输出端口时的情况。当输出为低电平时，晶体管导通，电流流动的方向为从引脚经过晶体管流向单片机的 GND。因为晶体管导通后的电阻较小，所以允许通过的电流较大(20 mA)。当输出为高电平时，晶体管截止，此时电流流动的方向为从单片机的 VCC 经过上拉电阻流出引脚。因为上拉电阻的阻值很大，所以允许通过的电流非常小(40 μA)。

接下来看 I/O 口作为输入端口时的情况。为了完成输入功能，先要让 I/O 口输出为"1"，否则晶体管一直导通，那么一直就是输入为"0"。当输入为"1"时，高电平可以顺利地通过三态门输入到总线。当输入为"0"时，会有电流从单片机的 VCC 经过上拉电阻，再通过引脚流入外接信号的输出电阻，最终到达 GND。所以，此时输入端的电压就是上拉电阻和外部信号的输出电阻分压之后的电压，为了保证输入的可靠，上拉电阻必须很大。

在 STC12C5A60S2 的数据手册里，将此"上拉电阻"进行了优化。初学者应理解"上拉电阻""下拉电阻"的概念。一般情况下，"上拉电阻"指的是电阻的一端接 VCC，另一端接信号，以此将信号的电平拉升，所以非常形象地命名为"上拉"；"下拉电阻"指的是电阻的一端接 GND，另一端接信号，以此将信号的电平拉低。

可见，准双向 I/O 模式下，当输出为"1"时，驱动电流不足；在输入时，先要对 I/O 口进行输出为"1"的操作。不过该模式也有一个好处，即在使用 I/O 口时不需要配置 I/O 口的方向寄存器。对于初学者，能够少配置一个寄存器无疑是很方便的，不过寄存器的配置问题，是需要重点掌握的一个知识点。由于准双向口模式导致设计外围电路时需要注意许多问题，所以该模式存在的必要性大大降低。但为了保证对以前 51 单片机程序的兼容，它保存了下来。

(2) 强推挽输出模式

其结构如图 3-8 所示，推挽(push-pull)即推拉的意思。该模式下，两个特性相同的晶体管中，上导通下截止，电流流出；上截止下导通，电流流入。如此将电流一推一拉，所以该模式的名称非常形象。该结构主要用来提高输出的带载能力，例如运算放大器的输出级就是采用推挽结构，因此，此时单片机 I/O 口允许的输出电流都为 20 mA。

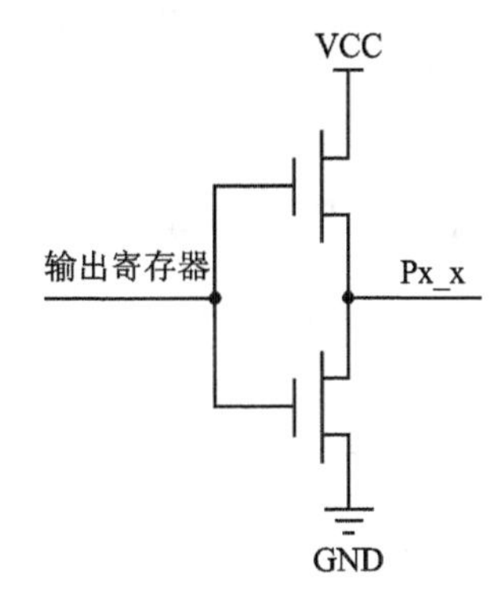

图 3-8　强推挽输出结构图

(3) 高阻输入模式

输入时，相对于输入的信号单片机是负载，所以此时它的阻值越大，所需的电流就越小，信号越不容易失真。查阅 STC12C5A60S2 的数据手册可见，其输入端接有一个施密特触发器，用于抑制输入信号的干扰。如图 3-9 所示，施密特触发器具有滞回特性，电平很低时输出为“0”（见左图），电平很高时输出为“1”（见右图），而电平在中间时保持原来的状态。

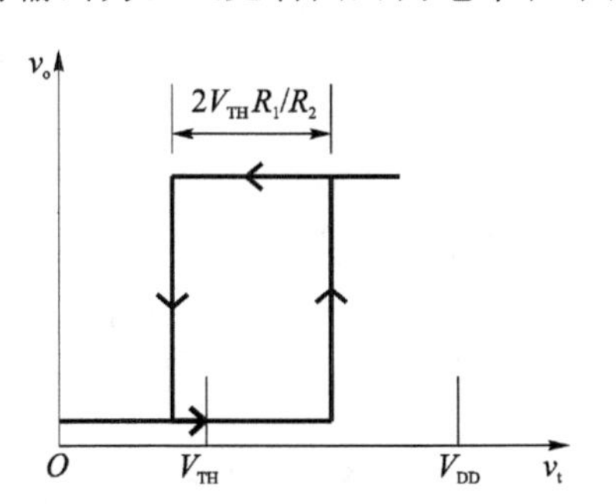

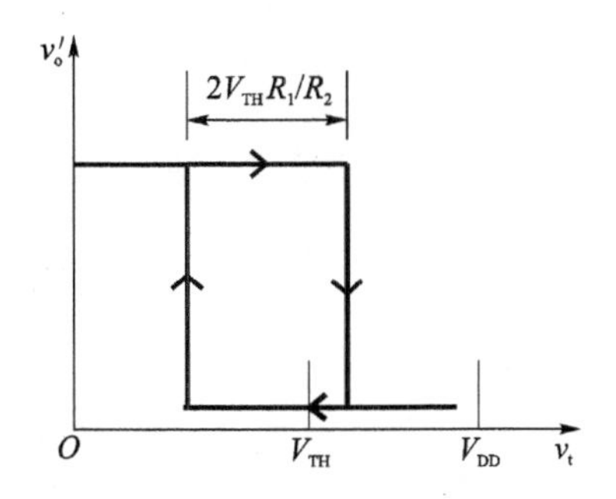

图 3-9　施密特触发器工作原理

(4) 开漏输出模式

该模式下，将上述推挽模式的上部晶体管、准双向模式的上拉电阻去掉了。开漏输出模式可以实现线与逻辑，不过这点对于单片机系统并无多大用途，最大的作用在于通过开漏输出改变输出的电平。将开漏输出引脚外接一个上拉电阻就变成了准双向 I/O，而上拉的电源电压可以选择与单片机的 VCC 不同的电平。目前许多单片机采用的是 3.3 V 供电，而许多外围器件还是 5 V 的电平，所以这是一个解决二者通信的方法。

单片机内部有许多的模块，但与外界交连的引脚数却只有那么多，所以一般单片机的 I/O 口还有复用功能。比如 P1 口是 ADC 的模拟输入端。这些复用功能需要配置相应的特殊寄存器(SFR)。

此外，51 单片机的 P0 是 8 位的数据总线，P0 和 P2 一并构成了 16 位的地址总线。因此，P0 既做数据总线，又是地址总线的一部分。而当使用通过总线扩展的外部器件时，数据总线和地址总线都需要使用，所以 P0 需要外接地址锁存器从而实现地址总线和数据总线的分时复用。但目前的 51 单片机一般情况下不进行外部扩展，其内部的数据空间、程序空间、外设都接近饱和，通过 I^2C、SPI 等串行总线对外围器件进行控制和数据传输。

3.1.4 中 断

要理解中断的概念，可想到很多生活中的实例。在处理一件事情时总可能被外界的各种事情干扰，如工作时，来电话了，此时需要去处理手机，接听或者拒接。这就是实际生活中一个被中断的例子。CPU 按照程序应是一直运行的，但如果外界或者内部出现了某个中断，那么它的工作就会被打断。在单片机中，中断通常是因为非常重要的情况。“无事不登三宝殿”，中断更像是餐馆里的顾客，而 CPU 就像是服务员，顾客有需求就得上前处理。因此，在中断里执行的程序被称为前台程序，在 main 函数里运行的主程序被称为后台程序，“前台”对触发的事件进行服务，“后台”则处理一些对时间要求不高的工作。

1. 中断产生机理

当外界中断源达到设定时，比如定时器设定时间已到、外部中断被触发、ADC 转换完成、串口接收到数据等，首先相应的中断标志寄存器对应的标志位置位，相当于在单片机这个机器的“控制面板”里把相应的“指示灯”点亮；然后 CPU 每执行完一条指令，就去检查这些中断标志，如果发现了有中断发生，就会暂停当前的工作，开始处理中断。

图 3-10 所示是一个中断响应的流程图。保存断点，主要是将在中断前的 CPU 内部寄存器(PC、ACC、B、PSW)和工作寄存器(R0～R7)入栈，这个过程由硬件自动完成。中断服务程序的地址被编译器存放在中断向量中，而中断向量位于程序代码段的最低位置，当中断发生后，CPU 就会去对应中断源的中断向量处获取中断服务程序的地址，从而可以跳转至中断服务程序。在中断程序结束后，恢复断点，程序就接着中断前的顺序继续执行。中断与调用函数有些相似，不过函数的调用可以预计，而对于前台主程序而言，中断有突如其来的未知性。

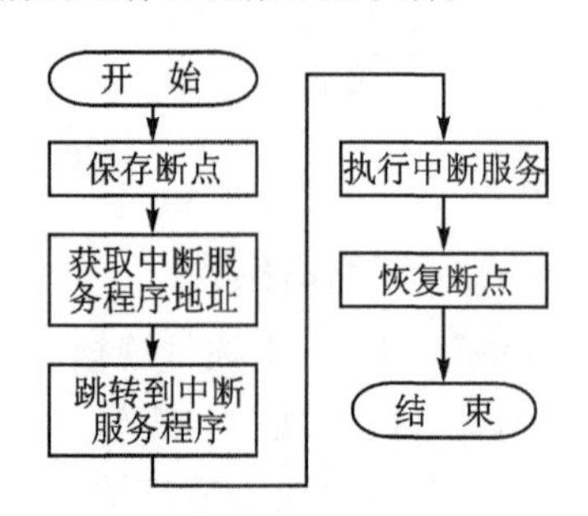

图 3-10 中断响应流程图

2. 中断的嵌套与优先级

在单片机中，有数量不止一个的中断源，有时这些中断源会同时触发中断，此时就涉及中断响应优先级的问题。对于传统的 51 单片机，只有 5 个中断源，即两个外部中断、两个定时器中断、一个串口中断。STC12C5A60S2 增加了 5 个中断源——ADC 中断、低电压检测 LVD 中断、PCA 模块中断、串口 2 中断、SPI 中断。它们的中断向量和默认的中断优先级如表 3-1 所列。中断优先级高的(中断号低)中断可以打断中断优先级低的中断，形成中断嵌套。也就是说，当正在执行低优先级的中断时来了一个高优先级的中断，那么 CPU 就会停下此时低优先级的处理，保存它的状态，转而去处理高优先级的中断，之后再回到低优先级中断继续处理。

表 3－1　中断向量表

中断源	中断向量	优先级
外部中断 0	0003H	0
定时器中断 0	000BH	1
外部中断 1	0013H	2
定时器中断 1	001BH	3
串口 1 中断	0023H	4
ADC 中断	002BH	5
LVD 中断	0033H	6
PCA 中断	003BH	7
串口 2 中断	0043H	8
SPI 中断	004BH	9

中断保障了单片机对系统的实时控制，也给程序的编写带来了很大挑战。因为中断难以预测，可能会扰乱数据的处理，且当处理高优先级中断时，其他中断会得不到及时响应，很可能导致控制失效。所以要尽量减少中断服务程序的执行时间，注意在主程序中处理数据不会被中断扰乱。

3.2　开发环境

3.2.1　Keil

许多单片机厂商都推出了相应的集成开发环境，比如 TI 公司的 CCS，Microchip 公司的 MPLAB，飞思卡尔公司的 CodeWarrior，ATMEL 公司的 AVR Studio 等。还有第三方集成开发环境，比如 IAR 和 Keil。上述这些软件，除了 AVR Studio，其他都自带 C 语言编译器，可以直接用 C 语言进行开发。由于单片机的性能越强大，其软件开发也变得越复杂，要求周期更短，因此鲜少有人再使用汇编语言进行单片机软件的编写了，而是采用 C 语言编写，再利用第三方集成开发环境 IAR 和 Keil 编译，从而在编译效率和代码优化方面优势突出。

Keil C51 是美国 Keil Software 公司推出的 51 系列兼容单片机 C 语言软件开发系统。其界面友好，功能强大，容易上手。在 2005 年，Keil 公司被 ARM 公司收购。

因此，如后续学习 ARM，可继续采用 Keil，而不用去熟悉新的开发环境。

图 3－11 所示为 Keil 软件界面。

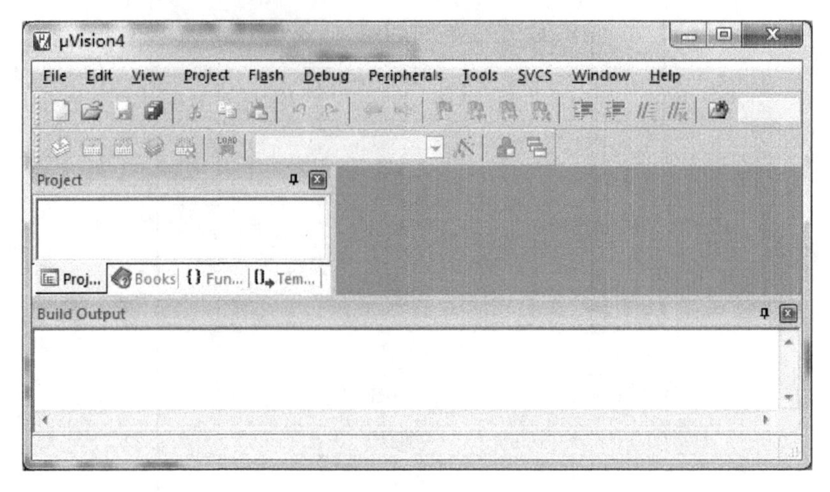

图 3－11　Keil 软件界面

下面介绍 Keil 的基本使用方法，以 Keil μVision4 for C51 软件版本为例讲解。先建立一个简单的工程——点亮一个 LED。

① 选中 Project 中的 New μVision Project，新建并保存一个工程文件，如图 3－12 所示。

保存工程之后，会提示选择芯片型号，可 Keil 中没有 STC 公司的单片机型号。此时，在 STC 公司的官网下载其最新的 STC－ISP 软件，在【Keil 仿真设置】选项卡中选择添加芯片型号和头文件，导入到 Keil 中，如图 3－13 所示。

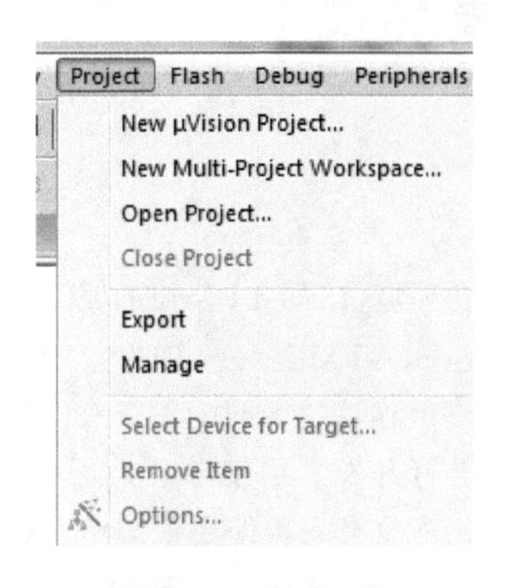

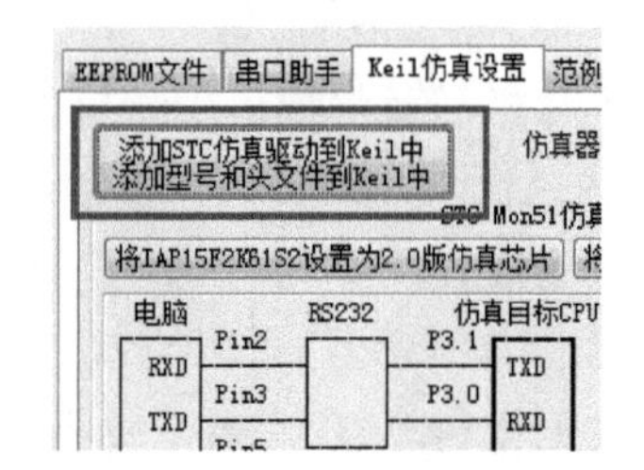

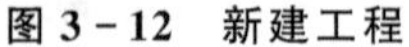

图 3－12　新建工程　　　　**图 3－13　添加 STC 系列单片机型号**

然后在提示选择芯片型号时，选择 STC MCU Database 选项，在其中选择芯片型号——STC12C5A60S2，如图 3－14 所示。

之后提示将 51 单片机的启动文件添加至工程，单击【是】按钮，如图 3－15 所示。

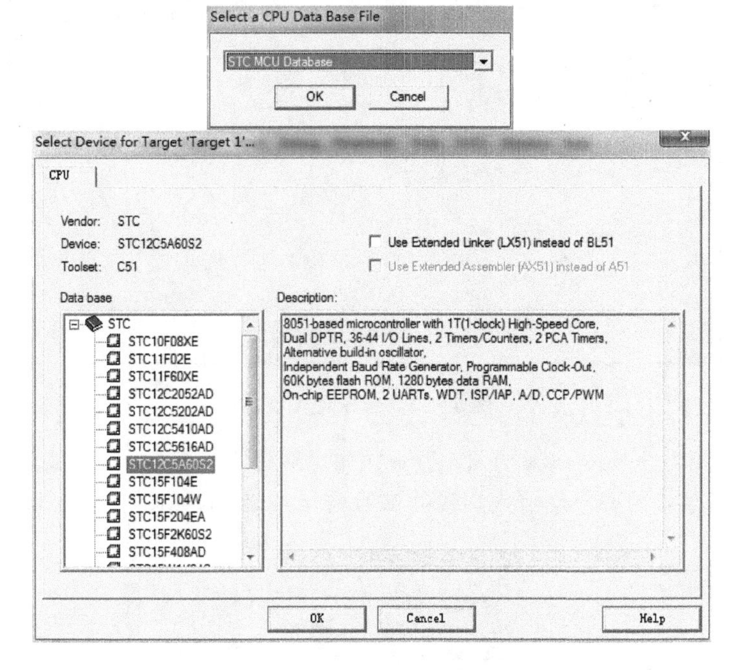

图 3－14　选择单片机型号

图 3－15　添加启动文件

② 单击工具栏上的 Target Option 图标，打开工程属性设置窗口，如图 3－16 所示。

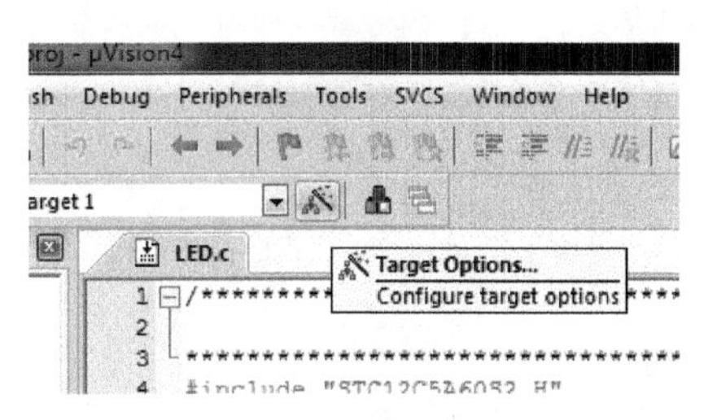

图 3－16　打开工程属性

在 Output 选项卡中选中 Create HEX File 复选框，如图 3－17 所示。

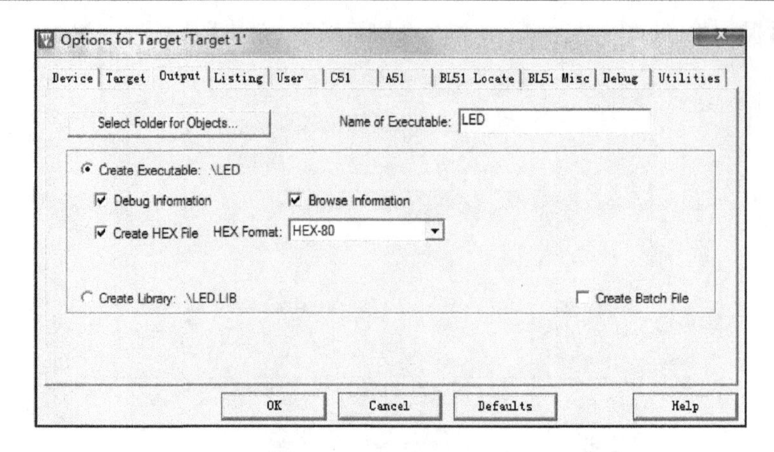

图 3-17　选择生成 HEX

③ 选择 File→New，或者单击工具栏中的【新建文件】图标。在新建文件之后记得保存，在保存时需要手动输入文件的扩展名.c 或者.h，如图 3-18 所示。

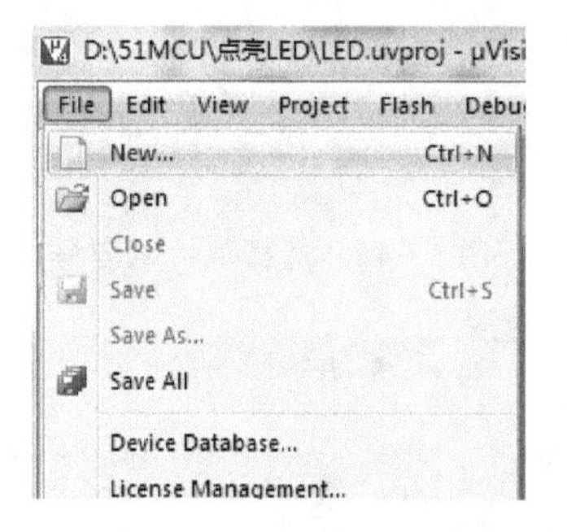

图 3-18　新建文件

④ 右击 Source Group 1，在弹出的快捷菜单中选择 Add Files to Group 'Source Group 1'，将新建好的 LED.c 添加至工程中，如图 3-19 所示。

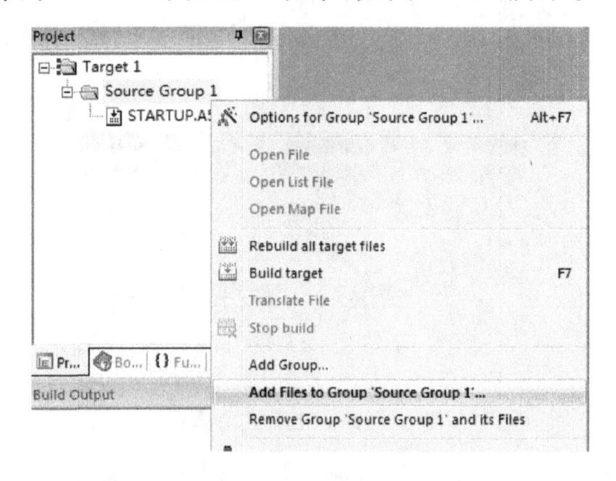

图 3-19　添加文件至工程

点亮 LED 的代码如下：

```
#include "STC12C5A60S2.H"

sbit LED = P0^0;     //定义 LED 的控制引脚

void main(void)
{
    /* 配置 P0.0 口为推挽输出 */
    P0M1& = 0xfe;
    P0M0| = 0x01;

    LED = 1;
    while(1)
    {

    }
}
```

⑤ 选择 Project 中的 Build target 选项或者单击工具栏上对应的图标，生成可以烧写进单片机的.hex 文件，如图 3 - 20 所示。在软件的下方 Build Output 框中可以查看工程编译的结果。可以看到，这个工程使用了 9 字节的 RAM，25 字节的 FLASH 存储空间。编译的结果是 0 个 Error，0 个 Warning，如图 3 - 21 所示。

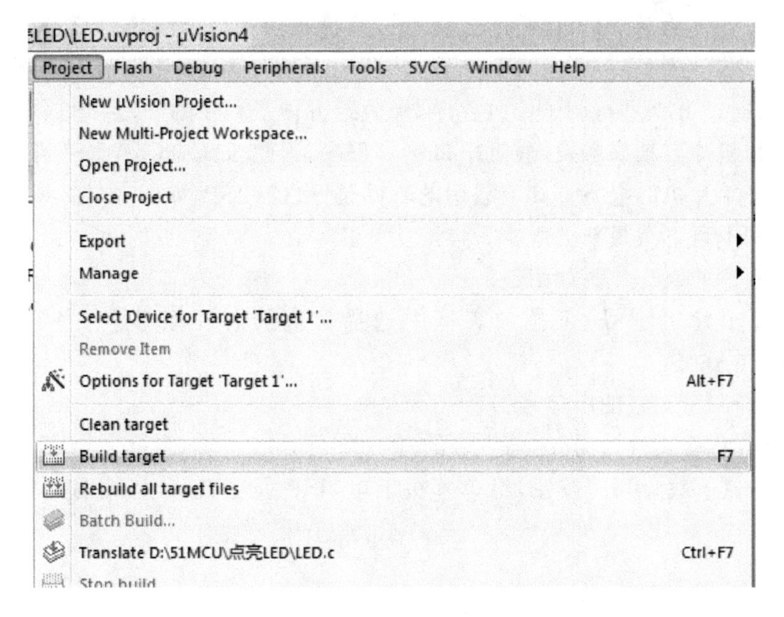

图 3 - 20　编译程序

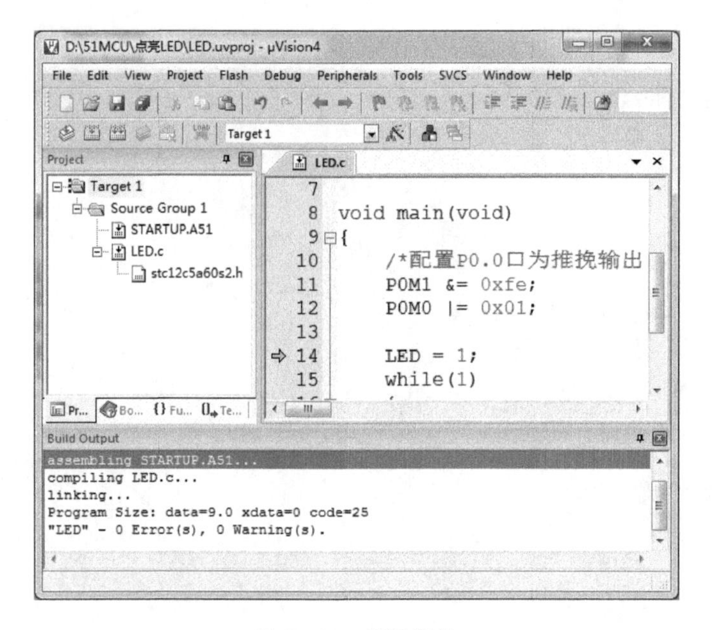

图 3-21 编译提示

3.2.2 ISP 烧写程序

ISP 的全称是 In System Program，译为“在系统编程”。其原理是在单片机出厂时，在其内部 FLASH 上烧入一部分启动代码，通过指定的方式触发激活这段代码，就会启动单片机的通信口，接收由计算机传输过来的程序，并将它们烧写在 FLASH 中，从而实现程序的烧写。通过 ISP 方式，免去了编程器，单片机可以直接先焊接在电路板中，通过 ISP 进行调试修改程序，极大地方便了程序的开发。STC 公司的 ISP 是通过单片机冷启动来触发，通过串口接收程序，因此 STC12C5A60S2 下载程序时，需要先断开单片机的电源。其下载用的软件是 STC-ISP，如图 3-22 所示，在 STC 公司的官网上可下载最新的版本。

烧写程序的操作步骤如下：

① 在【单片机型号】下拉列表框中选择对应的芯片型号——使用的单片机为 STC12C5A60S2。

② 选择用于下载的串口号。

③ 打开程序文件，选择之前生成的 .hex 文件。

④ 单击【下载/编程】按钮，给单片机上电，ISP 程序启动，将编写的代码烧录到单片机中。

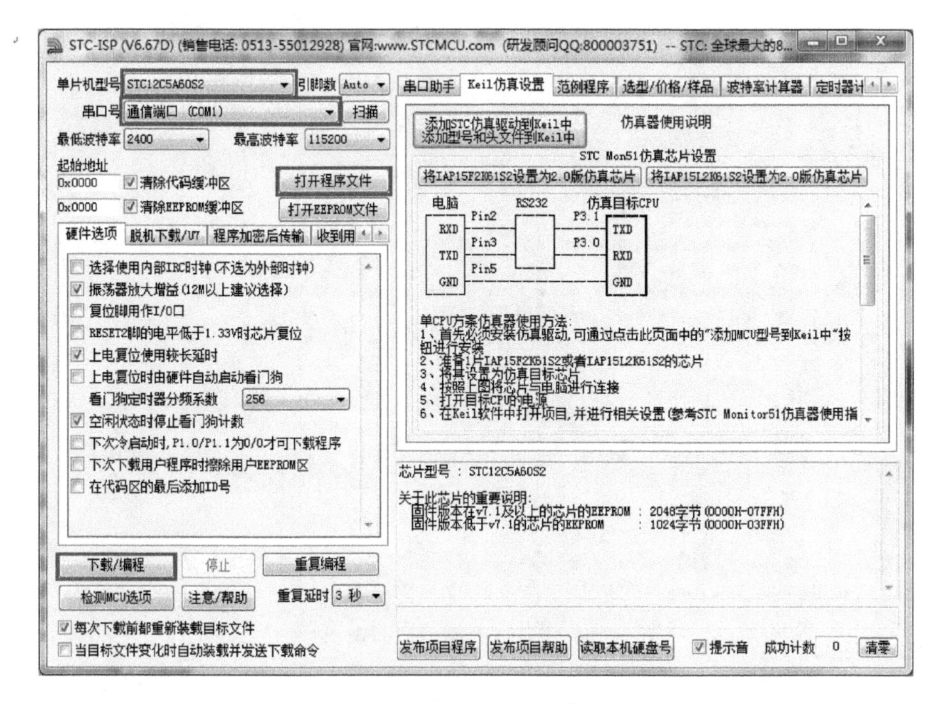

图 3-22　STC-ISP 下载程序

3.2.3　软件应用

1. 查找功能

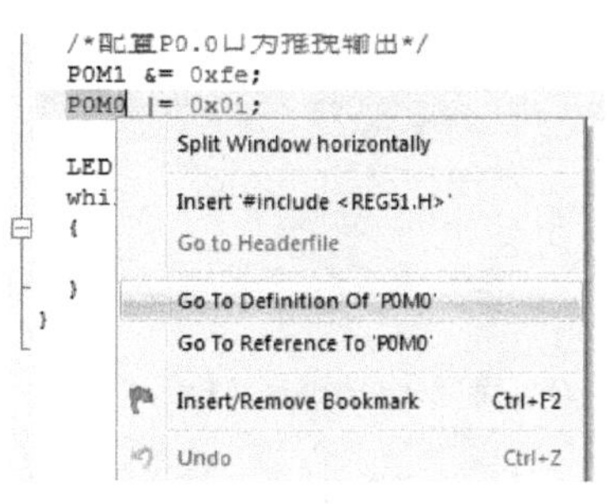

图 3-23　查找定义

在查看工程代码时，经常需要查看语句中某个变量、某个函数、某个宏的定义。这在 Keil 中非常方便，只需要选中想要查看的变量或者函数，然后右击就可以跳转到对应的变量或者函数定义的内容，如图 3-23 所示。

此外，查看函数时可以通过函数查看窗口进行查找，如图 3-24 所示。一般在侧边栏下方有 Functions 选项卡，在这里可以查看工程中每个 C 文件的函数名，单击函数名，右侧编辑栏就会跳转到对应的函数定义。这可以极大地方便查找对应的函数，并进行查看和修改。

如果找不到 Functions 选项卡，可以在 View 中选择 Functions Window 选项，如图 3-25 所示。

当然还有“万能”查找模式，即按下 Ctrl+F 快捷键，对各种内容进行查找和替换操作(见图 3-26)，并且可以设定其搜索范围为整个工程或单个文件。

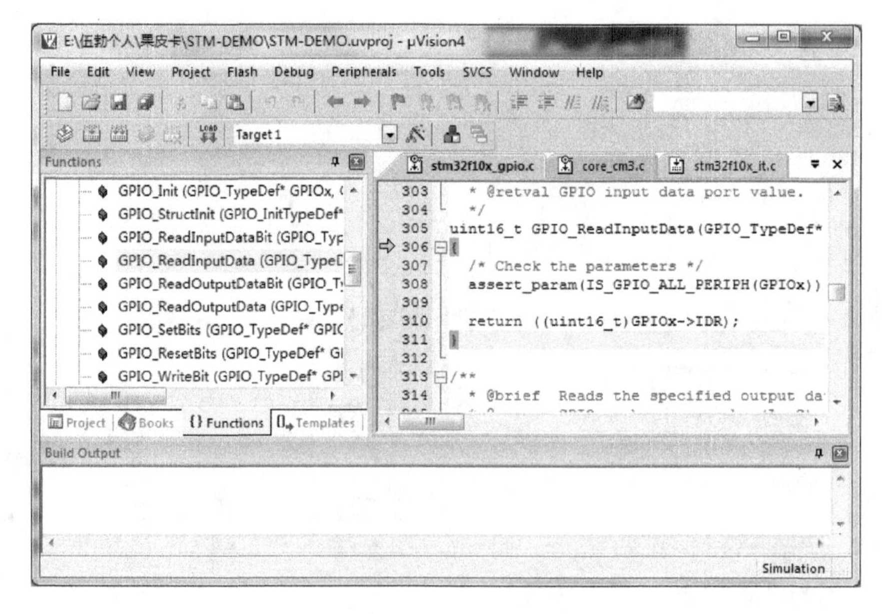

图 3-24 查看函数列表

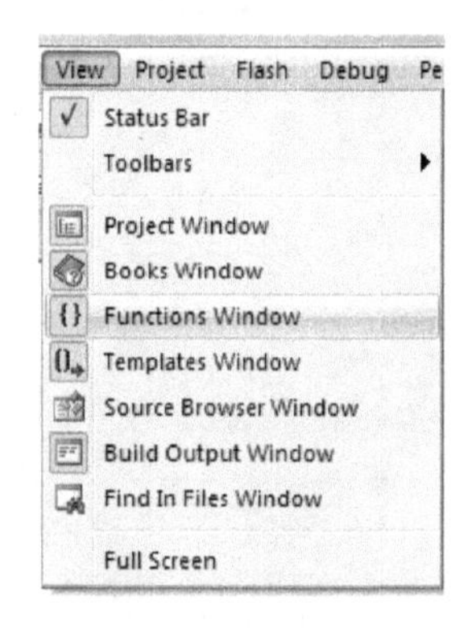

图 3-25 选择 Functions Window 选项

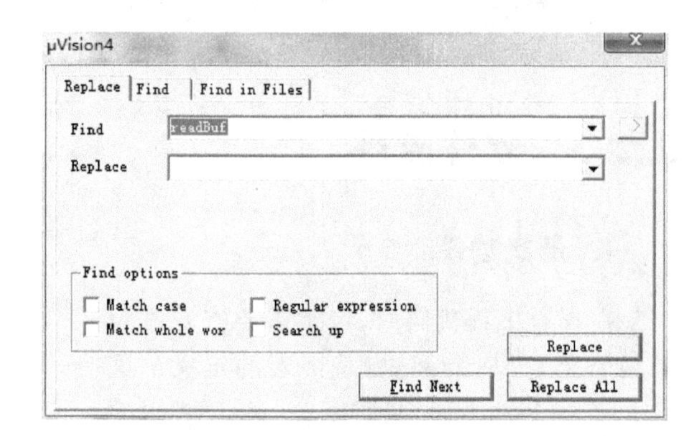

图 3-26 查找与替换

2. 段落操作

在编写和修改代码时，Keil 可以对整段的代码进行缩进、取消缩进、注释、取消注释操作。选中需要进行操作的一段代码，工具栏上对应的图标变亮，单击图标，可实现对该段上述操作，如图 3-27 所示。

3. 添加编辑器

相对于其他的开发软件，Keil 本身的编辑器已经做得不错了，不过还是没有专业用于编写代码的文本编辑器好用。用过 Visual Studio 的同学可能会觉得其自动补全的功能非常赞，在编写代码时可以有效地减少由于代码输入错误带来的 Error 报错，往往可以事半功倍，节约时间。一些较受欢迎的文本编辑工具有 vim、Source Insight、Notepad++等。读者可以根据自己的爱好进行选择。

在 Keil 中添加第三方文本编辑器的配置如下：

① 选择 Tools→Customize Tools Menu 选项，添加工具，如图 3-28 所示。

图 3-27　段落缩进/注释

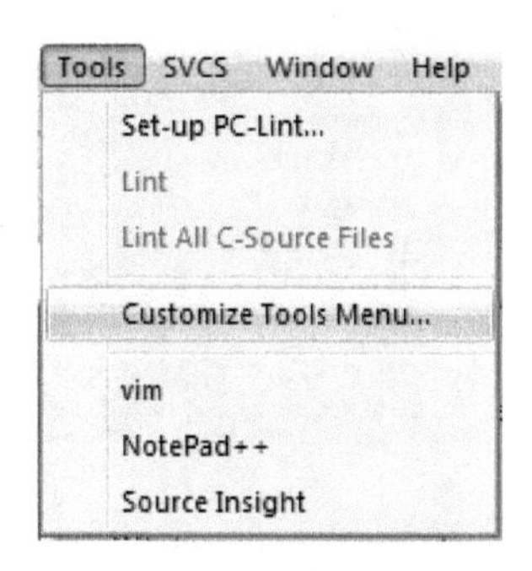

图 3-28　添加工具

② 按图 3-29 进行配置。单击【新建】图标，输入编辑器的名字，在 Command 栏中选择编辑器软件的路径，在 Arguments 中输入#E，单击 OK 按钮就配置好了。

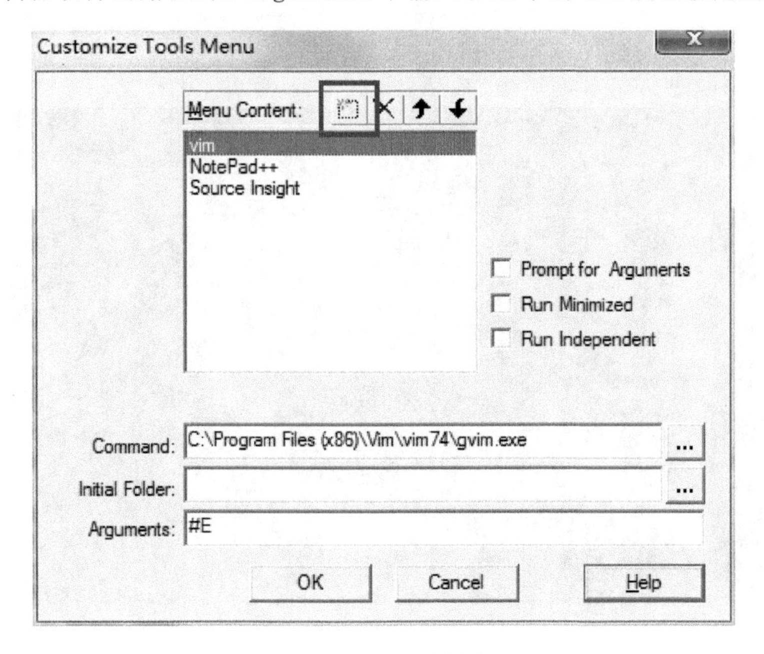

图 3-29　添加外部编辑器

③ 在 Keil 中选中需要进行编辑的文件，然后单击对应的编辑器就可以使用该编辑器对文档进行编辑了，如图 3－30 所示。VIM 界面如图 3－31 所示。

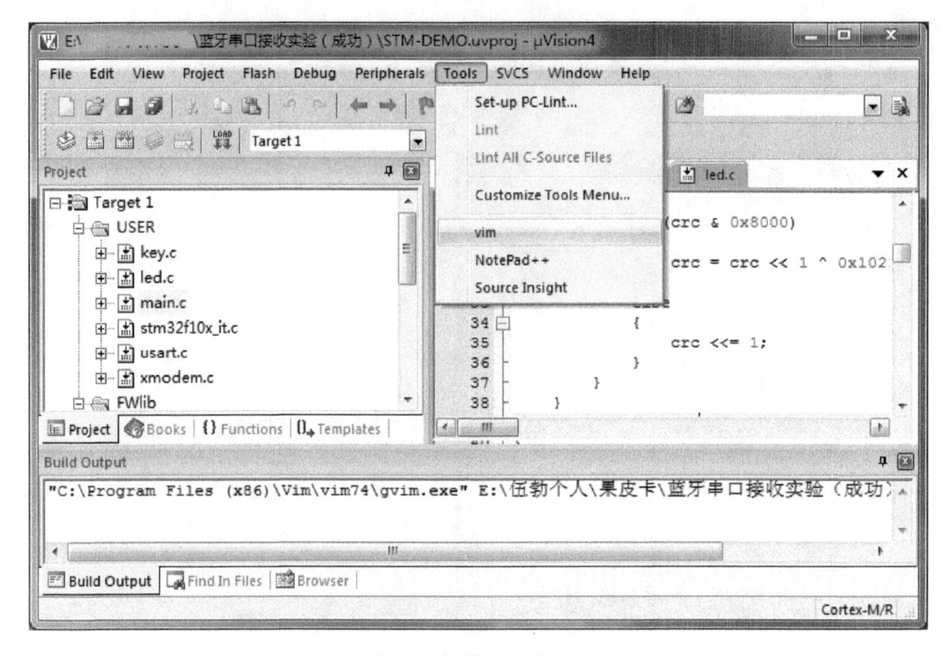

图 3－30　使用外部编辑器

xmodem.c (E:\...\蓝...接收实验（成功）\USER\src) - GVIM

文件(F) 编辑(E) 工具(T) 语法(S) 缓冲区(B) 窗口(W) 帮助(H)

```
10 /*************************************************************
11 ** 函数名: static  uint8_t  crc16(uint8_t *buf, int32_t size)
12 ** 说明:   对数据串进行CRC16校验
13 ** 输入:   *buf、size
14 **         *buf - -  要进行CRC16校验的数据串指针
15 **         size - -  数据串的大小
16 ** 输出:   crc
17 **         crc  - -  校验结果
18 ** 调用范围: 内部调用
19 *************************************************************/
20 static uint16_t crc16(uint8_t *buf, int32_t size)
21 {
22     uint16_t crc = 0;
23     uint32_t i;
24     while(size-- > 0)
25     {
26         crc ^= (uint16_t)(*(buf++)) << 8;
27         for (i = 0; i < 8; i++)
28         {
29             if (crc & 0x8000)
30             {
31                 crc = crc << 1 ^ 0x1021;
32             }
33             else
                                                  24,1-4        6%
```

图 3－31　VIM 界面

3.3　程序编写

51 单片机对各种内部模块的使用，比如定时器、串口、ADC 等，都是通过配置相关的寄存器来完成的。对于各个模块如何使用以及寄存器如何配置，市面上已经有非常多的相关书籍。它们相对于繁杂的数据手册能够更好地指导读者使用单片机上的各个功能模块。读者可以准备相关的参考书，方便编写程序时查阅。

3.3.1　代码规范

规范的代码编写有利于软件后期的修改、维护和升级，进而保证大型程序的顺利完成。C 语言是一种高级编程语言，编写代码其实与写文章如出一辙。文章写作中的自然语言也具有语法，而且其语法比 C 语言要复杂很多。用自然语言写文章基本的要求是语句通顺，内容连贯，更高要求则是语句优美，内容环环相扣。代码也是如此，最基本的要求是能够编译通过，实现基本功能，而更高的要求则是一目了然，层次分明。当然文章与代码一样，最重要的是这符号背后所承载的思想。文章是一种“为赋新词强说愁”的感情思想，代码是一种“滴水不漏”“分秒必争”的逻辑思维。纵使你内心有万千情感，如果没有好的语言表达能力，都是枉费。编写程序亦是如此，学习基本的规范，才能将巧妙的思想传递到机器当中。意由形入，知形达意，文章、代码、艺术、科学，皆是如此。

1. 基本要求

① 程序结构清晰、简单易懂。单个函数的程序一般不超过 100 行。做好程序的细分，保证一个函数只做一件事情，代码做到精简易读。一般一个函数的长度要控制在一张 A4 纸之内，50～60 行。编程时许多初学者会把所有程序写入 main 函数，或者将原本可封装成一个个小函数的代码都放到了 main 函数里，使得 main 函数有上百行。这样的做法并不推荐。main 函数是整个程序运行的入口，应突显程序的基本框架，尽量是对函数的调用，避免出现许多基本的语句。

② 做好代码的注释工作。注释如程序的衣服，穿多穿少随季节随心情变化，款式可以自由选择，不过关键部位须有布料。还有人将注释视为与程序代码同等的不可割舍的部分。刚开始编写简单的程序，总是很难发现注释的作用，可是随着代码量的不断增多，编写的文件越来越多，调试过程中不断出现 bug 时，就能体会注释的重要作用。

2. 程序注释的要点

① 每个源程序文件要有注释说明，内容应该包括作者、创建时间、版本号、基本描述、最新修改时间、适用的硬件等，参考的格式如下：

```
/*************************************************************
      *文件名:annotation.c
      *作  者:zhangsan
      *版本号:V2.0
      *日  期:2021-01-20
      *硬  件:STC12C5A60S2(12MHz)
      *描  述:对源文件的注释应该这样
**************************************************************/
```

② 除了 main 函数,每个函数要有注释进行说明,内容应该包括函数的输入、输出、说明,参考的格式如下:

```
/*
*函数名:LED_ON
*描  述:点亮对应的 LED
*输  入:num:选择被点亮 LED 的编号
*          这个参数可以是以下值:
*          LED_ERROR、LED_RUN、LED_POWER
*输  出:无
*/
void LED_ON(unsigned char num)
```

除了以上两个地方是需要注释以外,代码中一些关键的语句、比较难理解的代码段,也应该添加注释以便于后期的调试修改或他人阅读。比如串口波特率的设置、定时器的计时时间、寄存器的配置等。总之,注释最主要的作用是方便代码的阅读和理解,所以注释应该朝着简化代码阅读的方向努力,不要与代码不符或语句歧义,反而干扰代码的阅读。

③ 代码文档的排版。C 语言通过分号进行断句,对代码的格式没有什么要求。可正是由于它的格式过于自由,导致一些初学者容易采用与写文章一样的编排格式。写代码时一句接一句地敲,程序敲完后,整个版面都充斥着字符,让人一点开就以为是乱码而直接关闭。或者采用空格进行缩进,虽然一条语句一行,不过括号未对齐,看起来杂乱无序,反而扰乱代码的阅读。还有些比较短小的语句,比如“i++;”之类,直接把两条语句放在了一行。这些做法都不太规范。

代码文档排版的工作一定要做好。首先要做到一条语句一行,不要节省空间。其次要养成代码段缩进,并采用“Tab”键进行缩进的习惯。运算符左右两边可以增加一个空格便于阅读,并将函数中具有一定功能差别的段落进行空行分割。最后要对齐括号,对于 if…else…,while,for 等选择、循环结构语句都要进行段落缩进,并且用大括号将它们括起来。

下面是一段代码排版的参考格式:

```c
void Indent(void)
{
    unsigned char i;
    unsigned char x = 0;

    for (i = 0; i < MAX; i++)
    {
        count++;  //注释可以放在句尾
    }
    if (count == 1MS)
    {
        count = 0;
    }
    else
    {
        /* 注释也可以这样放在段前,对下面的段进行注释 */
        switch (count % 4)
        {
            case 0:
                    x++;
                    break;
            case 1:
                    x--;
                    break;
            default:
                    x = 0;
                    break;
        }
    }
    while (1)
    {
        x = x + count;
    }
}
```

一些代码编辑软件可以实现自动缩进等排版工作,因此建议选择一款自己使用顺手的编辑器,这样能很好地提高代码编写的质量和效率。Keil 本身的编辑器也可实现自动缩进。其默认的“Tab”缩进是 2 个字符,也可以缩进 4 个字符,这样看起来更加具有层次感。缩进字符设置的方法是单击 Edit 中的 Configuration,打开编辑器的设置窗口,在 Editor 选项卡中的 Tab size 微调框中可以对 Tab 键缩进的字符进行设置,如图 3-32 和图 3-33 所示。

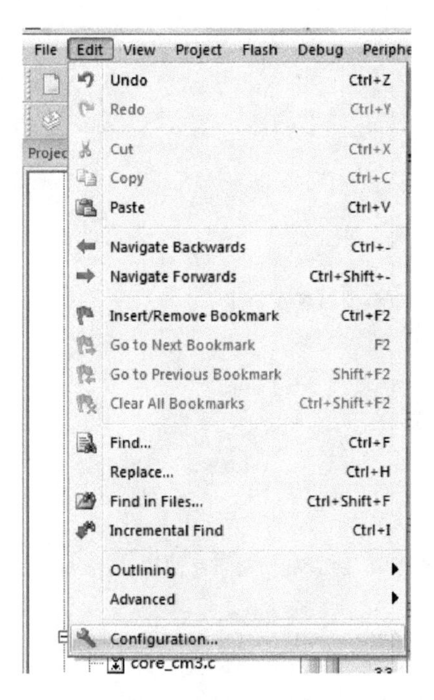

图 3-32　编辑器设置

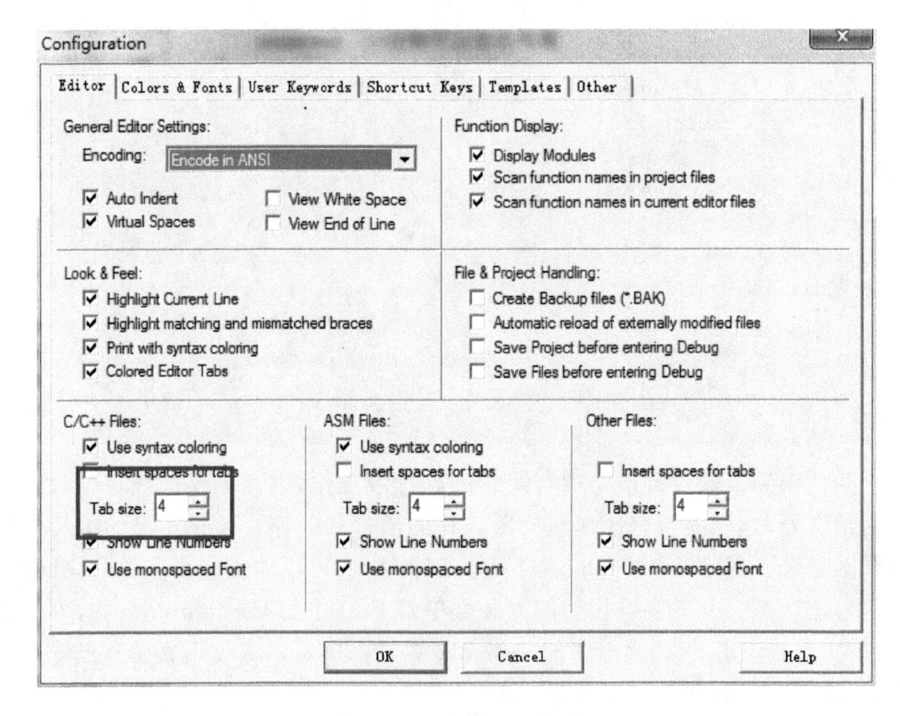

图 3-33　设置 Tab 缩进

3.3.2　函数、变量命名

随着程序的规模增加，容易发现一个突出问题，即变量和函数的命名问题。给变量、函数取名除了区分它们以外，最重要的是希望能够“望名知义”，根据变量、函数的名字马上就能知道其作用。可如果要给成百上千个变量、函数都取一个好名字，是一项并不简单的工作。为了保证取名的一致性，防止思路混淆和名字重叠，需遵循一套规范的命名规则。

首先，尽量不要使用拼音对变量和函数进行命名。初学者一般从参考书上的实例开始学习，由于示例代码都很短，所以变量的命名大多从简，多为 a，b，c，…这样的单字符。如讲故事的人略去真实人物的姓名，而代之以“甲、乙、丙、丁”这些很难对上号的名字去述说。编程时，有同学因记不住某些英文单词，于是采用拼音取名替代。殊不知中国汉字博大精深，同样发音的两个词可能有着巨大差异。有时将拼音转化为对应的汉字，如一场猜字谜游戏，如此命名实在不是让人省心的方式。更有甚者，采用英文和拼音混用。其实，解决拼音命名的问题很简单，借助翻译软件，尽量使用最常用的英文单词即可。

其次，不要造成误导和歧义。不建议采用不常见的缩写，尤其是不要擅自将某些单词进行缩写。命名宁可长一点，也不要造成阅读的障碍，一般控制在 4 个单词以内就很好。

最后，对于函数中出现的常量，采用预定义进行命名。比如本科电赛中小车的正常运行速度，像这种在多个地方都会用到的数值，一定要通过预定义给它一个命名——#define SPEED 50。这样在对这些常数进行修改时就会非常方便，而不必担心漏改或错改。

下面介绍一些经典的命名规则：

匈牙利命名法：在每个变量名的前面加上若干表示数据类型的字符。基本的原则是：变量名＝属性＋类型＋对象描述。比如这个变量是 int 型的，那么在它前面就用一个 i 表示。

帕斯卡命名法：混合使用大小写字母来构成变量和函数的名字。每个单词的首字母都采用大写，其他都是小写。比如 FunctionName。

骆驼命名法：与帕斯卡命名法相似，区别是第一个字母采用小写。比如 functionName。

对于变量名可以采用骆驼法进行命名，函数可以采用帕斯卡法进行命名。此外，变量名要使用名词，而函数则使用动词，以此进行区分。常量的命名全部使用大写字母。结构体和枚举类型的命名采用帕斯卡法命名，枚举类型的变量全部使用大写。好名字对于代码的意义不可小觑，千万不可随意，在命名时多花些时间思考会节省后面查看的许多时间。

有统计显示，在编写代码时，读旧代码和写新代码的时间比例超过了 10∶1。当然这还不包括后面长时间的调试和修改。所以，代码的可读性才是最重要的。有同学认为，在大学生电子设计竞赛等科技实践活动中，单片机的程序较为简短，变量和函数的数量屈指可数，并无必要去遵循那么多的规则。但对于初学者，最重要的是养成一个良好的行业习惯。对于编程人员而言，一个良好的编程风格能够大大提高软件的开发效率，而可读性高的代码则更便于与他人进行交流和合作。

要想提高代码编程能力，大量阅读优秀的代码是非常必要的。优秀的代码可以在各大国内外单片机厂商提供的程序实例中找到，也可以去阅读小型嵌入式操作系统的源码。写代码和写文章有异曲同工之妙，阅读量上去了，敲写代码时就可以做到“文思泉涌”了。

3.3.3 Keil C51 的基本数据类型

单片机程序开发与计算机程序的开发有一定的差别。比如对于数据类型，单片机程序编写非常重视变量的字长，总是希望能够准确地知道一个变量有几个字节。可是在 C 语言中，从它的类型名中看不出字长。比如 unsigned int 类型，有同学可能会认为该类型是 16 位的。而实际的情况是，unsigned int 和 int 等数据类型的位长与编译器相关。在有的编译器中它是 16 位的，而在有的编译器中它是 32 位的。因此，进行单片机程序开发时一定要注意这个问题，用 C 语言定义数据类型时，在不同的编译器中位数并非固定的。对于 Keil C51 编译器，其中的数据类型如表 3－2 所列。

表 3－2 Keil C51 的基本数据类型

数据类型	位	取值范围
signed char	8	－128～＋127
unsigned char	8	0～255
enum	8/16	－128～＋127 或－32 768～＋32 767
signed short int	16	－32 768～＋32 767
unsigned short int	16	0～65 535
signed int	16	－32 768～＋32 767
unsigned int	16	0～65 535
signed long int	32	－2 147 483 648～＋2 147 483 647
unsigned long int	32	0～4 294 967 295
float	32	±1.175 494E－38～±3.402 823E＋38
double	32	±1.175 494E－38～±3.402 823E＋38
bit	1	0 或 1
sbit	1	0 或 1
sfr	8	0～255
sfr16	16	0～65 535

对于表中最后的四个数据类型，bit 是用于定义一个 1 bit 的变量，如前所述，因为 51 单片机的部分 RAM 支持位寻址，因此该变量类型是 51 单片机特有的。sbit、sfr 和 sfr16 都是用于定义特殊功能寄存器(SFR)的。打开头文件“stc12c5a60s2. h”，就可以看到许多 sbit 和 sfr 的身影。比如“sfr P1 = 0x90;”是定义 51 单片机中 P1 寄存器的地址为 0x90。而 sbit 是用于定义这个寄存器中的某一位，比如之前那个点亮 LED 的程序中，“sbit LED = P0^0;”即定义 P0 寄存器的 0 位为 LED。

为了方便快捷地知道程序变量的位数，防止程序移植到其他平台上时出现不必要的错误，最好是对 C 语言中这种不适于阅读的变量类型取一个别名。

```
typedef signed char              int8_t;
typedef signed short int         int16_t;
typedef signed int               int32_t;
typedef unsigned char            uint8_t;
typedef unsigned short int       uint16_t;
typedef unsigned int             uint32_t;
```

3.3.4 指定变量存储位置

在编写单片机程序时，可以通过以下一些修饰字符来指定变量的存储位置。

code：程序存储区(ROM，大小为 64 KB)。

data：可直接寻址的内部数据存储区(大小为 128 B)。

idata：不可直接寻址的内部数据存储区(大小为 256 B)。

bdata：可位寻址的内部存储区(大小为 16 B)。

xdata：外部数据存储区(大小为 64 KB)。

pdata：分页的外部数据存储区。

far：扩展的数据和程序存储区(大小为 16 MB，只针对于部分单片机有效)。

一个数据在声明时如果加上“code”作为修饰，比如“char code var”或者“code char var”，则表示它将与代码指令存放在相同的位置，也就是 ROM 区(它的访问地址位于单片机内部的 FLASH 中)。这样的数据不需要占用单片机宝贵的 RAM 空间，同时也无法在程序运行时被修改，即它将作为程序中的一个常量。

由于没有硬件乘法器，对于某些复杂的计算，51 单片机多采用查表的方式进行，这样可以提高处理速度。此外，还有用于显示的点阵数据，对于这种占用空间较多而在程序运行中又不需要进行修改的变量，应该尽量存储在 ROM 区，这样可以腾出更多 RAM 空间。

每次编译完程序时，在 Keil 下方的 Build Output 栏会输出编译的结果，可以看到程序所使用的资源。如图 3－34 中，“data＝11.0 xdata＝303 code＝52”表明这个程序使用了 11 B 的内部 RAM(51 单片机内核有 256B RAM),303 B 的扩展 xdata,以及 52 B 的 ROM 区。

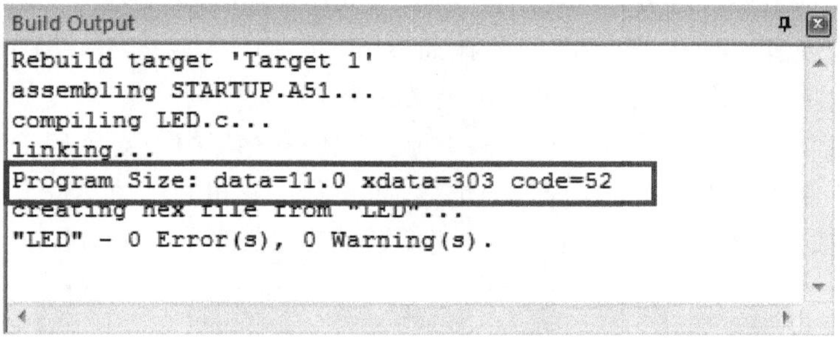

```
Build Output
Rebuild target 'Target 1'
assembling STARTUP.A51...
compiling LED.c...
linking...
Program Size: data=11.0 xdata=303 code=52
creating hex file from "LED"...
"LED" - 0 Error(s), 0 Warning(s).
```

图 3-34 编译后的空间使用情况

接下来,通过下面这段程序来认识不同存储区对变量的影响。

```
char data varData;
char idata varIdata;
char xdata varXdata;
char pdata varPdata;
bit varBit;
void main(void)
{
    varData = 1;
    varIdata = 1;
    varXdata = 1;
    varPdata = 1;
    varBit = 1;
    while(1)
    {
    }
}
void EXIT0(void) interrupt 0
{
}
```

编译这段代码的结果是“data = 11.1,xdata = 2,code = 37”。其中 varData、varIdata、varBit 都属于 51 单片机内核中的 RAM 区域,所以它们输出结果“data”,而 varBit 是单个字节的某一位,所以其给出的 data 数值是一个小数。varXdata 和 varPdata 都属于扩展 RAM,也就是 STC12C5A60S2 中的 1 280 B RAM 中减掉 51 内核的 256 B 剩下的 1 024 B RAM,所以它们归属在“xdata”中。

为了解这些不同存储区变量的区别,可分析下面这段代码编译后的结果:

```
    20:           varData = 1;
C:0x0006    750801    MOV           varData(0x08),#varXdata(0x01)

    21:           varIdata = 1;
C:0x0009    7809      MOV           R0,#varIdata(0x09)
C:0x000B    7601      MOV           @R0,#varXdata(0x01)

    22:           varXdata = 1;
C:0x000D    900001    MOV           DPTR,#varXdata(0x0001)
C:0x0010    7401      MOV           A,#varXdata(0x01)
C:0x0012    F0        MOVX          @DPTR,A

    23:           varPdata = 1;
C:0x0013    7800      MOV           R0,#varPdata(0x00)
C:0x0015    F2        MOVX          @R0,A

    24:           varBit = 1;
C:0x0016    D200      SETB          varBit(0x20.0)
```

其中的每一栏都表示 C 语言一条语句的编译结果。例如第一栏,"C:0x0006 750801 MOV varData(0x08),#varXdata(0x01)",这一行表示一条单片机指令,"0x0006"表示这条指令存储在 ROM 区的起始地址是 0x0006,"750801"表示这条指令的机器码,后面是这条指令的汇编代码。可以看出,对用"data"修饰的变量 varData 赋值只需要 1 条指令,而对用"xdata"修饰的变量 varXdata 赋值却需要 3 条指令。所以,在用 C 语言进行 51 单片机编程时,要注意变量的存储位置。对于使用频率很高的变量应优先放在可直接寻址的 128 B 区域,也就是采用"data"对变量进行修饰。Keil 中新建工程的默认变量都存在可以直接寻址的 128 B 区域。而程序定义下面这样一个数组时,就无法编译了。

```
char varData[128];

    *** ERROR L107: ADDRESS SPACE OVERFLOW
        SPACE:    DATA
        SEGMENT: ? DT? LED
    LENGTH:   0080H
```

此时应该将这个数组添加"xdata"修饰,将它存放在扩展的 RAM 区。当然,也可以设置默认的变量存储位置,如图 3-35 所示。在工程设置中的 Target 页面中选择 Memory Model 为 Large: variables in XDATA,这时定义的变量就会默认存放在扩展的 1 024 B RAM 区域中。

bdata 表明指定变量存储在可以位寻址的区域,也就是说,可以访问这个变量中每一位的数据值。例如,下面的代码中,将变量"var"指定存储在可位寻址区,这时就

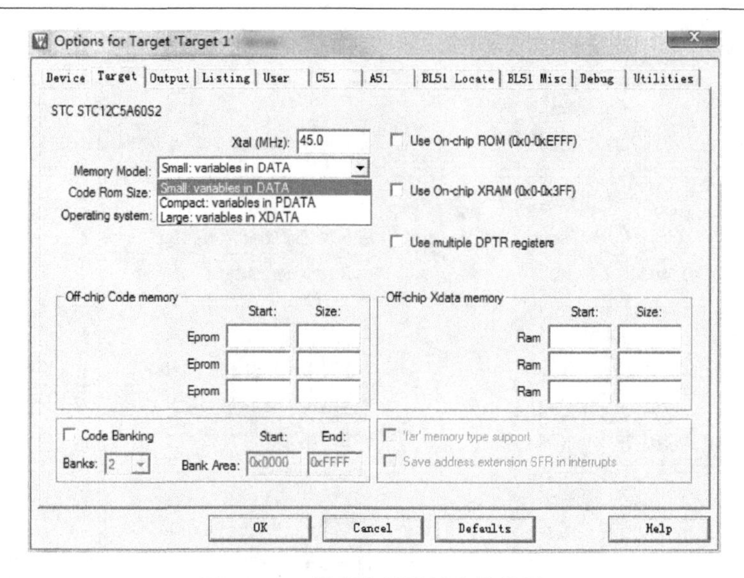

图 3-35　设置变量默认存储位置

可以通过 sbit 定义 var 变量中的每一位。采用 sbit 进行位定义的只能是全局变量，若放在函数中则会报错。

```
int8_t bdata var;
sbit varBits0 = var^0;
sbit varBits1 = var^1;
sbit varBits2 = var^2;
void main(void)
{
varBits0 = 1;
varBits1 = 0;
}
```

不过,很少使用通过位寻址来操作变量的某个位,因为完全可以通过下面的代码实现,并且它们执行的时间一样。这也是后来单片机不具备设置位寻址这个功能的原因。当然,读者可能会觉得不如上面的代码具有更高的可读性,但掌握按位“与”“或”实现位操作非常重要。

```
#define BITS0    (uint8_t)(0x01)
#define BITS1    (uint8_t)(0x02)
#define BITS2    (uint8_t)(0x04)
uint8_t data var1;
var| = BITS0;           //var^0 置 1
var& = ~BITS0;          //var^0 置 0
```

3.3.5 C 语言变量修饰符

在 Keil C51 中除了指定变量存储区域的修饰符外，还包括 C 语言本身的 6 个类型修饰符，它们分别是：auto、const、register、static、volatile、extern。对于 static、const 和 extern 的用法，在 C 语言相关课程学习中应有提及，而 auto 和 register 则鲜少用到。对于 volatile 修饰符，理解 volatile 变量非常重要。看下面这段代码：

```
uint8_t     xdata vVar = 10;
uint8_t     a,b;
a = vVar;
b = vVar;
```

编译后的结果是：

```
17:           a = vVar;
C:0x0012     900000    MOV      DPTR,#C_STARTUP(0x0000)
C:0x0015     E0        MOVX     A,@DPTR
C:0x0016     F508      MOV      0x08,A
```

```
    18:           b = vVar;
C:0x0018     F509      MOV      0x09,A
```

接下来将 vVar 这个变量添加 volatile 修饰符：

```
volatile uint8_t   xdata vVar = 10;
uint8_t     a,b;
a = vVar;
b = vVar;
```

此时的编译结果是：

```
    17:           a = vVar;
C:0x0012     900000    MOV      DPTR,#C_STARTUP(0x0000)
C:0x0015     E0        MOVX     A,@DPTR
C:0x0016     F508      MOV      0x08,A
```

```
    18:           b = vVar;
C:0x0018     E0        MOVX,    A@DPTR
C:0x0019     F509      MOV      0x09,A
```

可见，未添加 volatile 修饰符的程序编译后比添加了 volatile 的要少一条指令，这是编译器在编译 C 语言代码时进行了优化的结果。vVar 变量是指定存储在扩展

RAM 上的，不能直接寻址，正如上述编译结果，需要先将 vVar 变量的值放入 A 寄存器，然后再把 A 寄存器的值赋给变量 a(a 在 RAM 区中的地址是 0x08)。编译器在对编写的 C 语言代码进行编译时，发现 vVar 接下来还要赋值给 b，而此时 A 寄存器保存着之前从 vVar 读取的值，所以编译器就“自作聪明”地直接将 A 寄存器中的值赋给了 b。

编译器通过减少指令进行优化，可以提高程序的运行效率。接下来对比分析一下，首先看没有加 volatile 修饰符的代码。如果在“a = vVar”语句执行完，也就是执行完指令“C:0x0016　F508　MOV　0x08,A”时产生中断，在中断服务程序中，变量 vVar 被修改为“vVar = 20”，中断结束后，返回到断点，继续执行原来的程序，此时被执行的指令是“C:0x0018　F509　MOV　0x09,A”，那么 b 的值还是 10(因为 A 寄存器中的值没有被改变)；而如果是 volatile 变量，那么 b 就会变成 20 了。这就体现了 volatile 修饰符的作用——提示编译器不要对这个变量进行优化，始终保持对这个变量的真实访问。volatile 修饰符一般用在以下几个地方：

① 中断服务程序中会操作到的全局变量。

② 存储器映射的硬件寄存器。

③ 多任务环境下任务之间进行共享的标志。

其实，理解 volatile 修饰符需认识到嵌入式程序是与硬件直接打交道的，它在运行过程中会不可预测地被打断。在对硬件寄存器的读/写过程中，状态寄存器不可预测地在发生着变化。

3.4　程序调试

代码编写完成后，用编译器进行编译，总还是会出一些 error 和 warning，按照提示，一步步地去修改即可。不过最终通过编译，只是解决了语法上的一些错误，程序能不能正确运行还是无法保证，需要进一步调试。

因为单片机中的程序运行是与外部的硬件直接关联的，因此单片机程序调试，不同于计算机上的程序调试。也就是说，程序中的 bug 除了是逻辑出问题外，还有可能是外部硬件或者时序等存在问题。因此，调试单片机程序需要考虑更多的出错因素，而且它不像电脑具有显示器、键盘等交互设备，对其状态的观测和控制相对麻烦，需要借助一些工具和技巧。

目前，嵌入式系统的程序开发调试主要采用在线仿真(In-Circuit Emulator，ICE)方式。通常单片机芯片已经焊接在电路板上，通过仿真器与计算机连接，计算机端可以通过仿真器控制单片机中的程序进行单步运行、断点调试，以及返回单片机内部的状态和程序变量的值。这种方式可以极大地提高程序调试的效率和质量。由于完全是基于真实的硬件环境，所以在线仿真又称为硬件仿真。

不过一些低端的单片机不支持在线仿真，比如 STC12C5A60S2 等。一些芯片厂商仿真器的价格也在几百上千元，对于本科生而言价格偏高。除了在线仿真以外，还有许多其他的工具和方法进行调试。下面例举说明。

3.4.1　软件仿真

Keil 软件具有很强的软件仿真功能，利用它可以找出程序中的许多 bug。首先，在工程属性中选择软件仿真。单击工具栏上的 Target Options 图标。在属性对话框中选择 Debug 选项卡，选中左侧的 Use Simulator 单选按钮，如图 3－36 所示。

接下来开始软件仿真。在程序编译完成后，在工具栏中单击 Start/Stop Debug Session 图标进入 Keil 的调试界面，如图 3－37 所示。

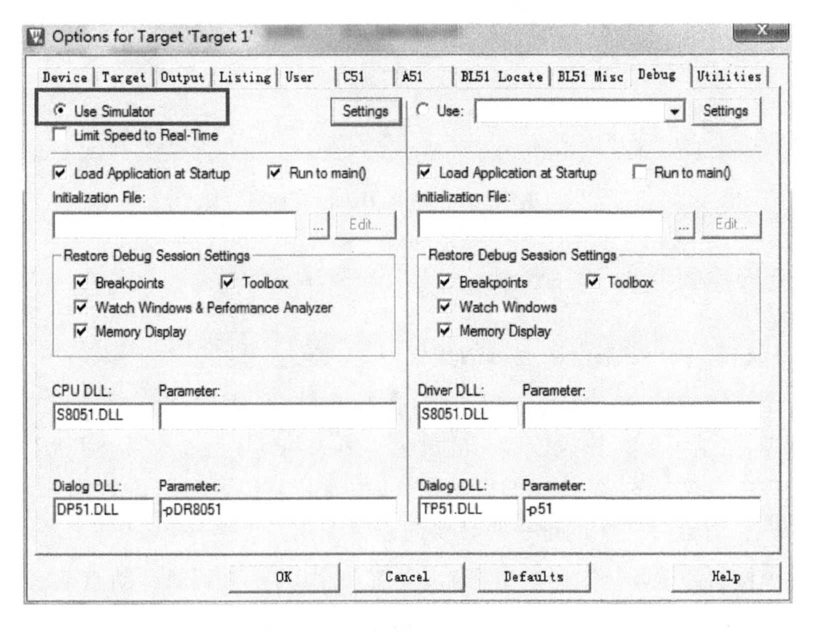

图 3－36　配置软件仿真

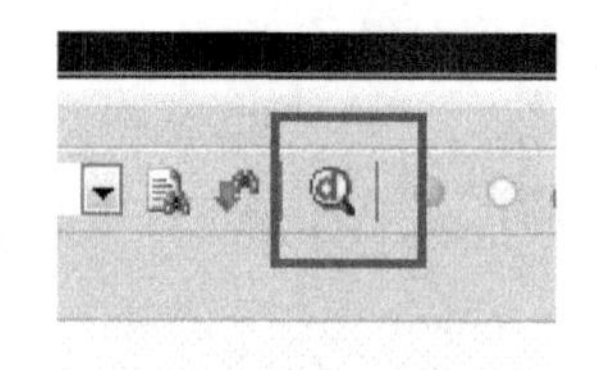

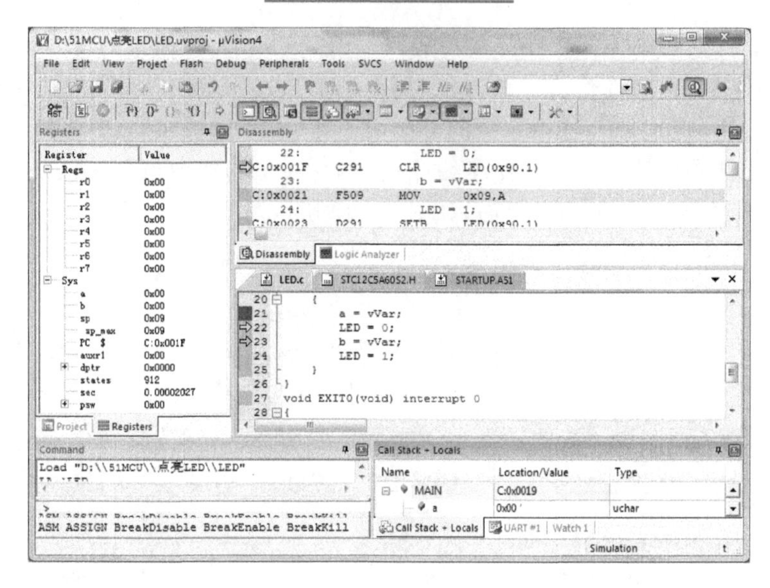

图 3-37 进入 Debug 界面

1. 运行控制

先来认识软件中控制程序运行的按钮：。

第一个按钮是复位按钮。单击后，复位单片机，程序回到起始位置 0x0000。此时会发现，指示下一条被执行语句的黄色小箭头跳到了一个名为 STARTUP. A51 的汇编文件中。这是 51 单片机的启动文件，主要是复位 RAM，设置堆栈，然后跳转到 main 函数，为运行程序进行一些必要的准备工作。

第二个按钮是运行按钮。单击后，程序全速运行，直到遇到断点或者单击它右边的停止按钮，程序运行才会停止。一般采用运行和断点来大致确定程序出现错误的范围，然后再一步步地进行语句检查。断点的设置直接在代码的最左侧单击，出现一个红色小圆点。

停止按钮右侧的两个按钮都是单步运行命令。单击其中一个，会看到黄色的箭头从当前行跳转到将要执行的下一行代码上，即程序执行完当前代码。不过此处"单步运行"的翻译并不准确，英文直译更为准确，一个是"执行这一行"，另一个是"执行完当前这一行"。这二者的区别是如果当前行有一个函数的调用，那么前者会跳到函数当中，而后者会运行完当前行后跳转到下一行。

后面的按钮是执行完当前的这个函数，返回到上一级。最后一个按钮是让程序执行到光标所指示的位置。

2. 寄存器查看

在 Debug 界面中，默认显示三个重要的内容栏。如图 3-37 所示，左边是 Register 栏；上面是 Disassembly 栏，显示编译后的结果，其中有 C 语言代码、机器码、汇编指令以及存储在 FLASH 中的地址；下面即显示代码栏。

在左边的 Register 栏中可以查看 CPU 的寄存器。其中 Regs 下的 r0～r7 是当前工作寄存器组，用于暂存数据。Sys 下的 a 是累加器；b 寄存器在乘除法时起辅助作用；sp 是堆栈寄存器，指示当前栈顶；sp_max 指示堆栈指针所到达的最大地址，方便调试时了解最大的堆栈空间；PC 是程序计数器，指示下一条要执行的指令地址；auxr 是辅助寄存器，其中的最低位 DPS 用于选择数据指针 DPTR，在 STC12C5A60S2 中，它的前几位还可用于设置 PCA/UART2 的输出口位置；dptr 是数据指针，存放数据的地址；psw 是 CPU 的状态寄存器，存放指令执行后的状态，其中的 RS1、RS0 用于选择当前工作寄存器组（51 单片机共用 4 组工作寄存器组）。

对上述寄存器无需做太深入的了解。在 Register 栏中最关心的是 dptr 中的 states 和 sec，可以看到当运行一条指令后，这两个数值都会增加，通过它们可知单片机运行的时间。states 表征单片机当前运行的机器周期数，sec 表征当前单片机运行的时间，这个数值的单位是秒。通过这两个数值，就可知运行一段代码所需要的时间，这对于单片机编程非常重要。下面举一个简单的例子来说明其应用。

对于下面的延时函数，它与单片机运行的速度息息相关，虽然不精确，但因其实用性强而常被使用。请思考，对于不同的单片机晶振，应如何确定 for 循环中的数值（即代码中的 300）来近似使得延时达到 1 ms？

```
void Delay_ms(uint8_t x)
{
    uint16_t i;
    while(--x)
    {
        for(i = 0; i < 300; i++);
    }
}
```

首先，在工程属性中设置单片机的晶振频率为 11.059 2 MHz，如图 3-38 所示。一般情况下，51 单片机在使用该频率的晶振时可以保证串口的波特率没有误差。

接下来，进入软件仿真界面，在 Delay_ms(10)这一行设置一个断点，如图 3-39 所示。

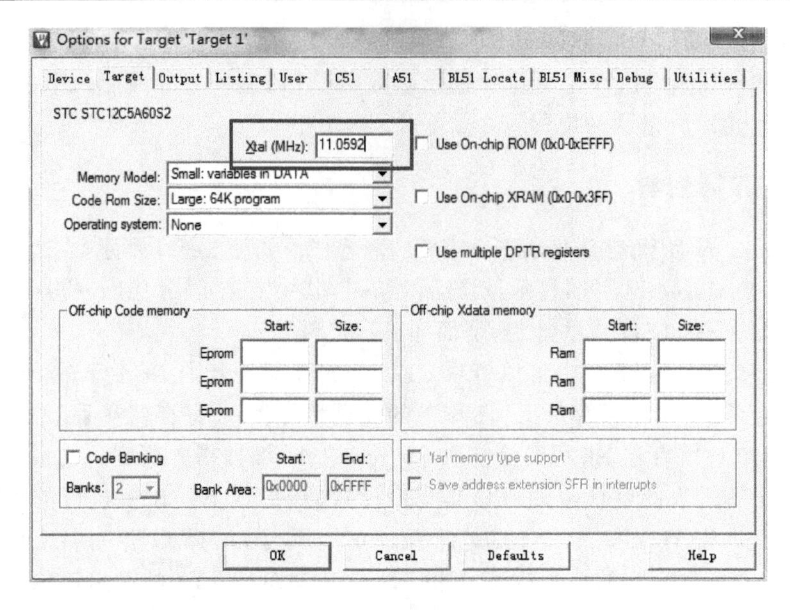

图 3-38 设置晶振频率

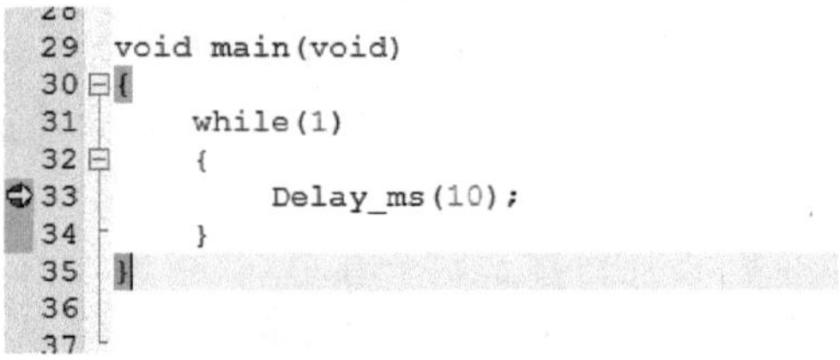

```
28
29 void main(void)
30 {
31     while(1)
32     {
33         Delay_ms(10);
34     }
35 }
36
37
```

图 3-39 设置断点

单击 run 按钮让程序运行到该断点。此时,记下 sec 的值:0.000 081 65。然后单击 Step Over 单步运行按钮,此条语句被执行,再记下此时 sec 的值:0.004 986 53。将这两个值相减,就可以得到运行这条语句所用的时间为 0.004 904 88 s。由于希望该函数达到 10 ms 的延时,而该值与期望的不符,因此根据计算,可以修改 Delay_ms 函数中 for 循环中的数值为 612,即 1 ms 的延时函数应该为

```
void Delay_ms(uint8_t x)
{
    uint16_t i;
    while( -- x)
    {
        for (i = 0; i < 612; i++);
    }
}
```

3. 变量查看

调试程序中，通常希望获知程序中变量的数值。在 Keil 中查看变量是非常方便的。对于较新版本的软件，可直接将光标移动到变量的位置，下方即显示变量的地址信息和数值大小，如图 3－40 所示。

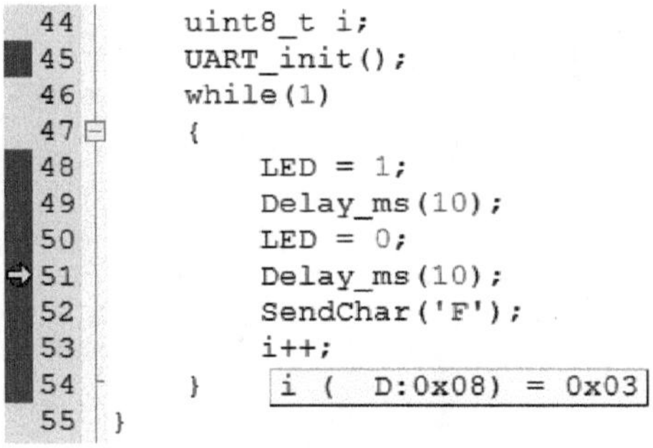

```
44      uint8_t i;
45      UART_init();
46      while(1)
47      {
48          LED = 1;
49          Delay_ms(10);
50          LED = 0;
51          Delay_ms(10);
52          SendChar('F');
53          i++;
54      }       i (  D:0x08) = 0x03
55  }
```

图 3－40　查看变量

如果不希望每次都这么麻烦地移动光标去查看变量，可以调出 watch 窗口查看。选择 View→Watch Windows 选项，即可打开 Watch 窗口，如图 3－41 所示，按照提示将需要查看的变量复制进来即可看到变量的值和类型。

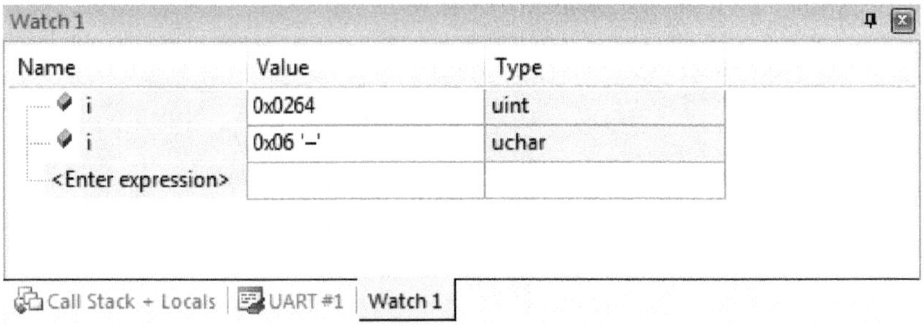

Watch 1

Name	Value	Type
i	0x0264	uint
i	0x06 '-'	uchar
<Enter expression>		

Call Stack + Locals | UART #1 | Watch 1

图 3－41　Watch 窗口

对于在不同函数中相同名称的变量，在程序运行到对应函数中再添加相应的变量到 Watch 窗口，即可查看不同函数中相同变量的值的变化情况。

4. 外设控制

在程序中会有许多触发输入，比如需要等待一个按键的输入（代码如下），而采用 Keil 进行软件仿真时，并没有一个实体的按键，此时应该如何仿真呢？

```
sbit LED = P1^1;
sbit KEY = P1^2;
void main(void)
{
    while(1)
    {
        if(KEY == 0)
        {
            Delay_ms(10);
            if(KEY == 0)
            {
                LED = ~LED;
            }
        }
    }
}
```

在 Keil 软件仿真中,51 单片机的基本外设都有对应的软件仿真控制。以按键的例子进行说明。首先,调出 P1 口。如图 3-42 所示,选择 Peripherals→I/O-Ports→Port 1 选项。

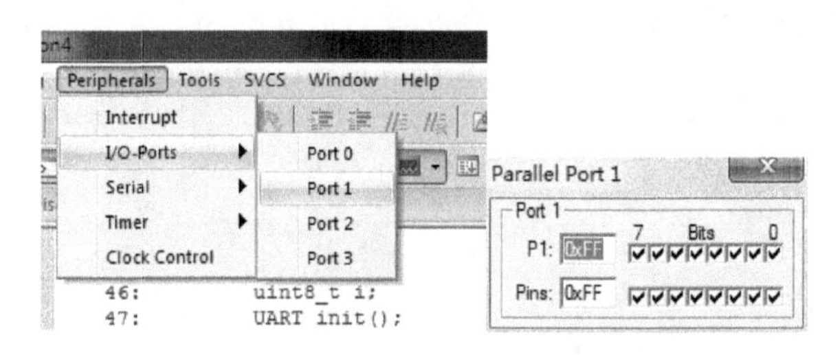

图 3-42　控制 P1 口

然后单击 Pins 栏中对应的位就可以模拟单片机对应引脚的信号高低,其中勾代表高电平,空代表低电平。

3.4.2　串口调试

如前所述,用 Keil 进行软件仿真,可以找出许多逻辑错误和 C 语言使用不当导致的错误;而编写的程序在实际硬件上的运行情况还是不清楚。仿真时,可以暂停、单步地掌控单片机的运行,但却无法掌控电路系统中其他硬件的运行状态。因此通过单片机在实际系统中运行,将某些需要关注的状态或者数据通过串口传回,往往能发现更多问题。通过串口进行单片机程序的调试是应该掌握的重要技巧。

在台式计算机上,串口采用 RS-232 电平,DB9 公头作为接口,如图 3-43 所示。目前笔记本电脑上基本已没有该接口,可以购买 USB 转串口的转换线。RS-232 电平标准规定逻辑 1 的电平为 −3～−15 V，逻辑 0 的电平为 +3～+15 V。而单片机上的串口是采用 CMOS 电平，它的逻辑 1 为 5 V，逻辑 0 为 0 V，因此需要电平转换芯片（常用 MAX3232），将单片机的 CMOS 电平转换为 RS－232 电平再与电脑相连接。

图 3－43　DB9 接口

串口的连接非常方便，一般只需要连接 RX、TX、GND。对于计算机的 DB9 接口，其 2 脚是 RX、3 脚是 TX、5 脚是 GND。单片机与计算机连接时，应把单片机串口中的 RX 连接计算机的 TX，TX 连接计算机的 RX。

在计算机端，需要通过软件将接收到的串口数据显示出来，并且将该数据发送给单片机。一般把此类软件称为串口助手。在 STC－ISP 中，已经集成了一个串口助手（见图 3－44），可用它进行调试，也可以使用其他的串口助手工具。

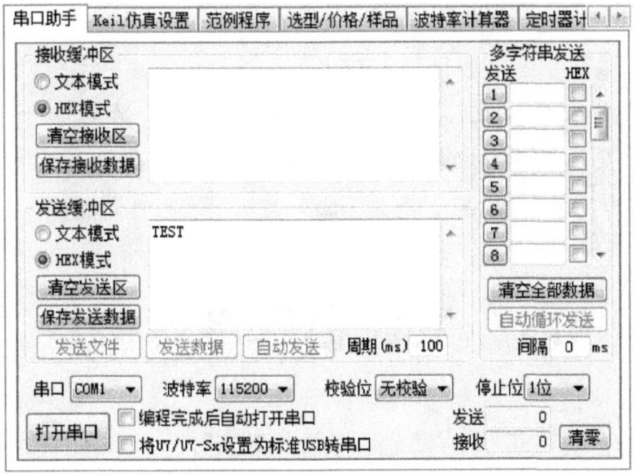

图 3－44　串口助手

而在单片机端，需要将要查看的变量通过串口传送出来，所以在调试时，应确保调试串口工作正常。

对于大学生电子设计竞赛中控制类题目，单片机常作为控制器放置在移动设备上，比如小车、四旋翼飞行器等，所以可以采用无线串口来提高调试效率。市面上有许多无线蓝牙模块，可直接将单片机串口发送的数据通过蓝牙传送给计算机或手机等设备。

第 4 章　模块电路设计与实践

内容提要

电子设计竞赛中常常涉及模块电路的设计与制作，做好各个模块电路的设计对搭建整个系统起着至关重要的作用。本章将介绍电子系统核心模块电路的设计，包括直流稳压电源模块、单片机最小系统、信号发生和调理电路等。

4.1　直流稳压电源模块

电源是整个电子系统工作的基础，电源的稳定性与可靠性直接影响到整个电路的性能，因此，应足够重视电源模块的设计。随着电子工业技术的不断发展，各式各样的电源模块层出不穷，满足了不同场合和类型的需求。而大学生电子设计竞赛中所用的电源模块一般要求精度高、稳定性好，针对电赛中常见的考核指标，结合往届比赛的经验，本节以三端稳压器和 DC—DC 电路为例介绍电源电路的设计。

4.1.1　直流稳压电源基本原理

如图 4－1 所示，直流电源电路一般由电源变压器、整流滤波电路及稳压电路构成。

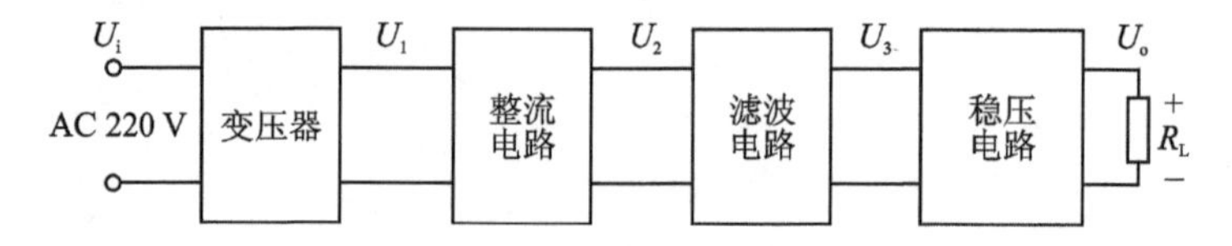

图 4－1　直流稳压源工作原理图

图中，电源变压器的作用是将电网 220 V 的交流电压变换成整流电路所需要的电压 U_1，整流电路的作用是将交流电压 U_1 变换成脉动的直流电压 U_2。常见的整流方式包括半波整流和全波整流，整流的过程可以由整流二极管构成的整流桥堆来执行。整流二极管的常用型号有 IN4007、IN5148 等，桥堆有 RS210 等。滤波电路作用是将脉动直流电压 U_2 中的较大纹波滤除，变成纹波小的 U_3，常见的滤波电路有 RC 滤波、KL 滤波、Ⅱ 型滤波等。其中，RC 滤波电路是一种最简单但很有效的滤波电路。在图 4－1 中，各变量的关系如下：

$$U_{\mathrm{i}} = nU_1$$

式中：n 为变压器的变比。整流后的电压满足如下关系式：

$$U_2 = (1.1 \sim 1.2)U_1$$

每只二极管或桥堆所承受的最大反向电压为

$$U_{\mathrm{RM}} = \sqrt{2}U_1$$

对于桥式整流电路，每只二极管的平均电流为

$$I_{\mathrm{D(AV)}} = \frac{1}{2}I_R = \frac{0.45U_1}{R}$$

RC 滤波电路中，选择电容 C 时，应使放电时间常数满足：

$$RC = (3 \sim 5)T/2$$

式中：T 为输入交流信号周期；R 为整流滤波电路的等效负载电阻。在直流电源电路中，整流和滤波是稳压输出的基础。常见的整流滤波电路有全波整流电容滤波电路、桥式整流电容滤波电路、二倍压整流电容滤波电路，如图 4－2 所示。在完成整流滤波后，再采用三端稳压器、串联式稳压电路等方法实现稳压输出，最终形成完整的直流稳压电源。

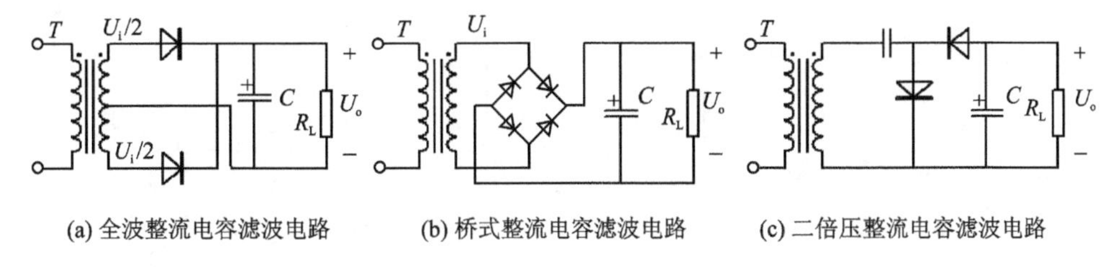

(a) 全波整流电容滤波电路　(b) 桥式整流电容滤波电路　(c) 二倍压整流电容滤波电路

图 4－2　常见整流滤波电路

了解了直流稳压电源的工作原理，下面介绍两种常用类型的直流稳压电源。

4.1.2　线性电源与开关电源

电子设计工程中常用的电源可分为两类，即线性电源和开关电源。事实上，由于开关电源有效率高、发热少等优点，在多数情况下，应用的都是开关电源，市场上多数集成电源模块也为开关电源。若要做好电源模块设计，首先要对两类电源的原理有所了解。

1. 线性电源

线性电源先将交流电压输入变压器进行转换，降低电压幅值，再经过整流得到脉冲直流电压，后经滤波得到带有微小纹波电压的直流电压。要得到高精度的直流电压，还必须经过稳压电路进行稳压。一般情况下，线性电源主回路的工作过程是输入电压先经预稳压电路进行初步交流稳压后，通过主变压器隔离整流变换成直流电源，而后在微控制器的智能控制下对线性调整元件进行精细调节，使之输出高精度的直流电压。

下面具体分析一下线性电源的工作原理。如图 4－3(a)所示，可变电阻 R_W 与负载电阻 R_L 组成分压电路，输出电压为

$$U_o = U_i \times R_L/(R_W + R_L)$$

容易看出，输出电压可以通过改变 R_W 的大小来调节，但从上式来看，输出电压 U_o 与可变电阻 R_W 之间的关系是非线性的。但如果把 R_W 和 R_L 组成的表达式看成一个整体，在负载 R_L 变化时，R_W 的阻值也随之改变，使 R_W 和 R_L 的总阻值保持不变，这样就使得输出的电压与 R_W 保持了线性关系。可见，R_W 需要根据负载情况进行自适应的调整，图 4－3(a)中 R_W 的引出端画在右侧，是为了表示其阻值需要根据负载进行调节，体现出“采样”和“反馈”的基本理念。

如图 4－3(b)所示，如果用一个三极管或场效应管来代替图 4－3(a)中的可变阻器 R_W，并通过检测输出电压的大小，来控制这个“变阻器”阻值的大小，使输出电压保持恒定，这样就实现了稳压。该三极管或场效应管是用来调整电压输出大小的，也称为调整管。

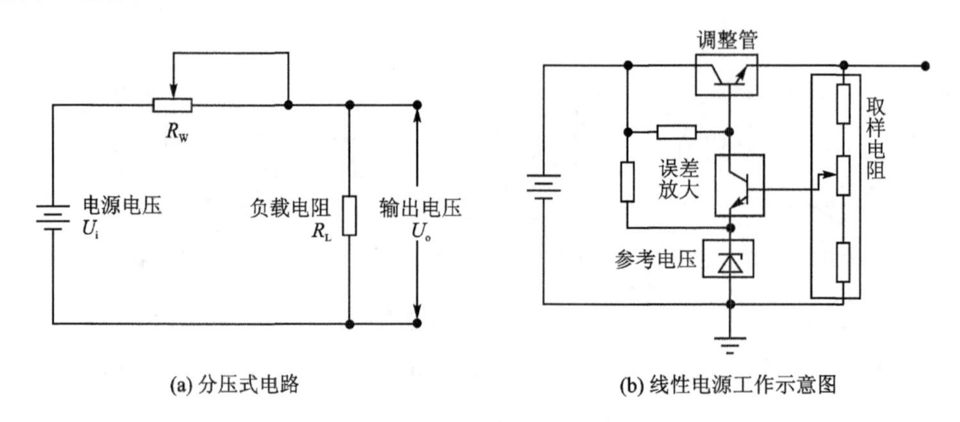

(a) 分压式电路　　(b) 线性电源工作示意图

图 4－3　线性电源工作原理分析

图 4－3(b)所示是一个比较简单的线性稳压电源示意图，其中省略了滤波电容等元件，由调整管、参考电压、取样电路、误差放大电路等几个基本部分组成，它还可以有保护电路、启动电路等部分。取样电阻通过取样输出电压，并与参考电压比较，将比较结果由误差放大电路放大后，控制调整管的导通程度，使输出电压保持稳定。

在图 4-3 中，由于调整管串联在电源与负载之间，因此称为串联型稳压电源。常用的线性串联型稳压电源芯片有：78XX 系列（正电压型）、79XX 系列（负电压型）。其中，XX 用数字表示，代表输出电压值，例如 7805，其输出电压为 5 V。还有 LM317（可调正电压型）、LM337（可调负电压型）；1117（低压差型，有多种型号，用尾数表示电压值，如 1117-3.3 为 3.3 V，1117-ADJ 为可调型）等。

如将调整管和负载并联，称为并联型稳压电源，如 TL431。并联方式下，类似于稳压管，通过分流来保证衰减放大管射极电压的“稳定”。由于调整管相当于一个电阻，电流流经时发热，所以在线性状态下工作的调整管，一般发热较大，导致电源的效率不高。这是线性稳压电源最主要的一个缺点。

2. 开关电源

开关电源是通过控制开关管开通和关断的时间比率，维持稳定输出电压的一种电源，一般由脉冲宽度调制（PWM）控制 IC 和 MOSFET 构成。随着电力电子技术的发展，开关电源技术也在不断地创新。目前，开关电源以小型、轻量和高效率的特点被广泛应用于电子设备中。

按照控制方式，开关电源分为调宽和调频两种。在实际应用中，调宽式开关电源更为常见，电赛中开发和使用的开关电源也绝大多数为脉宽调制型。其基本原理如图 4-4 所示。

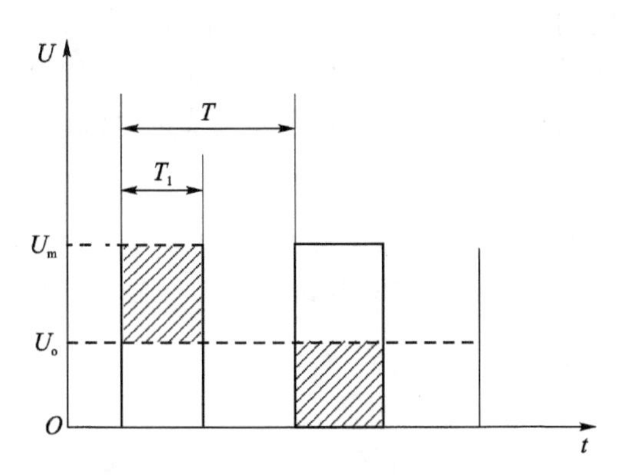

图 4-4　调宽式开关电源工作原理

如图 4-4 所示，对于简单的单极性矩形脉冲来说，其直流平均电压 U_o 取决于矩形脉冲的宽度，脉冲越宽，其直流平均电压值就越高。直流平均电压 U_o 可由公式算得

$$U_o = U_m \times \frac{T_1}{T}$$

式中：U_m 为矩形脉冲最大电压值；T 为矩形脉冲周期；T_1 为矩形脉冲宽度。当 U_m 与 T 不变时，直流平均电压 U_o 与脉冲宽度 T_1 成正比，通过调整脉冲宽度可实现输

出电压的稳定。

开关电源的系统框图如图 4－5 所示。开关电源大致由主电路、控制电路、检测电路、辅助电源四大部分组成。

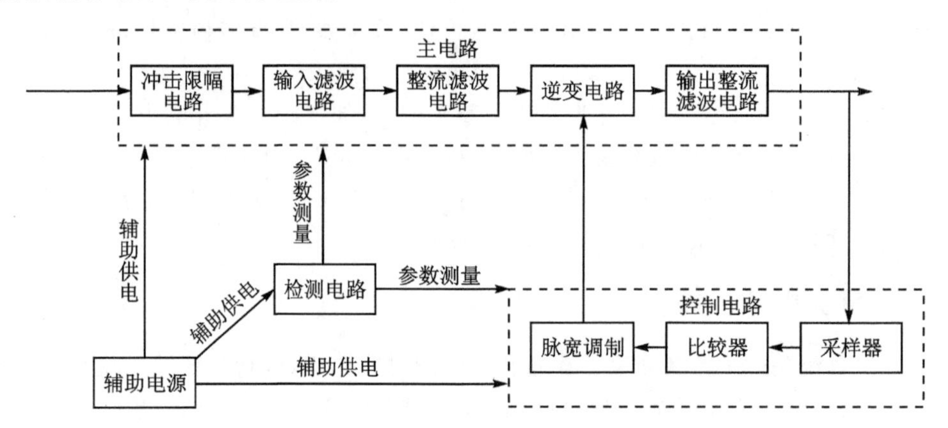

图 4－5 开关电源的系统框图

(1) 主电路

冲击电流限幅：限制冲击电流，特别是在电源接通的瞬间。

输入滤波器：过滤电网存在的杂波，并阻碍电源自身的杂波进入电网。

整流与滤波：将电网交流电压整流为较平滑的直流电压。

逆变：将整流后的直流电压转换为高频脉冲，这是开关电源的核心部分。

输出整流与滤波：根据负载需要，提供稳定可靠的直流电压。

(2) 控制电路

一方面，从输出端取样，与设定值进行比较，然后去控制逆变器，改变其脉宽或脉频，使其输出稳定；另一方面，根据检测电路测得的信号，经保护电路鉴别，对电源采取相应的保护措施。

(3) 检测电路

测量电路中的各种参数，并实现对电路工作状态的分析，是控制电路中实施保护功能的基础。

(4) 辅助电源

辅助电源能帮助实现电源的软件（远程）启动，为保护和控制电路（PWM 等芯片）供电。

3. 两种电源的比较

线性电源和开关电源各有优缺点，需要结合实际的应用场合选用。

(1) 线性电源

1) 优　点

电路比较简单,一般不会引入额外的干扰,特别是电磁干扰小,输出电压的纹波系数小,在一些高精度应用场合(如音频源和视频源供电)有较大优势;电路简单也使得维修维护方便,不需要太多的专业知识;此外,线性电源变压器的结构主要包括两个线圈和铁芯,抗雷击性能好。

2) 缺　点

效率低是线性电源最明显的不足,其变压器在工作过程中存在无法避免的铁损和铜损,发热也比较明显;此外,其输入电压范围相对较窄,也限制了其应用。

(2) 开关电源

1) 优　点

效率高是其显著的特点,这也是其广泛应用的最主要原因。由于开关电源的电压控制是利用功率半导体器件的饱和区,通过调整元件的开通时间或频率达到的,所以就不存在铁损和铜损问题,元器件损耗几乎可以忽略不计,电路发热量很小;此外,相比于线性电源,其输入电压范围较宽。

2) 缺　点

开关电源内部电路比较复杂,磁干扰大,纹波系数大,不适用于对电源精度要求较高的场合;复杂的电路也使得维修不便,一旦出现问题,非专业人员很难找到原因所在,维护的成本很高;此外,开关电源的抗雷击能力非常低,特别是在室外应用,还需要采取对应的防雷措施。

综上所述,不难发现,开关电源中元器件较多,电路复杂,特别是控制电路加上各种保护电路,使其变得更为复杂,不仅加大了初学者的理解难度,而且当开关电源发生故障时,往往会导致多个元器件损坏,检修难度大,技术要求高。相比之下,线性电源要简单很多,一个电源变压器,加上整流二极管、滤波电容和线性调整管,元器件总数少,电路理解和分析也比较容易。因此,在实际应用中,要结合系统需求,合理选择和设计电源模块,物尽其用,开发出低成本、高效率、高可靠性的电子系统。

4.1.3　常用 DC—DC 电源电路设计

在电子制作中,设计电源一般不直接从交流电考虑,而是根据处理器、传感器、执行机构的工作条件,完成输出电压、最大输出电流以及纹波电压等主要指标的设计。因此,工作任务一般就变成了 DC—DC 转换电路的设计。下面就常见的设计方案进行分析。

1. 稳压管稳压电路

稳压管稳压电路结构简单,但是带载能力差,输出功率小,一般只为芯片提供基准电压，不做电源使用。比较常用的是并联型稳压电路，其电路简图如图 4-6 所示。

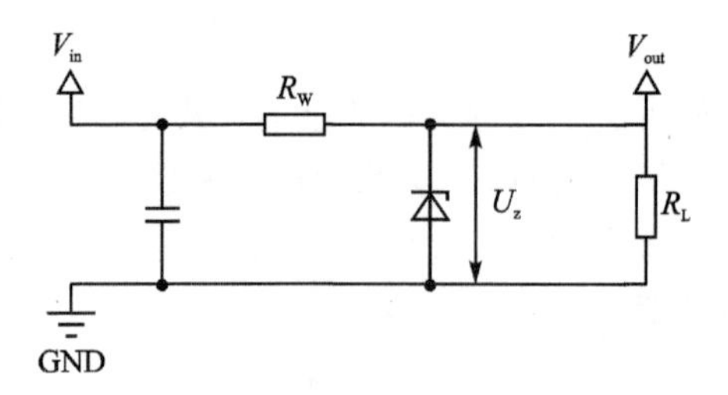

图 4-6 稳压管稳压电路

稳压管的主要参数一般可按下式估算：

① $U_z = V_{out}$；

② $I_{zmax} = (1.5 \sim 3) I_{Lmax}$；

③ $V_{in} = (2 \sim 3) V_{out}$。

这种电路结构简单，可抑制输入电压的扰动，但由于受到稳压管最大工作电流的限制，输出电压不能任意调节，因此该电源适用于输出电压不需调节、负载电流小的电路，常用于为低功耗芯片供电。有些芯片对供电电压的要求比较高，例如 AD—DA 芯片的基准电压等，此时可采用电压基准芯片，如 MC1403、REF02、TL431 等。

2. 固定输出三端稳压器

三端稳压器的通用产品有 78 系列（正电源）和 79 系列（负电源），输出电压由型号后面两个数字决定，常用的有 5 V、6 V、8 V、9 V、12 V、15 V、18 V、24 V。输出电流以 78（或 79）后面加字母来区分，L 表示 0.1 A，M 表示 0.5 A，无字母表示 1.5 A，如 78L05 表示 5 V、0.1 A。典型应用电路如图 4-7 所示。

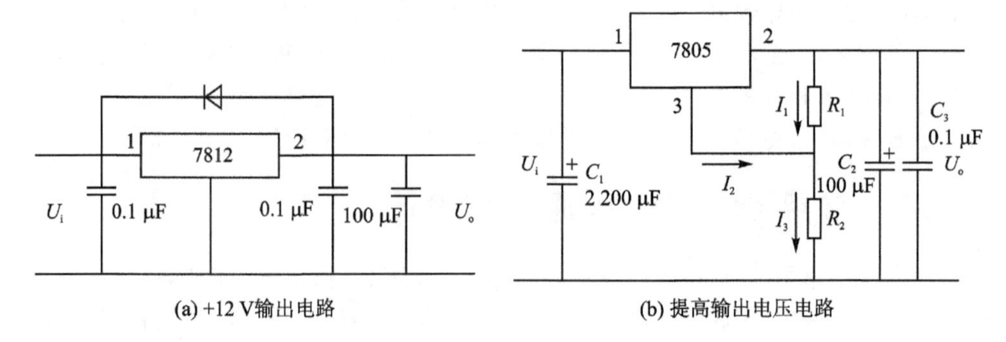

(a) +12 V输出电路　　(b) 提高输出电压电路

图 4-7 典型应用电路

在使用上述方案时需注意，输入电压与输出电压至少应有 3 V 的压差，使稳压器中的调整管工作在放大区。但如果输入与输出压差过大，会增加稳压器的功耗，最明显的特征就是芯片会发热。因此在使用时要仔细参考数据手册。如图 4-8 所示，在三端稳压器的输出端接一个二极管，可防止输入端短路时，输出端存储的电荷通过稳压器，损坏器件。

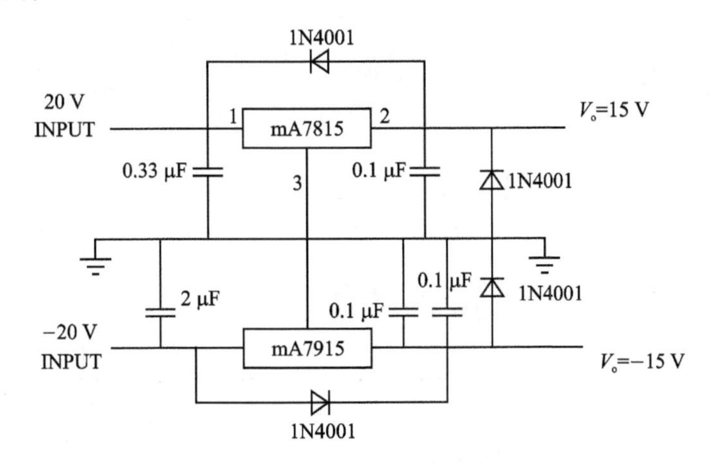

图 4-8　双电源电路

除上述典型应用方案外，固定输出三端稳压器与集成运放结合可设计输出可调的稳压电路，如图 4-9 所示。三端稳压器输入电压为集成运放供电，运放作为电压跟随器，提升带载能力。当电位器滑动至最上端时，输出电压为最大值。当电位器滑动至最下端时，输出电压为最小值。

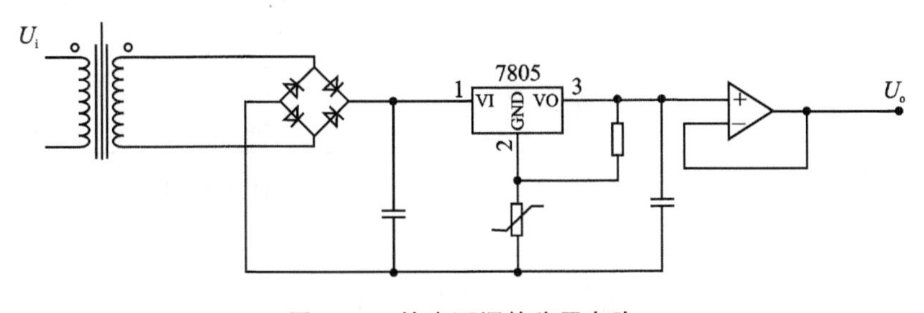

图 4-9　输出可调的稳压电路

3. 可调输出三端稳压器

可调输出三端稳压器常用的是 LM317(正输出)和 LM337(负输出)系列。其最大输入与输出极限压差在 40 V，输出电压为 1.2～35 V(−1.2～−35 V)连续可调，输出电流为 0.5～1.5 A，输出端与调整端间压差为 1.25 V，调整端静态电流为 50 μA。其典型应用方案如图 4-10 所示。

前述的几种 DC—DC 转换电路都属于串联反馈式稳压电路，该模式下集成稳压器中调整管工作在线性放大状态，因此当负载电流大时，损耗比较大，即转换效率不高，从而限制了电路功率，一般只有 2～3 W，仅适合于小功率电源电路。

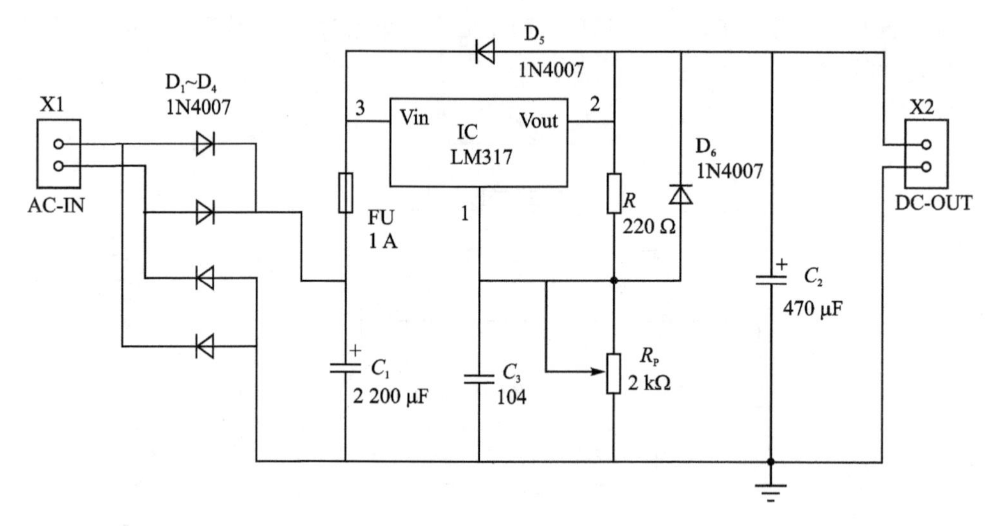

图 4-10 可调输出三端稳压器

4. 非隔离式 DC—DC 转换电路设计方案

如图 4-11 所示，非隔离式开关电源电路主要有以下几种：

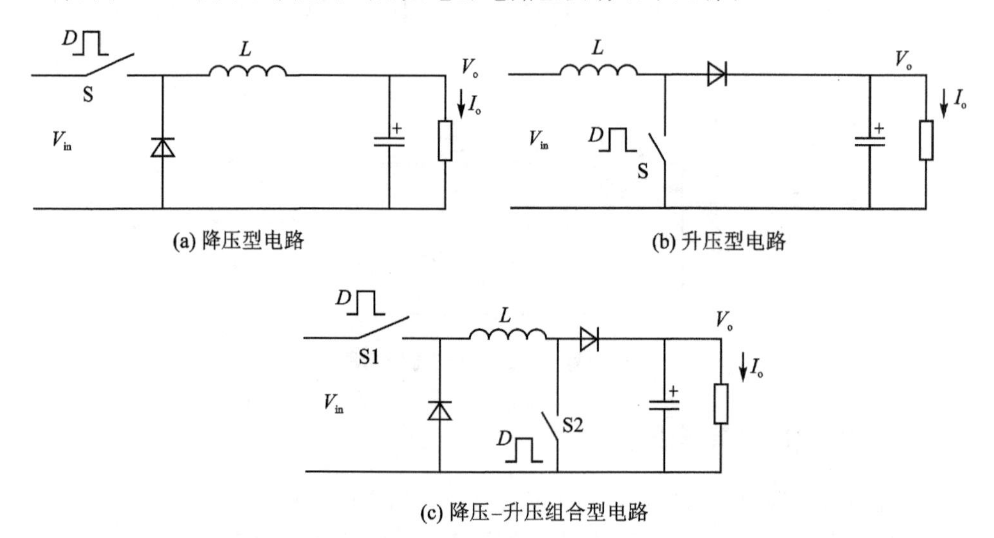

(a) 降压型电路

(b) 升压型电路

(c) 降压-升压组合型电路

图 4-11 常用非隔离式开关电源电路

D 表示占空比，图 4-11 中电路满足条件：

① $V_o = V_{in} \times D$，$V_o < V_{in}$，降压型电路。

② $V_o = V_{in}/(1-D)$，$V_o > V_{in}$，升压型电路。

③ $V_o = V_{in} \times D/(1-D)$，$V_o < V_{in}$ 当 $D < 0.5$ 时；$V_o > V_{in}$ 当 $D > 0.5$ 时。

接下来介绍典型的集成稳压电路。LM2575 是美国国家半导体公司生产的集成稳压电路。由于内部集成了一个稳压电路，只需极少的外围器件即可构成高效的稳压电路，可大大减小散热器面积，大部分情况下不需使用散热片。LM2575 最大输出电流为 1 A，最大输入电压为 45 V，可输出电压 3.3 V、5 V、12 V、ADJ（可调），稳压误差为 4%，转换效率达 75%～88%。其典型应用电路如图 4－12 所示。

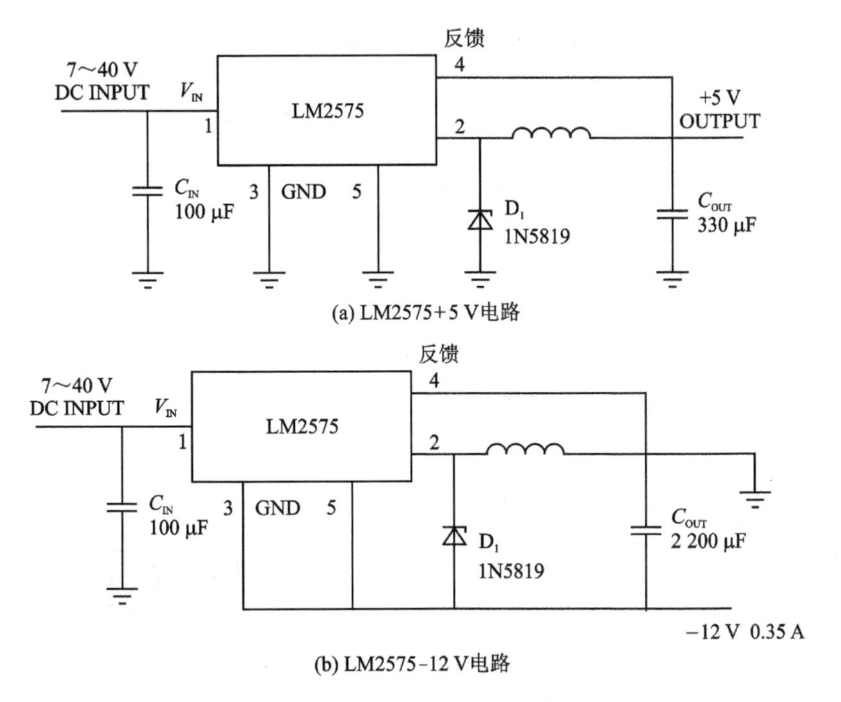

图 4－12　LM2575 典型应用电路

与 LM2575 类似的开关电源集成芯片还包括 LM2596，其子型号包括固定电压输出型和可调电压输出型，在电子系统设计中应用较广。

4.2　单片机最小系统

通过第 3 章的学习，读者对单片机有了一定的认识，本节重点研究单片机最小系统的电路设计。通过由浅入深、循序渐进的讲解，提升读者单片机软硬件的综合设计水平。

4.2.1　单片机最小系统组成

在进行单片机应用开发时，特别是在使用 C 语言编程时，不用花费过多精力去了解单片机的内部结构以及运行原理等，建议多结合实际问题，边用边学，逐步熟悉并精通单片机。初步认识了单片机后，接下来就需要知道如何构建单片机的最小系统。单片机的最小系统是让单片机能正常工作并实现功能时所必需的组成部分，即用最少元件组成的使单片机可以工作的系统。如图 4-13 所示，对 C51 系列单片机而言，最小系统一般应包括单片机、时钟电路、复位电路、输入/输出设备等。

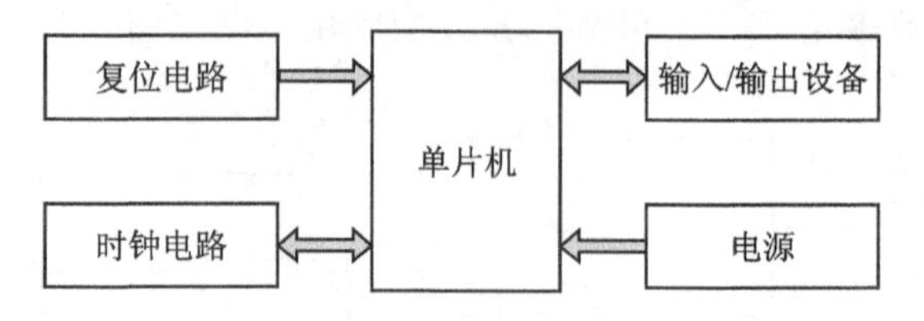

图 4-13 单片机最小系统框图

4.2.2 单元电路详解

根据图 4-13 并结合第 3 章内容，可以画出 51 单片机最小系统原理图，如图 4-14 所示。该图中暂时未考虑电源模块，用 V_{CC} 代替。下面就图中各部分电路进行详细说明。

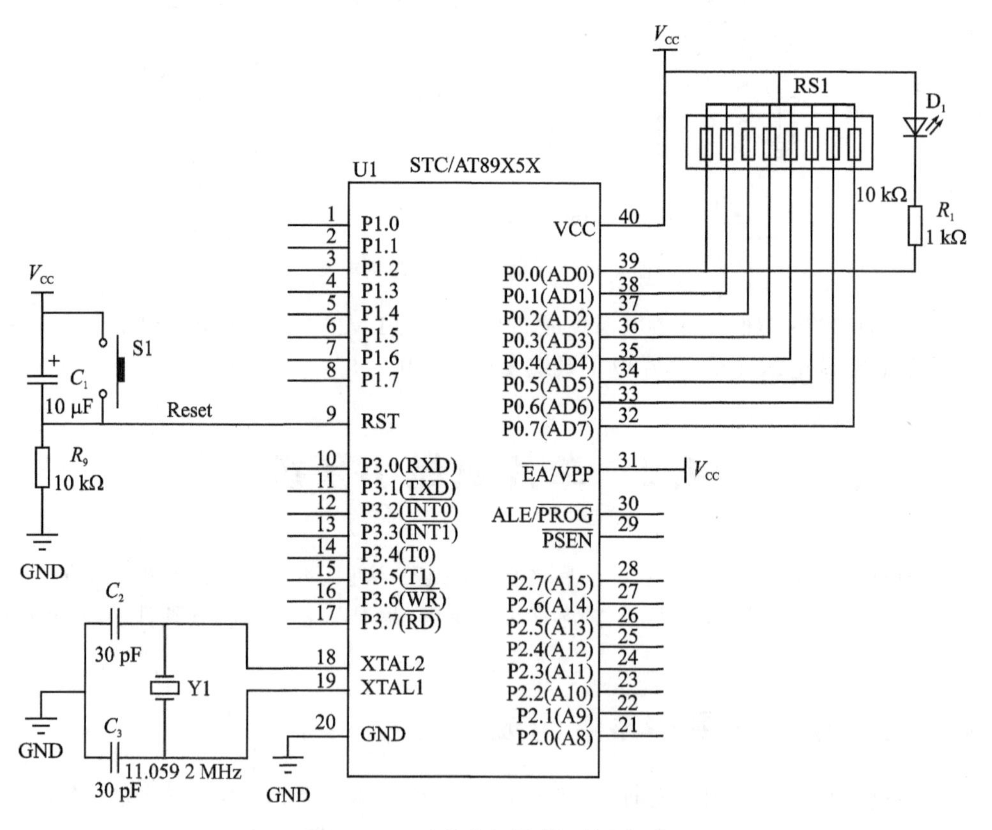

图 4-14 51 单片机最小系统原理图

1. 时钟电路

首先应了解 51 单片机上的时钟引脚：XTAL1(19 脚)是芯片内部振荡电路输入端，XTAL2(18 脚)是芯片内部振荡电路输出端。XTAL1 和 XTAL2 分别是一个反相器的输入和输出。对于 51 单片机来说，其时钟有内部时钟和外部时钟两种方式。单片机内部有一片内振荡器，是内部时钟的核心。在使用内部时钟时，需要在 XTAL1 和 XTAL2 两端连接一个晶振和两个电容才能组成时钟电路，这也是 51 单片机最常用的时钟方式。

外部时钟方式较为简单，可直接向单片机 XTAL1 引脚输入时钟信号方波，而 XTAL2 引脚悬空。外部时钟虽方便，但为什么大多数单片机系统仍选择内部时钟呢？这是因为单片机的内部振荡器能与晶振、电容构成一个性能较好的时钟信号源。而如果要产生这样的信号，作为外部时钟信号输入到单片机中，则需要添加的器件远不止一个晶振和两个电容这么简单。因此，通常选择晶振和电容构建内部时钟。一般来说，晶振频率可以在 1.2～12 MHz 之间任选，但是频率越高，功耗也越大，故建议采用 11.059 2 MHz 的石英晶振。并联的两个电容大小对振荡频率有微小影响，可以起到频率微调的作用。若采用石英晶振，在 20～40 pF 之间选择电容；若采用陶瓷谐振器件，可在 30～50 pF 之间选择电容。

另外须注意，在设计 PCB 时，晶振和电容应尽可能靠近单片机芯片，以减少引线的寄生电容，保证振荡器的可靠工作。随着集成电路技术的发展，单片机的种类和功能也在不断增加，一些单片机的内部时钟方式甚至不需要任何外部器件(如 Atmega 系列单片机)。

2. 复位电路

在单片机最小系统中，复位电路是非常关键的。复位功能可使系统重新运行，一般情况下，51 系列单片机的复位引脚 RST(9 脚)出现 2 个机器周期以上的高电平时，单片机就执行复位操作。如果 RST 持续为高电平，单片机就处于循环复位状态。

复位方式包括硬件复位和软件复位。硬件复位一般是指系统从断电状态到上电，即冷启动；软件复位是指程序运行不正常如跑飞，或停止运行如死机时，采用软件看门狗等复位。

从硬件复位的形式来看，一般分为上电自动复位和开关复位。上电自动复位是指在接通电源的瞬间，由于电容两端电压不能突变，电容的负极和 RST 相连，电压全部加在了电阻上，RST 的输入为高，芯片被复位。随着 +5 V 电源给电容充电，电阻上的电压逐渐减小，最后约等于 0，芯片正常工作。而开关复位则是指通过复位按键使单片机复位，该按键可以并联在电容两端。当复位按键没有被按下时，电路上电复位；在芯片正常工作后，按下按键使 RST 引脚出现高电平，实现手动复位。一般情况下，只要 RST 引脚上保持 10 ms 以上的高电平，就能使单片机有效复位。如图 4 - 14

所示，复位电阻和电容为典型值，实际应用中可采用同一数量级的电阻和电容代替。也可自行计算 RC 充电时间，或在工作环境中实测，以确保复位电路的可靠运行。

软件复位多应用在程序开发过程中，在对单片机进行初始化操作时，可以启动看门狗，程序跑飞时可自动软件复位。

3. EA/VPP(31 脚)的功能和接法

51 单片机的 EA/VPP(31 脚)是内部和外部程序存储器的选择引脚。当 EA 保持高电平时，单片机访问内部程序存储器；当 EA 保持低电平时，则不管是否有内部程序存储器，只访问外部存储器。对于目前绝大多数单片机而言，其内部程序存储器容量很大，因此基本上不需要外接程序存储器。

4. P0 口外接上拉电阻

51 单片机的 P0 端口比较特殊，是开漏输出，内部无上拉电阻，如图 4-15 所示。所以在 P0 口当做普通 I/O 口输出数据时，由于场效应管 V2 截止，输出级是漏极开路电路，要使高电平“1”信号正常输出，必须外接上拉电阻。

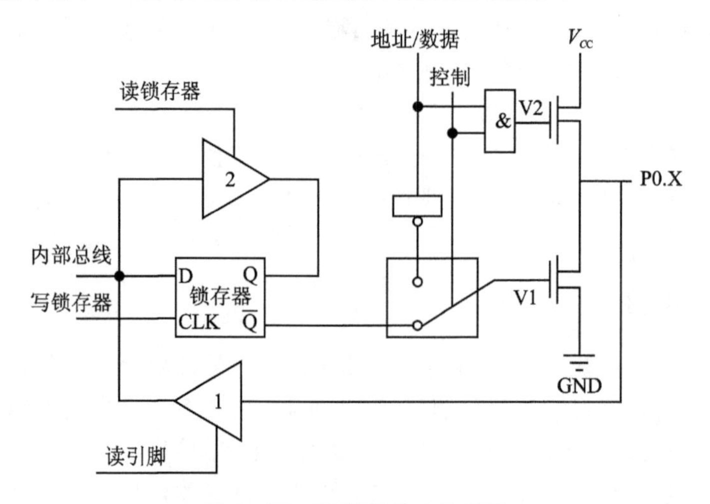

图 4-15 P0 端口的 1 位结构

除此之外，为避免输入时读取数据出错，也需外接上拉电阻。简述其原因：在输入状态下，从锁存器和引脚上读来的信号一般是一致的，但也有特殊情况。例如，当从内部总线输出低电平后，锁存器 $Q=0$，$\overline{Q}=1$，场效应管 V1 导通，端口线呈低电平状态。此时，无论端口线上外接的信号是低电平还是高电平，从引脚读入单片机的信号都是低电平，因而不能正确地读入端口引脚上的信号。又如，当从内部总线输出高电平后，锁存器 $Q=1$，$\overline{Q}=0$，场效应管 V1 截止。如外接引脚信号为低电平，从引脚上读入的信号就与从锁存器读入的信号不同。所以，当 P0 口作为通用 I/O 接口输入使用时，在输入数据前，应先向 P0 口写入“1”，此时锁存器的 Q 端为“0”，输出级的两个场效应管 V1、V2 均截止，引脚处于悬浮状态，才可作高阻输入。

总之，在使用 C51 单片机的 P0 口时，上拉电阻是十分必要的。当然，随着集成电路技术的发展，在很多新型单片机中，芯片内部集成了上拉或下接电阻，这就降低了单片机外围电路的复杂性。

5. LED 驱动电路

之所以在此讲述发光二极管 LED 驱动电路，是因为单片机最小系统通常具备 LED 等显示器件，便于及时了解电路的工作状态。如图 4 - 14 所示，LED 的接法采取了图 4 - 16 中的接法 1，电源接到二极管正极，再经过 1 kΩ 电阻接到单片机 I/O 口。由于 LED 的发光电流通常较小，如直接将 5 V 的电压施加在 LED 的两端容易对其造成损坏，因此在使用时通常在 LED 上串接一个限流电阻。而不同 LED 的额定电压和电流也不同。以直径 3 mm LED 为例，红或绿色 LED 的工作电压为 1.7～2.4 V，蓝或白色 LED 的工作电压为 2.7～4.2 V，工作电流为 2～10 mA。

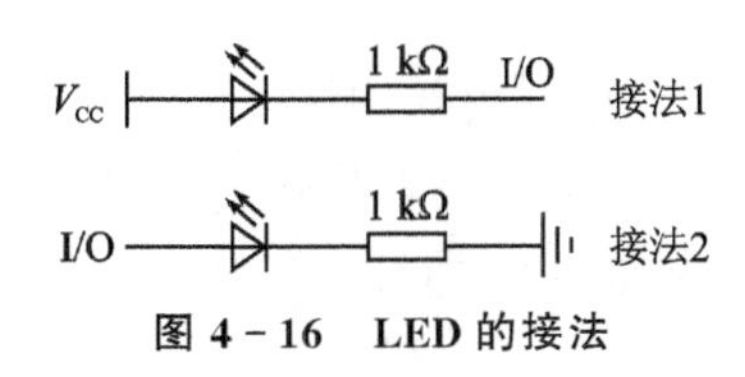

图 4 - 16　LED 的接法

目前应用较广的单片机除 C51 单片机外，还有 Arduino 系列单片机等，如图 4 - 17 所示。对于有电路设计与开发经验的开发人员而言，通常是根据系统需求，自行设计单片机及外围 PCB 电路。

图 4 - 17　常见的单片机系统板

4.3　单片机接口电路与程序设计

单片机只有和外围电路相互配合才能正常工作。4.2 节中，单片机最小系统仅保证了单片机工作的基本条件，而在应用单片机时，更重要的是对其外围电路进行设计。下面以 51 单片机为例，介绍常用的外围接口电路设计。

4.3.1 显示模块设计

1. 常用显示器件与驱动电路

(1) 数码管

如图 4-18 所示，LED 数码管由 7 个发光二极管封装在一起，组成“8”字形器件，引线已在内部连接完成。7 个发光二极管的一端连接在一起，形成公共端，发光二极管的另一端则分别引出到器件外。数码管通常还包括一位小数点，因此一共是 8 个发光二极管，这些发光二极管(或称为“段”)通常由字母 A、B、C、D、E、F、G 和 DP 来表示。

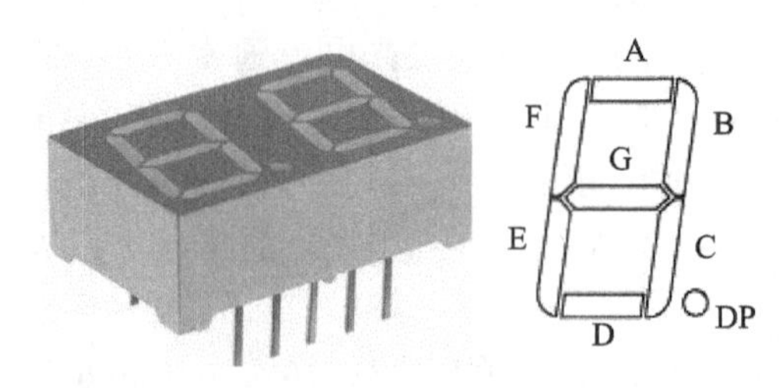

图 4-18 数码管和引脚定义

数码管根据 LED 的接法不同分为共阴和共阳两种类型，共阴是指所有发光二极管的负极连在一起，而共阳则是指所有发光二极管的正极连接在一起。不同类型的数码管，除硬件电路有差异外，编程方法也不同。

图 4-18 中有两位 7 段带小数点的 LED 数码管，每一笔画都是对应一个字母表示，DP 是小数点。编程时通过控制各 LED 数码管的 COM 端，即实现了数码管的位驱动。而 LED 要正常显示数码，需正确驱动各段码。根据 LED 数码管驱动方式的不同，可以分为静态显示和动态显示两类。

1) 静态显示

静态显示采用静态驱动，又称直流驱动，通常指数码管每一段码由一个单片机的 I/O 端口驱动，或使用 BCD 码译码器等译码驱动。静态驱动的优点是编程简单，显示亮度高；缺点是占用 I/O 端口多，如驱动 4 个数码管，静态显示需要 5×8=40 个 I/O 端口来驱动，但一个 51 单片机可用的 I/O 端口才 32 个。因此，实际应用时必须添加译码驱动器，增加了硬件电路的复杂性。

2) 动态显示

动态显示是单片机应用中最为广泛的一种显示方式，它将所有数码管的 8 个段 A、B、C、D、E、F、G 和 DP 的同名端连在一起，并为每个数码管的公共端 COM 增加位选通控制电路。位选通由各自独立的 I/O 线控制，当单片机输出字形码时，控制位选通 COM 端，将需要显示的数码管选通控制打开，该位即显示字形，未选通的数码管不亮。通过分时轮流控制各数码管的 COM 端，使各个数码管轮流受控显示，即实现了动态驱动。在轮流显示过程中，每位数码管的点亮时间为 1～2 ms，由于人眼视觉暂留现象及发光二极管的余辉效应，尽管各位数码管不是同时点亮，但只要扫描的速度足够快，让人感觉是显示了一组稳定的数据，不会有闪烁感。动态显示的效果和静态显示基本一致，但节省了大量 I/O 端口，功耗更低。

(2) 液晶显示器

液晶显示器（Liquid Crystal Display，LCD），其构造是在两片平行的玻璃基板中放置液晶盒，下基板玻璃上设置薄膜晶体管（TFT），上基板玻璃上设置彩色滤光片，通过改变 TFT 上的信号与电压来控制液晶分子的转动方向，从而控制每个像素点偏振光出射而实现显示。随着电子技术的进步，现在 LCD 的价格大幅降低，下面介绍一种常用的 LCD 模块 LCD1602。

LCD1602 代表该模块一次最多显示两行，每行最多显示 16 个字符。内部的字符发生存储器(CGROM)已经存储了 160 个不同的点阵字符图形，包括阿拉伯数字、英文字母的大小写、常用的符号等，每一字符具有其固定代码，如大写英文字母“A”的代码是 01000001B(41H)，模块把地址 41H 中的点阵字符图形显示出来，即可以看到字母“A”。

在单片机编程中，还可用字符型常量或变量赋值，如“A”。因为 CGROM 储存的字符代码与计算机中的字符代码基本一致，因此向显示数据随机存储（DDRAM）写 51 单片机字符代码程序时，甚至可直接用 P1＝“A”这样的方法，计算机编译时就把“A”转换为 41H 代码了。

1602 液晶模块内部的控制器共有 11 条控制指令，如表 4－1 所列。

表 4－1　1602 液晶模块控制指令表

控制命令表序号	指　令	RS	R/W	D7	D6	D5	D4	D3	D2	D1	D0
1	清空显示	0	0	0	0	0	0	0	0	0	1
2	光标返回	0	0	0	0	0	0	0	0	1	*
3	设置输入模式	0	0	0	0	0	0	0	1	I/D	S
4	显示开/关控制	0	0	0	0	0	0	1	D	C	B
5	光标或字符移位	0	0	0	0	0	1	S/C	R/L	*	*
6	设置功能	0	0	0	0	1	DL	N	F	*	*
7	设置字符发生存贮器地址	0	0	0	1	字符发生存储器地址					
8	设置数据存储器地址	0	0	1	显示数据存储器地址						
9	读忙标志或地址	0	1	BF	计数器地址						

续表 4-1

控制命令表序号	指　令	RS	R/W	D7	D6	D5	D4	D3	D2	D1	D0
10	写数到 CGRAM 或 DDRAM	1	0	要写的数据内容							
11	从 CGRAM 或 DDRAM 读数	1	1	读出的数据内容							

当然，液晶显示器的种类很多，类似的还有 LCD12864 等，屏幕的尺寸更大，其控制原理和 LCD1602 基本相同，不再赘述。

2. 显示模块在单片机系统中的应用

(1) 单个数码管静态显示

上节提及了数码管的静态显示，这里以一位共阳数码管为例详述。如图 4-19 所示，单片机 P0 口接数码管段选信号，由于使用的是共阳数码管，将公共端接 5 V 电源，然后只需要控制其段选端即可。需注意，数码管的每一段相当于一个小的 LED，由于其承载能力有限，需外加限流保护电阻。这样一来，只需在 P0 口输入对应的字形码，即 P0＝字形码。

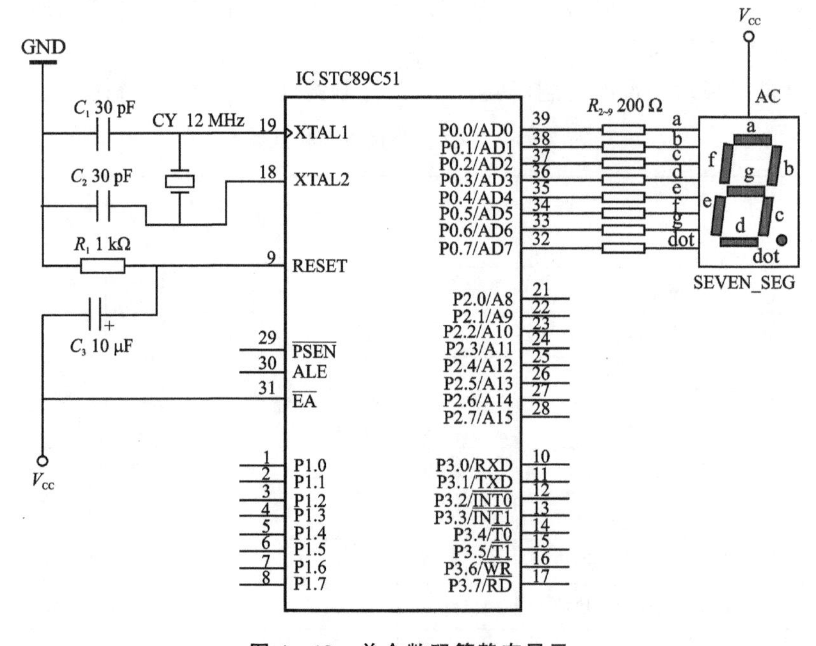

图 4-19　单个数码管静态显示

(2) 多位数码管动态显示

在实际应用中，一般采用多位数码管动态显示。如图 4-20 所示，4 位 7 段数码管由 4 个数码管构成，数码管的相同段连在一起，可以显示 0000～9999，数据输入端并联后接 P0 口。每一位有独立的位选端，即每个数码管的阳极分别接 P2 口，中间加“非”门驱动。因为 P2 口为反相驱动，若 P2.7 输出低电平，P2 的其他端口输出高电平，则此时 P0 输出千位数据。若 P2.6 输出低电平，P2 其他端口输出高电平，则 P0 输出百位数据，以此类推，完成各位数字的显示。

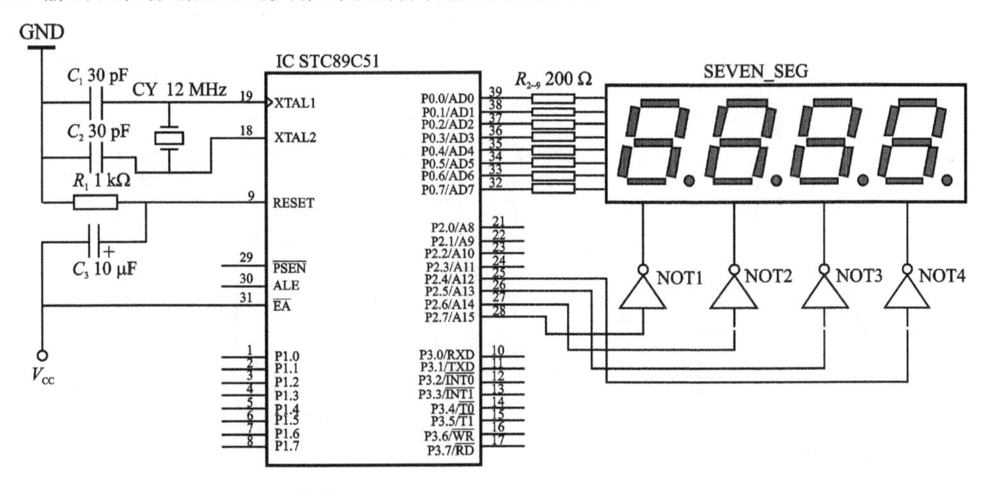

图 4-20　多个数码管动态显示

根据上述思路，控制数码显示的程序如下：

```
while(1)
{
    P0 = 字型码 1;
    P2 = ~(1 << 7);          //选中千位
    Delay();                 //延迟一段时间
    P0 = 字型码 2;
    P2 = ~(1 << 6);          //选中百位
    Delay();                 //延迟一段时间
    P0 = 字型码 3;
    P2 = ~(1 << 5);          //选中十位
    Delay();                 //延迟一段时间
    P0 = 字型码 4;
    P2 = ~(1 << 4);          //选中个位
    Delay();                 //延迟一段时间
}
```

(3) 液晶 LCD1602 的应用

如前文所述，LCD1602 是电设中最常用的一款液晶显示器，已介绍其显示原理和基本指令，那么它在单片机电路中是如何使用的呢？如图 4－21 所示，将 LCD1602 的数据口与 P0 口相连，须注意的是 P0 口的上拉电阻。这是由于 P0 口的特殊结构所决定的，前文已述。一般情况下，液晶有背光调节的功能，图中利用了电位器 RV1 调节背光强度。

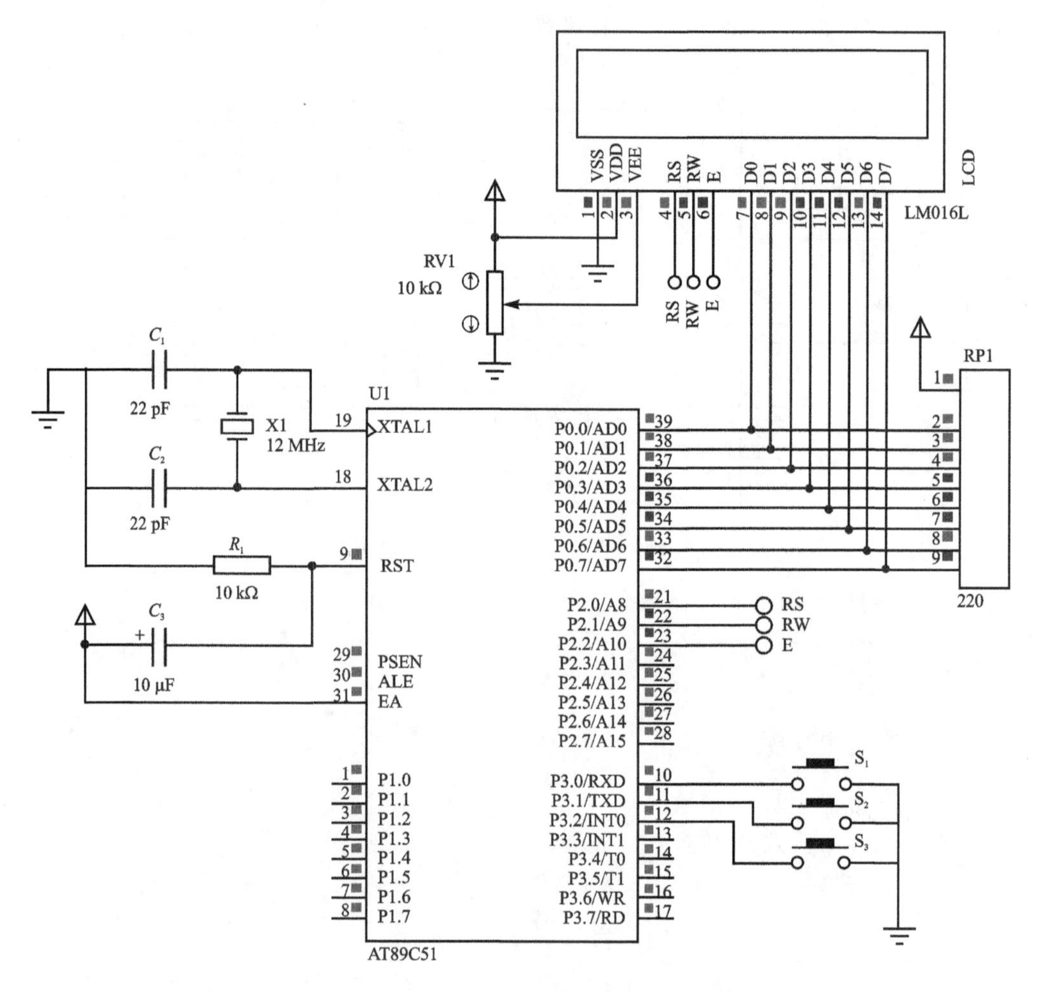

图 4－21　LCD1602 在单片机电路中的用法

根据 LCD1602 的指令集，控制其显示相关字符的程序可参考下例：

```
/＊根据时序写数据和指令,这里是一些要用的基本函数＊/
uchar Busy_Check()    //查询是否忙碌
{
    uchar LCD_Status;
    RS = 0;
    RW = 1;
    EN = 1;
    Delayms(1);
    LCD_Status = P0;
    EN = 0;
    return LCD_Status;
}
/＊向 LCD 写指令或地址＊/
void Write_LCD_Command(uchar cmd)
{
    while((Busy_Check()&0x80) == 0x80);
    RS = 0;
    RW = 0;
    EN = 0;
    P0 = cmd;
    EN = 1;
    Delayms(1);
    EN = 0;
}
/＊向 LCD 写数据＊/
void Write_LCD_Data(uchar dat)
{
    while((Busy_Check()&0x80) == 0x80);
    RS = 1;
    RW = 0;
    EN = 0;
    P0 = dat;
    EN = 1;
    Delayms(1);
    EN = 0;
}
/＊LCD 初始化命令 ＊/
void Initialize_LCD()    //初始化过程
{
    Write_LCD_Command(0x38);
    Write_LCD_Command(0x01);
    Write_LCD_Command(0x06);
    Write_LCD_Command(0x0c);
}
```

显示数据时，只需调用 Write_LCD_Command 和 Write_LCD_Data 函数，充分利用这些函数，还可实现字幕滚动显示等功能。

4.3.2 输入设备接口

1. 独立按键

在单片机系统中，独立按键是最常用的输入设备之一，与开关按键被按下后被锁定不同，这里所说的独立按键松手后自动弹开，即按键按下时导通，按键松开时线路自动断开。使用独立按键时，需检测出线路的“通”与“断”，这种“通”与“断”通过电平信号来表示，一个典型的电路如图 4－22 所示。按键按下时电路接通，P3.0 检测到高电平，按键松开时，P3.0 检测到低电平。通过电平的读取，从而可判断出按键的变化，需注意，在使用独立按键触发事件时，还要做“松手检测”。

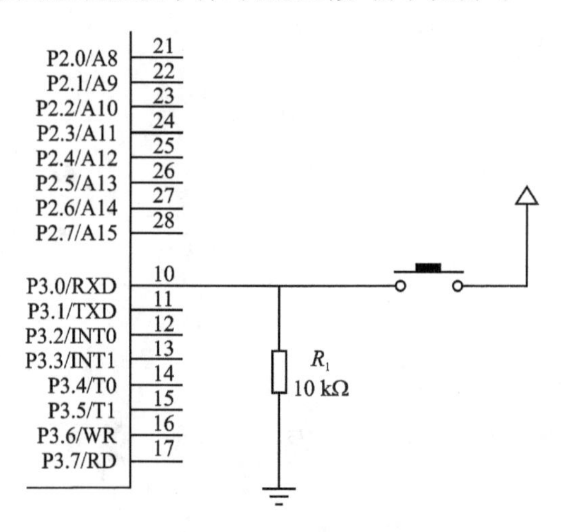

图 4－22 独立按键的使用

所谓“松手检测”，即按键按下后到松开前，程序可以处于等待状态，通常做次数统计，代码编写思路如下：

```
while(1)
{
    if( P3.0 为低电平)
    {
    while(P3.0 为低电平);          //这一句为等待松手
    count ++ ;                      //计数值增加
    }
}
```

在独立按键的使用中另一个需要注意的问题是“去抖动”。由于物理结构因素，当按下按键时，得到的信号往往不是一个理想的跃变信号，而是带有很多噪声。为了防止出现误判，通常采用延时方法去除“抖动”噪声。大体思路是，当检测到按键按下时，延时几毫秒，再重新判断按键的状态，若状态依然是按下，则确定按键按下；反之，则很可能是噪声。代码编写思路如下：

```
if(P3.0 为低)
{
    delay_ms();           //延时数毫秒
    if(P3.0 为低)
    {
    这里添加响应事件
    }
}
```

2. 矩阵键盘

虽然独立按键电路配置灵活，软件结构简单，但每个按键必须占用一位 I/O 口，在按键较多时，I/O 资源占用较多。对于复杂系统或需按键较多的场合，可用矩阵键盘。

如图 4－23 所示，为典型的 4×4 矩阵键盘。要从如此多的按键中判断哪个按键被按下，通常采用反转法，主要分两步，首先假设键盘接单片机 P1 端口。

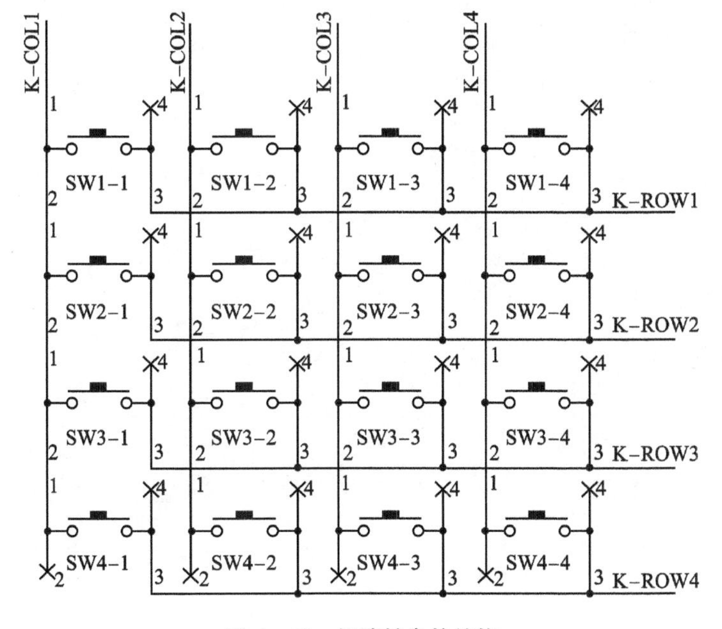

图 4－23　矩阵键盘的结构

(1) 读取键盘的状态,得到按键的特征编码

先从 P1 口的高 4 位输出低电平,低 4 位输出高电平,然后从 P1 口的低 4 位读取键盘状态。再从 P1 口的低 4 位输出低电平,高 4 位输出高电平,然后从 P1 口的高 4 位读取键盘状态。读取两次检测的结果可得到当前 16 个按键的特征编码。接下来举例说明:

假设“1”键即 SW1－1 被按下,找其按键的特征编码。先控制 P1 口的高 4 位输出低电平,即 P1.4～P1.7 为输出口,低 4 位上拉到高电平,即 P1.0～P1.3 为输入口。读 P1 口的低 4 位状态为 1101,其值为 0DH。再控制 P1 口的高 4 位上拉到高电平,即 P1.4～P1.7 为输入口,低 4 位输出低电平,即 P1.0～P1.3 为输出口,读 P1 口的高 4 位状态为 1110,其值为 E0H。将两次读出的 P0 口状态值进行逻辑或运算,就得到其按键的特征编码为 EDH。用同样的方法可以得到其他 15 个按键的特征编码。

需要注意的是,51 单片机缺乏控制 I/O 口方向的寄存器,因其灌电流大于拉电流,才使用上述操作。很多单片机(如 Atmega 系列、STM 系列)在矩阵键盘的使用中,需要结合 I/O 方向控制寄存器来实现特征编码的读取。

(2) 根据按键的特征编码,查表得到按键的顺序编码

将上述 16 个按键的特征编码按图 4－23 按键排列的顺序,排成一张特征编码与顺序编码的对应关系表,然后根据读取的特征编码来查表,当表中有该特征编码时,它所在的位置即被按下按键所在的位置。矩阵键盘键值查找程序可参考下例:

```
unsigned charkeyscan()
{
    unsigned char num;
    P1 = 0x0f;
    tem = (P1^0x0f);
    switch(tem)
    {
        case 1:  x = 1; break;
        case 2:  x = 2; break;
        case 4:  x = 3; break;
        case 8:  x = 4; break;
    }
    P1 = 0xf0;
    tem = ((P1 >> 4)^0x0f);
    switch(tem)
    {
        case 1:  y = 1; break;
        case 2:  y = 2; break;
        case 4:  y = 3; break;
        case 8:  y = 4; break;
```

```
    }
    num = 4 * (y - 1) + x;
    return(num - 1);
}
```

键盘的读取还有一种方法称为扫描法，在此不做详细介绍。在较大规模的电路设计中，不再直接将 MCU 和键盘连接，而是使用专用的键盘处理芯片，较常用的有 8279 芯片。

4.3.3　通信模块设计

1. 通信协议

通信协议是指完成通信或服务时所必须遵循的规则和约定，通常定义了数据单元使用的格式、连接方式、信息发送和接收的时序等，从而确保网络中数据顺利地传送到指定的通信实体。

通信协议主要由语法、语义和定时规则 3 个要素组成。语法，体现了“如何讲”，包括数据格式、编码和信号等级（电平的高低）；语义，体现了“讲什么”，包括数据内容、含义以及控制信息；定时规则，即时序，明确了通信的顺序、速率匹配和排序。

2. 常用通信协议

在单片机开发中，常用的串行通信协议有 3 种，包括 I^2C 总线通信协议、SPI 总线通信协议和串口通信协议。

(1) I^2C 总线

I^2C(Inter Integrated Circuit)总线是飞利浦公司开发的两线式串行总线，用于连接微控制器及其外围设备，是微电子通信控制领域广泛采用的一种总线标准。它具有接口线少，控制方式简单，器件封装形式小，通信速率较高等优点。

I^2C 总线通信中，包括一个主机和多个从机，从机通过串行数据(SDA)线和串行时钟 (SCL)线传递信息。每个器件都有其唯一的地址，且都可以作为一个发送器或接收器，或被看作是主机或从机。主机初始化总线的数据传输，并产生时钟信号，此时任何被寻址的器件都被认为是从机。

由于连接到 I^2C 总线的器件有不同种类的工艺（CMOS、NMOS、PMOS、双极性），逻辑低电平和逻辑高电平不固定，它由电源 V_{CC} 的相关电平决定，每传输一个数据位就产生一个时钟脉冲。在传输数据时，SDA 线在时钟周期高电平段保持稳定，而 SDA 的高或低电平状态只有在 SCL 线为低电平时才能改变，如图 4－24 所示。

发送到 SDA 线上的每个字节必须为 8 位，每次传输可以发送的字节数量不受限

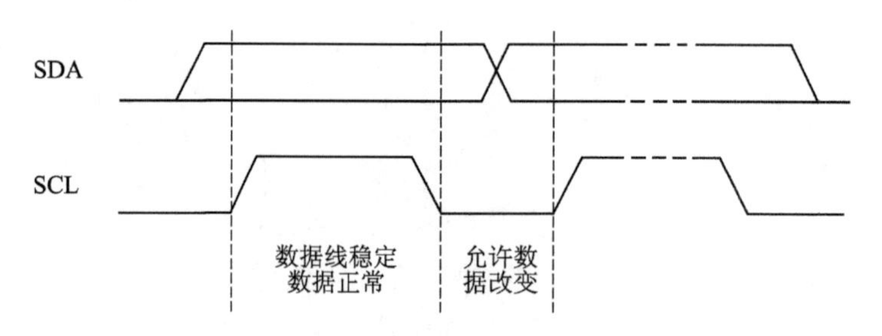

图 4-24 I²C 位传输数据有效性

制，每个字节后必须跟一个响应位。首先传输的是数据最高位(MSB)。如果从机要完成其他功能后(例如一个内部中断服务程序)，才能接收或发送下一个完整的数据字节，则可以使时钟线 SCL 保持低电平，并迫使主机进入等待状态，当从机准备好接收下一个数据字节时，释放时钟线 SCL，开始传输数据。

电子系统中很多传感器，如 DS18B20 温度传感器，采用的就是 I²C 总线通信协议，实现了用尽可能少的 I/O 口操作更多的外部设备。

(2) SPI 总线

SPI(Serial Peripheral Interface)是一种高速的、全双工、同步的通信总线，并且在芯片的引脚上一般只占用 4 根线，占用引脚相对较少，为 PCB 的布局节省了空间。由于简单易用，越来越多的芯片集成了该通信协议，例如 AT91RM9200 等。

SPI 的通信原理很简单，它以主从方式工作，通常有一个主机和一个或多个从机，需要至少 4 根线，对应 4 个不同的信号端口，分别是 SDI(数据输入)、SDO(数据输出)、SCK(时钟)、CS(片选)。

① SDI：主机数据输入，从机数据输出；

② SDO：主机数据输出，从机数据输入；

③ SCK：时钟信号，由主机产生；

④ CS：从机使能信号，由主机控制。

其中，CS 是控制芯片是否被选中，即只有片选信号为预先规定的使能信号时(高或低电平)，对此芯片的操作才有效。这也使得同一总线上连接多个 SPI 设备成为可能。另外 3 根线负责通信。由于 SPI 是串行通信协议，即数据一位一位地传输。由 SCK 提供时钟脉冲，SDI 和 SDO 则基于此脉冲完成数据传输。当主机配置 SPI 接口时钟时要弄清从机的时钟要求，因为主机的时钟极性和相位均以从机为基准。因此，在时钟极性的配置上，要确认从机是在时钟的上升沿还是下降沿接收数据，是在时钟的下降沿还是上升沿输出数据。需注意，由于主机的 SDO 连接从机的 SDI，从机的 SDO 连接主机的 SDI，主机 SDI 接收的数据是从机 SDO 发送过来的，从机 SDI 接收的数据是主机 SDO 发送过来的，所以主机时钟极性的配置，即 SDO 的配置与从机 SDI 接收数据的极性相反，与从机 SDO 发送数据的极性相同。由此实现了主从机之间数据的双向传输。

需要注意的是，SCK 信号线只由主机控制，从机不能控制信号线。因此，在一个基于 SPI 的系统中，至少有一个主控设备。该传输方式与普通的串行通信不同，普通的串行通信一次连续传送至少 8 位数据，而 SPI 允许数据一位一位地传送，甚至允许暂停。因为主机控制 SCK 时钟线，当没有时钟跳变时，从机不采集和传送数据，即主机通过对 SCK 时钟线的控制完成了对通信的控制。SPI 还是一个数据交换协议，因为 SPI 的数据输入线和输出线独立，所以允许同时完成数据的输入线和输出。由于不同的 SPI 设备的实现方式不尽相同，具体使用方法请参考相关器件的数据手册。

在点对点的通信中，SPI 接口不需要进行寻址操作，且为全双工通信，显得简单高效。但在多个从机的系统中，每个从机需要独立的使能信号，因此硬件上比 I^2C 系统稍显复杂。但 SPI 通信有着广泛的应用，例如在 AVR 系列单片机中有专门的接口，可在 51 系列等单片机中，并无 SPI 专用接口，可根据 SPI 的通信时序，用普通的 I/O 口模拟实现。

(3) 串口通信

串口通信中数据逐位传送，这与前述 I^2C 通信和 SPI 通信类似，不同之处在于，串口通信没有总线形式，不适用一对多的双向通信。串口通信数据传输速度为 115～230 kb/s。

串口最初是为实现计算机与外部设备的连接而设计的，随着电子技术的发展，串口通信的含义也变得更为丰富。主要有同步串行接口（Synchronous Serial Interface，SSI）和异步串行接口（Universal Asynchronous Receiver/Transmitter，UART）之分。SSI 接口是工业自动化领域中的常用标准，在高速编码器信号输出等场合使用较多。而 UART 接口常用于单片机程序开发中，通常会集成在主板上，方便程序开发和调试。当设备间进行 UART 通信时，为保证信息的可靠传输，需关注下述通信参数：

① 波特率：用于衡量通信速率，其单位是 bit per second，缩写为 b/s，表示每秒钟传送的 bit 数。常用的通信速率有 1 200 b/s、2 400 b/s、4 800 b/s、9 600 b/s、19 200 b/s、38 400 b/s、115 200 b/s 等。当然，波特率越高，对芯片的性能要求也更高。由于通信速率与信号线上的高低电平变化频率有关，因此波特率与芯片的时钟频率密不可分。当芯片的时钟频率改变时，波特率参数也需对应调整。

② 数据位：用于衡量通信中实际数据位的参数。当计算机发送一个信息包，实际的数据不一定是 8 位的，标准值包括 5 位、7 位和 8 位。如何设置取决于要传送的信息。例如，标准的 ASCII 码是 0～127(7 位)，扩展的 ASCII 码是 0～255(8 位)。如果数据使用简单的文本，即标准 ASCII 码，那么每个数据包使用 7 位数据。每个包是指一个字节，包括开始/停止位、数据位和奇偶校验位。

③ 停止位：是单个包数据结束的标志，典型值为 1 位、1.5 位和 2 位。由于数据在传输线上是定时的，且每一设备有其自己的时钟，很可能在通信中两台设备间出现

不同步。因此,停止位不仅表示传输的结束,而且提供了校正时钟同步的机会。适用于停止位的位数越多,不同时钟同步的容忍度就越大,但相应的数据传输速率却降低了。

④ 奇偶校验位:是串口通信中一种简单的检错方式,通常分为奇校验和偶检验。利用数据校验,可使得接收设备获知数据传输的状态,判断是否存在噪声干扰通信及传输和接收数据不同步等问题。

串口通信在电气接口上也有不同的类型,如 TTL 接口和 RS-232 接口是最常用的两种接口。

RS-232 是美国电子工业协会 EIA(Electronic Industry Association)制定的一种串行物理接口标准。RS 是英文"推荐标准"的缩写,232 为标识号。RS-232 总线标准设有 25 条信号线,包括一个主通道和一个辅助通道。在多数情况下主要使用主通道,对于一般的双工通信,仅需 3 条信号线即可实现,包括发送线、接收线及地线。

RS-232 总线标准对电气特性和逻辑电平作了如下规定:

① 逻辑 1(MARK)=−3～−15 V;

② 逻辑 0(SPACE)=+3～+15 V;

③ 信号有效(接通,ON 状态,正电压)=+3～+15 V;

④ 信号无效(断开,OFF 状态,负电压)=−3～−15 V。

要实现单片机与计算机的通信,一般采用电平转换芯片,常用 MAX232 芯片实现电平转换,其应用电路如图 4-25 所示。

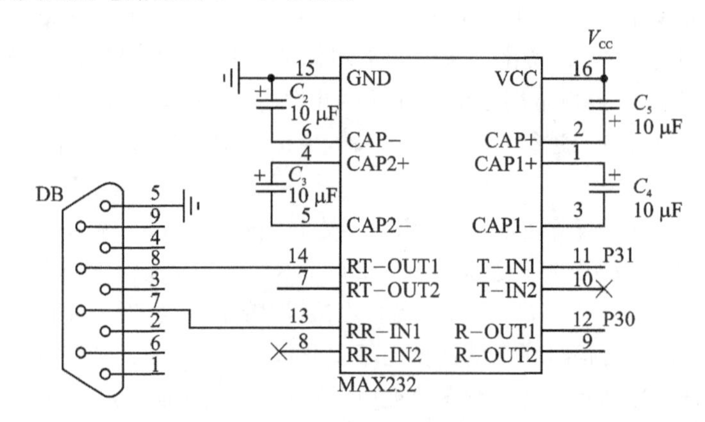

图 4-25 MAX232 应用电路

如前所述,早期的台式计算机大多带有 DB9 式串口,目前的计算机大多不具备该接口,因此可采用 USB 转 TTL 电平的串口转接线。

3. 单片机串口通信

前面已阐述,串口通信由于所需电线少,接线简单,所以适用于一些简单的数据传输场合。接下来进一步梳理单片机串口通信中的重点。

(1) 波特率相关寄存器配置

51 单片机虽然集成了 UART 端口，但要使端口正常工作，还需要进行一些软件配置，特别是波特率的设定。UART 端口有 4 种工作模式，各模式波特率的计算方法不同。其中，模式 0 和模式 2 的波特率计算较为简单，而模式 1 和模式 3 的波特率选择相同。实际应用中一般采用模式 1 来设置，在此仅以模式 1 为例来说明。

对于模式 1，其波特率由定时/计数器 1 来产生，通常设置定时器工作于“自动再加模式”。在此模式下波特率的计算公式为

$$\text{Bound\_Rate} = (1 + \text{SMOD}) \times f/384 \times (256 - \text{TH1})$$

式中：SMOD 为寄存器 PCON 的第 7 位，称为波特率倍增位；TH1 为定时器 1 的重载值。

选择波特率时需要考虑两点：首先，要考虑系统需要的通信速率。这要根据系统的运行特点，确定通信的频率范围。其次，要考虑通信的时钟误差。在选择不同的通信速率时，同一晶振的时钟误差差别很大。为了通信的稳定，应选择合理的晶振频率，使得波特率误差最小。

下面举例说明波特率的选择过程。假设系统要求的通信频率在 20 000 b/s 以下，晶振频率为 12 MHz，设置 SMOD=1(波特率倍增)，则

$$\text{TH1} = 256 - 62\ 500/\text{Bound\_Rate}$$

根据波特率取值表，可选取的值有 1 200 b/s、2 400 b/s、4 800 b/s、9 600 b/s、19 200 b/s。计数器重载值、波特率误差如表 4-2 所列。

表 4-2　通信误差

波特率/(b·s^{-1})	计数重载值 TH1	波特率误差
1 200	204	0.16%
2 400	230	0.16%
4 800	243	0.16%
9 600	249	6.99%
19 200	253	8.51%

由此可知，最好选用波特率为 1 200 b/s、2 400 b/s、4 800 b/s 中的一个。如果要提高通信频率，则应更换单片机晶振，例如使用 11.059 2 MHz 晶振，这样就可在提高波特率时仍然保持较小的误差。

(2) 通信协议的使用

计算机与单片机通信时，应设定相关的通信协议。例如定义 0xA1：单片机读取 P0 端口数据，并将读取数据返回计算机；0xA2：单片机从计算机接收一段控制数据；0xA3：单片机操作成功信息。

在系统工作过程中，单片机接收到计算机数据后，查找协议，并完成相应的操作。

当单片机接收到0xA1时,读取P0端口数据,并将读取数据返回计算机;当单片机接收到0xA2时,单片机从计算机接收一段控制数据;当PC接收到0xA3时,就表明单片机操作已经成功。

(3) 硬件连接

51单片机有一个全双工的串行通信口,在进行串口通信时,一般仅需要连接3根线:接收方TXD连接发送方RXD;接收方RXD连接发送方TXD;两个通信设备之间的地线连接到一起,简称为"共地",这点在实际操作中容易被忽视。还需注意采用的是TTL接口还是RS-232接口。在老式计算机中,通常使用RS-232接口,并且需要相关的电平转化芯片,其对应的硬件电路如图4-25所示。为了能够在计算机端看到单片机发出的数据,必须借助串口调试助手软件,详见第3章的相关论述。

4. 程序的编写

在51单片机中,串口数据的发送和接收都很简单,可直接利用单片机封装好的接口,操作相关寄存器实现。参考代码如下:

```
//串口发送程序
void putc_to_SerialPort(uchar c)
{
    SBMF = c;
    while(TI == 0);
    TI = 0;
}
//串口接收程序
uchar read_SerialPort()
{
    uchar r;
    while(RI == 0);
    r = SBMF;
    RI = 0;
    return r;
}
```

4.3.4 A/D和D/A转换电路设计

1. A/D转换的基本原理

A/D(模/数)转换是极为重要的电路模块,常用于实现数据采集和信号分析。首先介绍逐次逼近式A/D转换原理。逐次逼近转换过程和用天平称重物极为相似,在称重时,通常从最重的砝码开始试放,与被称物体进行比较。若物体重于砝码,则该砝码保留,否则移去。再加上第二个次重砝码,由物体的质量是否大于砝码的质量决定第二个砝码是否留下。按照这样的规律,一直到加入最小一个砝码为止。仿照称重的思路,逐次比较型 A/D 转换器,就是将输入模拟信号与不同的参考电压做多次比较,使转换所得的数字量在数值上逐次逼近输入的模拟量对应值。

图 4-26 展示了 A/D 转换的具体过程,其本质上是一个逐次比较的过程,首先向芯片内写入 10000000,即最高位写入 1。然后通过电压比较器,比较 V_{IN} 与 V_N 的大小,确定最高位是 1 还是 0。若 $V_{IN}>V_N$,则寄存器首位写 1,若 $V_{IN}<V_N$,则寄存器首位写 0。在确定了首位之后,再按同样的办法确定次高位,以此类推,最终输出 A/D 转换结果 D0～D7。

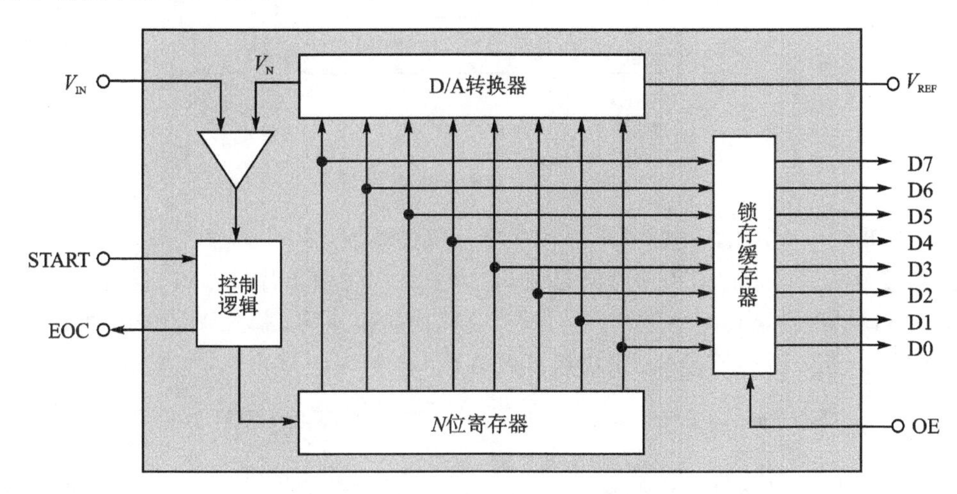

图 4-26　A/D 转换原理示意图

在选择 A/D 转换芯片时,要考虑其性能指标是否满足要求,主要指标有:

① 分辨率:数字量变化一个最小量时模拟信号的变化量,定义为满刻度与 2^n 的比值。

② 转换速率:完成一次 A/D 转换所需时间的倒数。积分型 A/D 转换时间是毫秒级,属低速 A/D;逐次比较型 A/D 是微秒级,属中速 A/D;全并行/串并行型 A/D 可达到纳秒级。而采样时间则指两次转换的间隔。为了保证转换的正确完成,采样速率必须小于或等于转换速率,常用单位是 ksps 和 msps(kilo/million samples per second),表示每秒采样千/百万次。

③ 量化误差:由于 A/D 的有限分辨率而引起的误差。通常是 1 个或半个最小数字量的模拟变化量,表示为 1LSB(Least Significant Bit)或 1/2LSB。

④ 偏移误差:在输入信号为零时输出信号不为零的值,可外接电位器将该值调至最小。

2. 单片机 A/D 转换电路

在 51 单片机应用中,因无内置的 A/D 转换器,因此需要外接 A/D 转换芯片。

可选的 A/D 转换芯片很多，如 ADC0809、TLC549 等。接下来以 ADC0809 为例，说明如何用单片机控制 A/D 转换器完成模拟量到数字量的转换。

使用 A/D 转换器时，首先要注意其时序，ADC0809 的时序如图 4－27 所示。

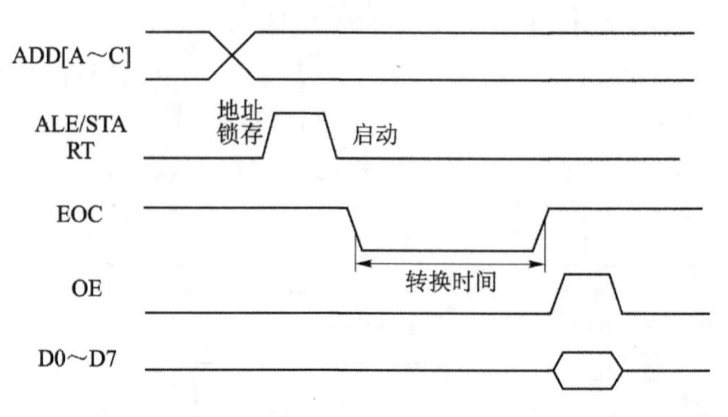

图 4－27　ADC0809 时序图

如图 4－28 所示，ADC0809 与 C51 单片机连接时，为了显示 A/D 转换结果，在 P0 口接 4 位数码管。值得注意的是，ADC0809 的时钟由单片机 I/O 口提供，受单片机 I/O 口输出的最高频率限制，为了达到更高的转换速率，常将 ADC0809 的时钟接在单片机 ALE 引脚上，ALE 引脚输出振荡器 1/6 频率的脉冲。

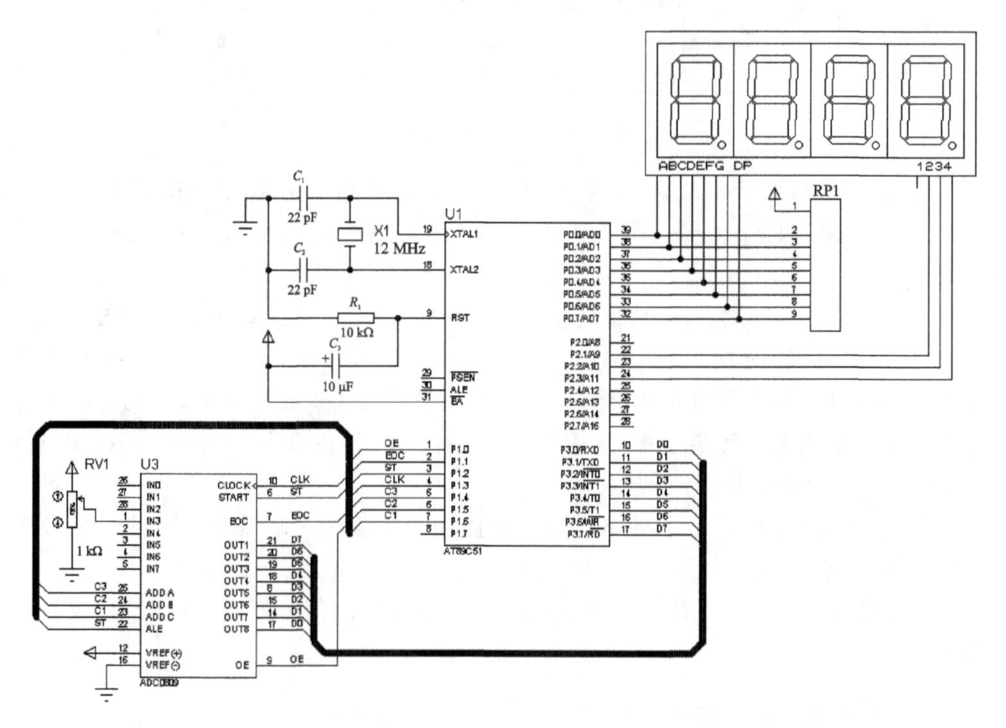

图 4－28　ADC0809 与 C51 单片机电路

在编写 A/D 转换程序时，要结合硬件电路和 ADC0809 的时序图。图 4 - 28 中，对应的 A/D 转换代码如下：

```
voidmain()
{
    TMOD = 0x02;
    TH0 = 0x14;
    TL0 = 0x00;
    IE = 0x82;
    TR0 = 1;
    P1 = 0x3f;
    while(1)
    {
        ST = 0;
        ST = 1;
        ST = 0;
        while(EOC == 0);
        OE = 1;
        Display_Result(P3);
        OE = 0;
    }
}
//用于为 ADC0809 提供时钟信号
void Timer0_INT() interrupt 1
{
    CLK = ～CLK;
}
```

3. D/A 转换的基本原理

D/A 转换器即将数字量转换为模拟量的电路。其分类按数字量输入方式可分为并行输入和串行输入 D/A 转换器，按模拟量输出方式可分为电流输出和电压输出 D/A 转换器。如图 4 - 29 所示，D/A 转换器的电路结构主要包括基准电压 V_{REF}、T 形（$R \sim 2R$）电阻网络、位切换开关 BS_i（$i=0,1,\cdots,n-1$）、运算放大器 A。输出电压 V_o 与输入二进制数 $D_0 \sim D_{n-1}$ 的关系如下：

$$V_o = -V_{REF}(D_0 2^0 + D_1 2^1 + D_2 2^2 + \cdots + D_{n-1} 2^{n-1})/2^n$$

在 D/A 转换中，要将数字量转换成模拟量，必须先把每一位代码按其“权”的大小转换成相应的模拟量，然后将各分量相加，其总和就是与数字量相应的模拟量。

D/A 转换器的性能指标主要包括：

① 分辨率：反映了 D/A 转换器对模拟量的分辨能力，定义为基准电压与 2^n 之

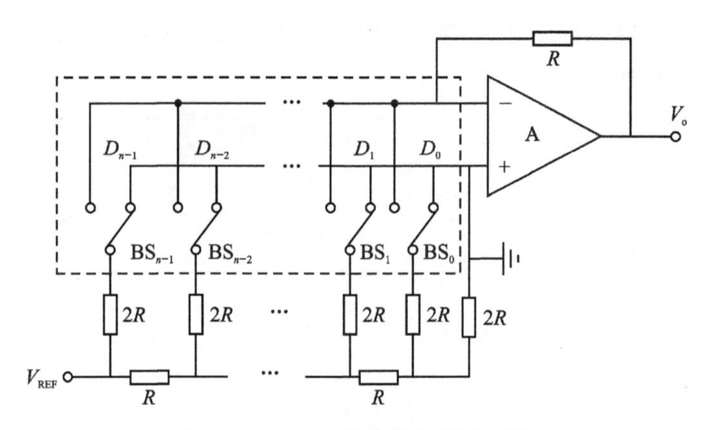

图 4-29　D/A 转换的电路原理图

比值，其中 n 为 D/A 转换器的位数。分辨率的大小是与输入二进制数最低有效位 LSB 相当的输出模拟电压，简称 1LSB。在实际使用中，一般用输入数字量的位数来表示分辨率大小。

② 转换时间：输入二进制数变化量是满量程时，D/A 转换器的输出达到离终值 ±1/2LSB 时所需要的时间。对于输出是电流型的 D/A 转换器而言，稳定时间很快，几微秒；而输出是电压的 D/A 转换器，其稳定时间主要取决于运算放大器的响应时间。

③ 绝对精度：指输入满刻度数字量时，D/A 转换器的实际输出值与理论值之间的偏差。该偏差用最低有效位 LSB 的分数来表示，如 ±1/2LSB 或 ±1LSB。

4. 单片机 D/A 转换电路

作为数字芯片，很少有一款单片机可直接输出连续可调的模拟电压，通常 D/A 转换器和运算放大器一起使用，输出相应的模拟电压，如图 4-30 所示。

D/A 转换器芯片很多，例如 DAC0832、DAC0932 等，使用时需要遵循其工作时序进行。图 4-31 所示为 DAC0832 的工作时序图。

下面以 DAC0832 和 C51 单片机生成锯齿波为例，说明 DAC0832 的使用。参考的程序代码如下：

```
#include <reg52.h>
#include <absacc.h>
#define uint unsigned int
#define uchar unsigned char
#define DAC0832 XBYTE[0xfffe]
voidDelayMS(uint ms)
{
```

```
    uchar i;
    while(ms -- )
    for(i = 0;i<120;i ++ );
}
/ * 主函数 * /
voidmain()
{
    uchar i;
    while(1)
    {
    for(i = 0;i<256;i ++ ){
    DAC0832 = i;DelayMS(1);}
    }
}
```

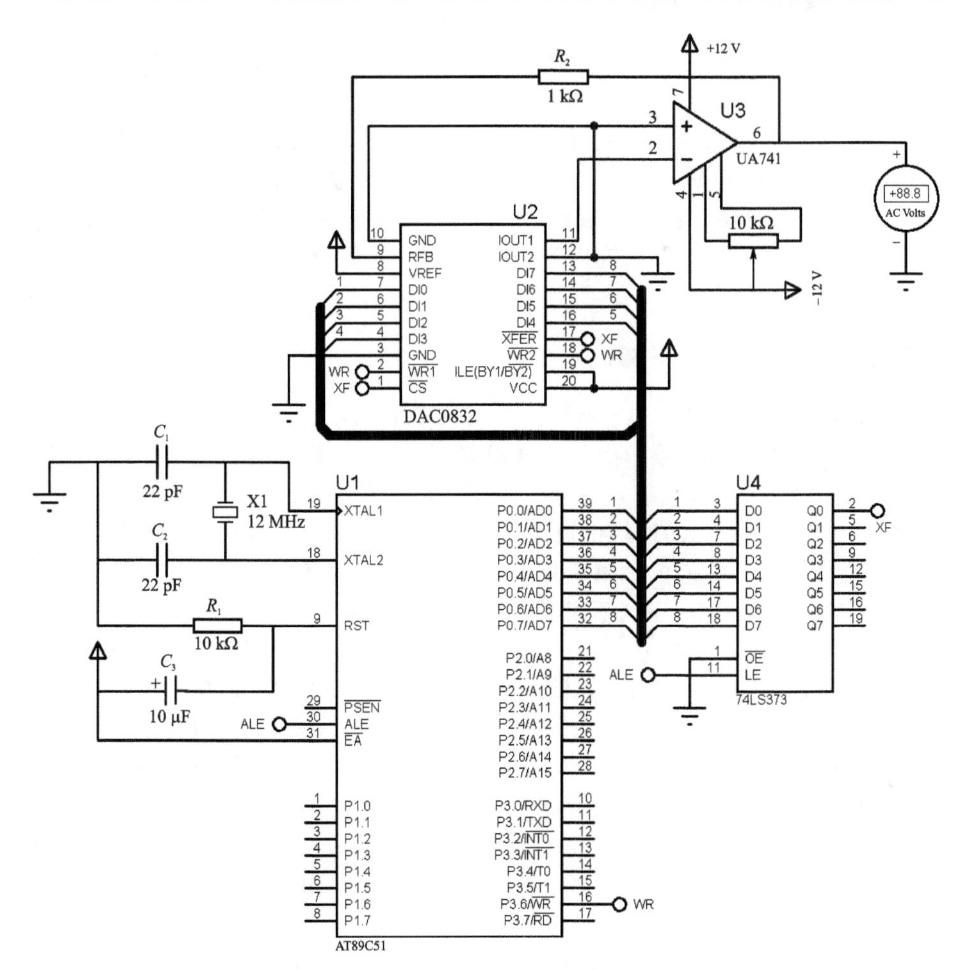

图 4－30　DAC0832 与 C51 单片机电路图

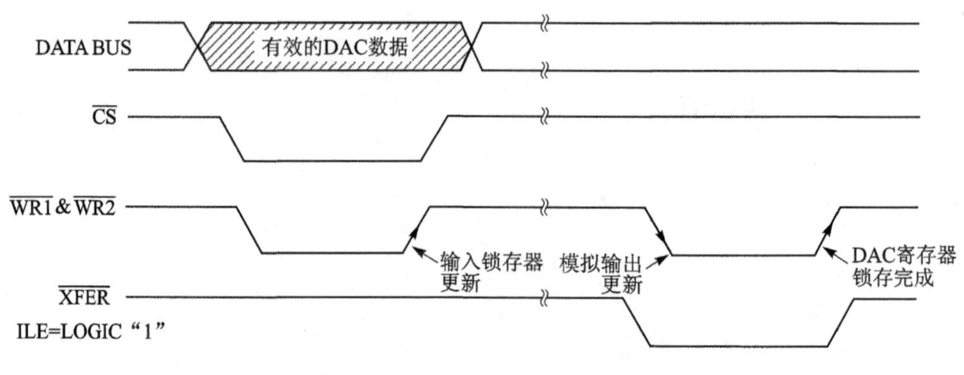

图 4-31 DAC0832 工作时序图

4.3.5 传感器使用

在前面几小节内容中，对常用通信协议、A/D 转换和 D/A 转换进行了讲解，将有助于理解即将讲述的传感器工作原理。

如果把一个电子系统比做人，传感器就好像眼睛、耳朵等，是信息获取的直接来源，只有传感器正常工作，才能保证后续工作的进行。传感器常分为数字传感器和模拟传感器，前者一般要结合传感器的通信协议，如串行通信协议，直接用单片机读取结果。后者需要先将传感器的输出电压转化为数字量，即采用 A/D 转换。本小节将介绍几种常用的传感器。

1. 温度传感器 DS18B20

DS18B20 是美国 DALLAS 半导体公司继 DS1820 之后推出的一种改进型智能温度传感器。能进行温度测量的传感器很多，如热电阻传感器、热电偶传感器等，与这些传感器相比，DS18B20 有其独特的优势。它可直接以数字量的形式输出被测物体的温度，与单片机之间的连接也极为简单，只需要 3 根线即可，事实上，数据的传输只需要 1 根线。DS18B20 的测量结果可以设置为 9～12 位，该精度足以满足绝大多数的测温需求。DS18B20 还有不同形式的封装，带有防水结构的 DS18B10 甚至可以放入液体中测温。

由于 DS18B20 的单线通信功能是分时完成的，具有严格的时隙概念，因此读/写时序很重要。系统对 DS18B20 的各种操作也必须按协议进行。操作协议为：初始化 DS18B20(发复位脉冲)→发 ROM 功能命令→发存储器操作命令→处理数据。而常用 ROM 操作指令包括 [33h] 读 ROM、[55h] 匹配 ROM 和[44h] 温度变换。由于 DS18B20 的高速暂存存储器由 9 字节组成，当温度转换命令发布后，经转换所得的温度值以 2 字节补码形式存放在高速暂存存储器的第 0 和第 1 字节。单片机可通过单线接口读到该数据，读取时低位在前，高位在后。

接下来以采集 DS18B20 的温度数据并在 LCD 上显示为例，说明其电路连接方法。如图 4-32 所示，DS18B20 的输出接在单片机 P3.3 口上，其输出最好接一个千欧级(4.7 kΩ)的上拉电阻。

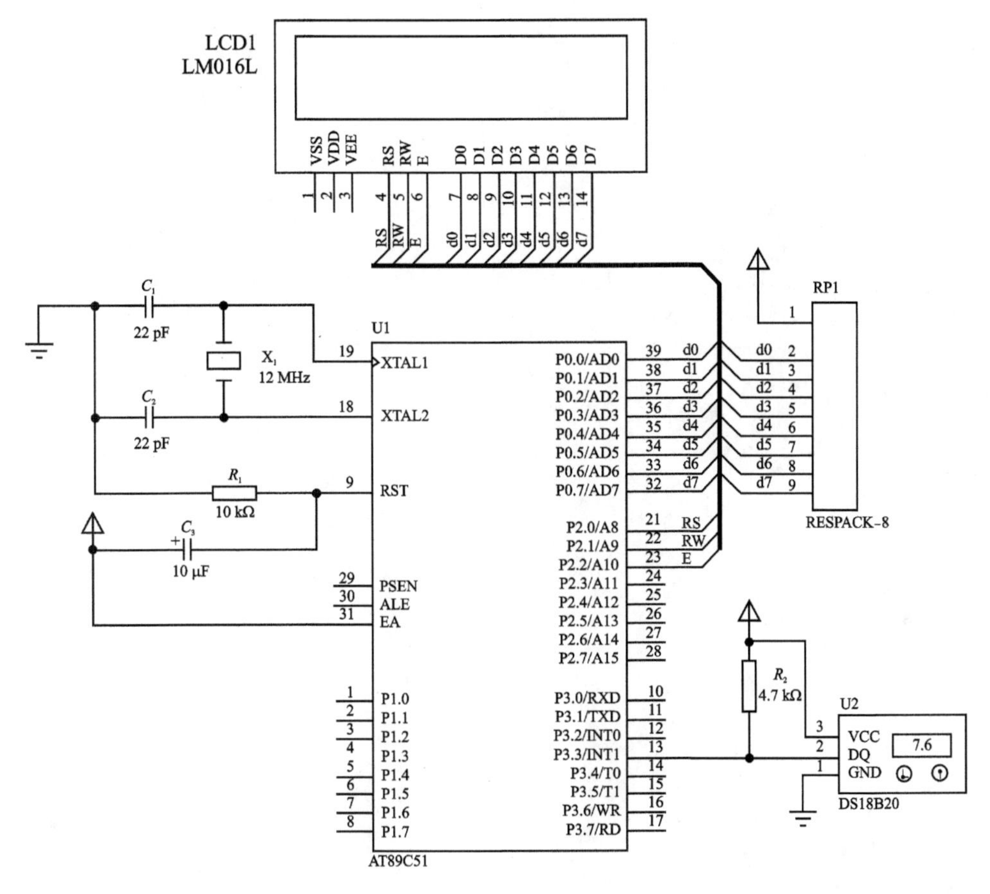

图 4-32　DS18B20 测温原理

程序中所用到的相关函数如下：

```
/* 延时函数 */
void delay1(int ms)
{
unsigned chary ;
while(ms -- )
{
    for(y = 0 ; y<250 ; y++ )
    {
    _nop_() ;_nop_() ;_nop_() ;_nop_() ;
    }
}
}
```

```
/ * DS18B20 初始化 * /
Init_DS18B20(void)
{
        DQ = 1;
        Delay(8);
        DQ = 0;
        Delay(90);
        DQ = 1;
        Delay(8) ;
        presence = DQ;
        Delay(100);
        DQ = 1;
        return(presence);
}
* 读一字节 * /
/ ***********************************************************/
ReadOneChar(void)
{
unsigned char i = 0 ;
unsigned char dat = 0 ;
for (i = 8 ; i > 0 ; i-- )
{
    DQ = 0 ; //给脉冲信号
    dat >> = 1 ;
    DQ = 1 ; //给脉冲信号
    if(DQ)
        dat | = 0x80 ;
    Delay(4) ;
}
return (dat) ;
}
/ * 写一字节 * /
voidWriteOneChar(unsigned char dat)
{
    unsigned char i = 0 ;
    for (i = 8 ; i > 0 ; i-- )
    {
        DQ = 0 ;
        DQ = dat&0x01 ;
        Delay(5) ;
        DQ = 1 ;
        dat >> = 1 ;
```

```
        }
    }
    /*读取温度*/
    void Read_Temperature(void)
    {
            Init_DS18B20() ;
            WriteOneChar(0xCC) ;                //跳过读序号列号的操作
            WriteOneChar(0x44) ;                //启动温度转换
            Init_DS18B20() ;
            WriteOneChar(0xCC) ;                //跳过读序号列号的操作
            WriteOneChar(0xBE) ;                //读取温度寄存器
            temp_data[0] = ReadOneChar() ;      //温度低 8 位
            temp_data[1] = ReadOneChar() ;      //温度高 8 位
    }
```

与 DS18B20 类似的数字式传感器还有很多，如 DHT11 传感器、SHT7x 传感器等，只需按照数据手册合理操作，即可掌握这类传感器的使用方法。

2. 编码器

编码器(encoder)是将信号或数据进行编制，转换为可用于通信、传输和存储的信号形式的设备。例如，编码器把角位移或直线位移转换成电信号。按照读出方式，编码器可以分为接触式和非接触式两种；按照工作原理，编码器可分为增量式和绝对式两类。增量式编码器通常将位移转换成周期性的电信号，再把该电信号转换成计数脉冲，用脉冲的个数表示位移的大小。绝对式编码器的每一个位置对应一个确定的数字码，因此它的示值只与测量的起始和终止位置有关，与测量的中间过程无关。多数情况下，采用的是增量式旋转编码器。

如图 4－33 所示，增量式旋转编码器通过内部两个光敏接收管转换其角度码盘的时序和相位关系，得到增大或减小的角度位移量。在连接数字电路特别是单片机后，较之绝对式旋转编码器，增量式旋转编码器在角度和角速度测量上更简易，性价比更高。下面说明增量式旋转编码器的内部工作原理，A、B 两点对应两个光敏接收

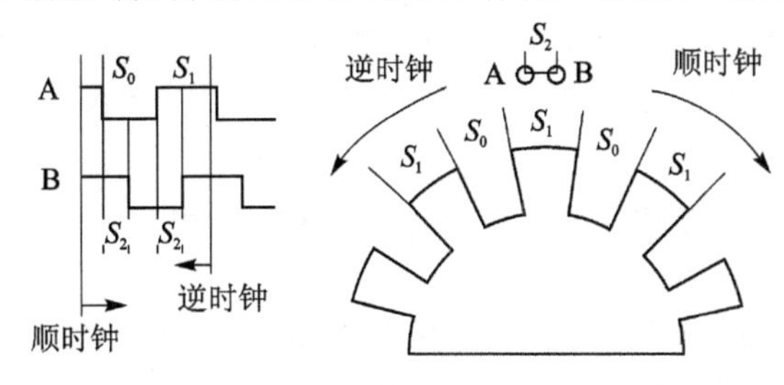

图 4－33　旋转式增量编码器结构

管，两点间距为 S_2，角度码盘的光栅间距分别为 S_0 和 S_1。当角度码盘以某一速度匀速转动时，输出波形中的 $S_0:S_1:S_2$ 值与实际值相同。同理，角度码盘以其他的速度匀速转动时，输出波形图中的 $S_0:S_1:S_2$ 值与实际值仍相同。若角度码盘做变速运动，可看成多个运动周期的组合，那么每个运动周期输出波形中的 $S_0:S_1:S_2$ 值与实际值仍相同。

通过上述分析，最终 A、B 两点对应的光敏接收管会生成有一定相位差的方波信号，它们的相位关系与码盘转动方向有关，如表 4-3 所列。因此在程序设计时，若把当前的 A、B 输出值保存起来，与下一个 A、B 输出值做比较，则可得出角度码盘的运动方向。

表 4-3　旋转式增量编码器输出时序

顺时针运动	逆时针运动
A　B	A　B
1　1	1　1
0　1	1　0
0　0	0　0
1　0	0　1

增量式编码器的型号种类众多，选用时通常要注意编码器的精度。以旋转式增量式编码器为例，当编码器转动一圈时，输出的脉冲个数各不相同，有时也称为“线数”。编码器线数越大，对应的精度也就越高，价格也越高。因此，应结合实际需求，考虑测量速度还是位移，运动是单圈还是多圈等问题。

此外，编码器的输出除了方波，还有三角波、正弦波等，需搭配使用不同的信号调理电路。

3. 陀螺仪

编码器常用来测量物体运动的位移，与之相对应的传感器件是陀螺仪，它常用来测量角度信息。通过距离和角度信息，可解算出物体的坐标值。

利用陀螺的力学性质制成各种功能的陀螺装置称为陀螺仪，其种类很多，按用途可分为传感陀螺仪和指示陀螺仪。传感陀螺仪常用于飞行体运动的自动控制系统中，作为水平、垂直、俯仰、航向和角速度传感器。指示陀螺仪主要用于飞行状态的指示，用于驾驶和领航仪表。

陀螺仪被广泛应用主要基于它的两个特性：定轴性和进动性。这两个特性都建立在角动量守恒的原则下。

对于定轴性，在无任何外力矩作用下，当陀螺转子高速旋转时，其自转轴在惯性空间中的指向保持稳定不变，即指向一个固定的方向，并反抗任何改变转子轴向的力量。这种物理现象称为陀螺仪的定轴性或稳定性。通常，转子的转动惯量愈大，稳定性愈好；转子角速度愈大，稳定性愈好。

对于进动性，当转子高速旋转时，若外力矩作用于外环轴，陀螺仪将绕内环轴转动；若外力矩作用于内环轴，陀螺仪将绕外环轴转动。其转动角速度的方向与外力矩作用方向互相垂直。这种特性叫做陀螺仪的进动性。进动角速度的方向取决于动量矩的方向和外力矩的方向，而且是自转角速度矢量以最短的路径追赶外力矩。

事实上，使用陀螺仪器件时无须关注其具体工作原理或特性，按照数据手册的操作规范来使用即可。通常只须读出其输出信号，该信号可能是一个模拟电压，或是一串字节。值得注意的是，一般陀螺仪会存在“零漂”现象，在使用时需要人工处理，可采用多次测量取平均值的方法消除。

传感器的种类繁多，近年来大学生电子设计竞赛中用过倾角传感器、绝对式编码器、陀螺仪等，在平时的集训中，应加强学习和实践，多掌握几种常见传感器的使用。

4.4　信号发生和调理电路

在电路设计中，除电源输入外，常需要提供三角波、方波、正弦波、脉冲波等输入波形。本节将介绍几种常用的信号发生电路。

4.4.1　方波发生器

由555定时器构成的多谐振荡器是一种常见的方波发生器，如图4-34所示。如图4-34(b)所示，接通电源后，电容C_1充电，当电容C_1上端电压u_c上升到$2U_{CC}/3$时，555定时器第3脚u_o为低电平，同时555定时器的放电三极管T导通，此时电容C_1通过R_1、R_2放电，u_c下降。当u_c下降到$U_{CC}/3$时，u_o翻转为高电平。电容器C_1充电的时间为

$$t_{W1}=\text{In}2(R_1+R_2)C_1\approx 0.7(R_1+R_2)C_1$$

放电所需的时间为：$t_{W2}\approx 0.7R_2C_1$。

如此周而复始，于是在电路的输出端就得到一个周期性方波，其振荡频率为

$$f=1.44/(R_1+2R_2)C_1$$

4.4.2　三角波发生器

积分电路是一种应用较为广泛的模拟信号运算电路。在自动控制系统中，常用积分电路作为调节环节。此外，还可用于延时、定时以及各种波形的产生或变换。三角波发生器可通过对方波信号积分得到，积分电路可以选择简单的RC积分电路，也可选用运算放大器搭接。

如图4-35所示，根据电容的充放电原理，方波信号经RC电路积分后，输出波

形近似为三角波。

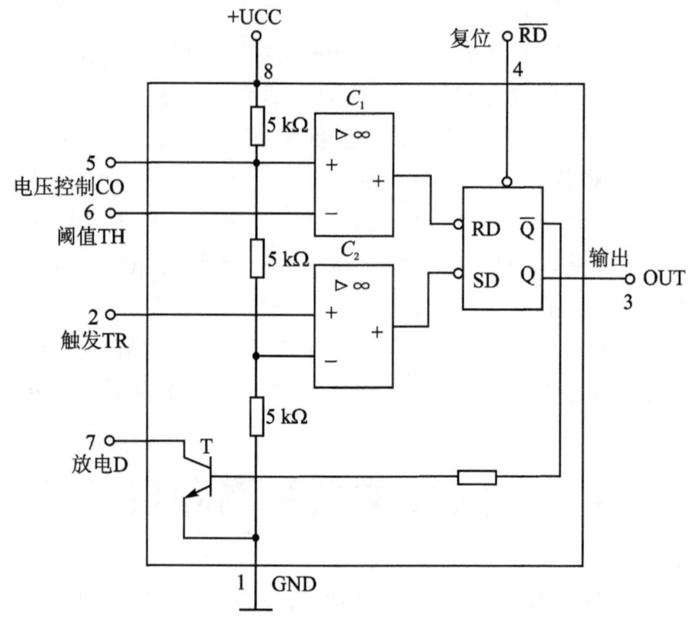

(a) 555定时器内部结构

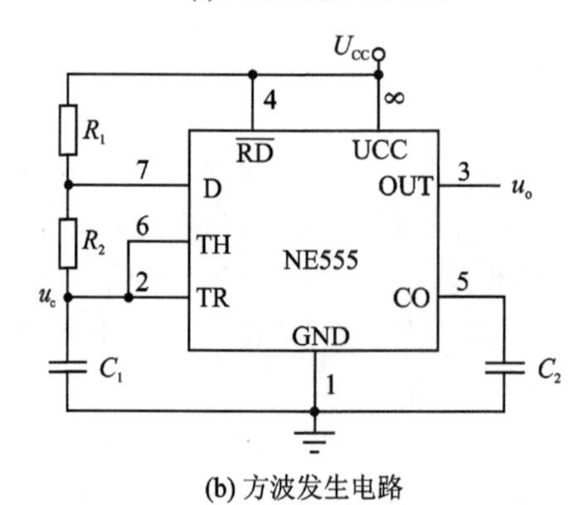

(b) 方波发生电路

图 4-34　由 555 定时器和外围器件组成的方波发生器

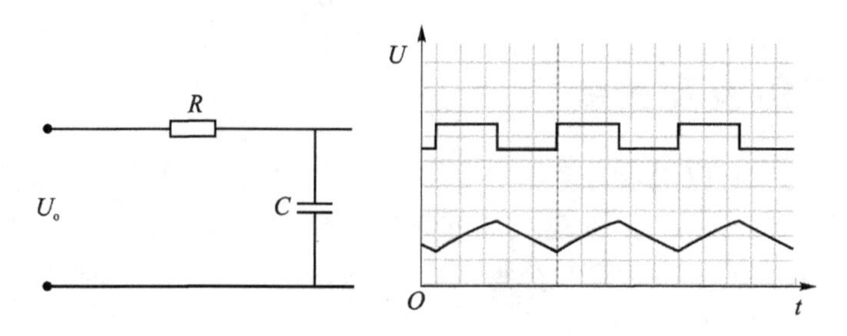

图 4-35　积分电路产生三角波

4.4.3 正弦波发生器

不妨先分析一下方波、三角波和正弦波的信号转换关系，如图 4－36 所示。

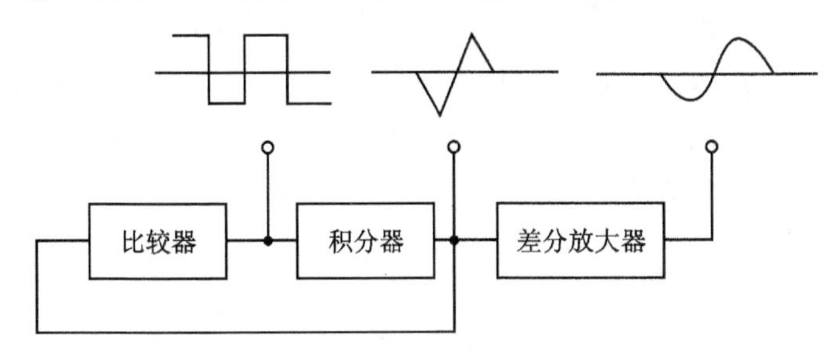

图 4－36　方波、三角波和正弦波的信号转换

因此，可以将三角波转化成为正弦波信号，一种典型的转换电路如图 4－37 所示。

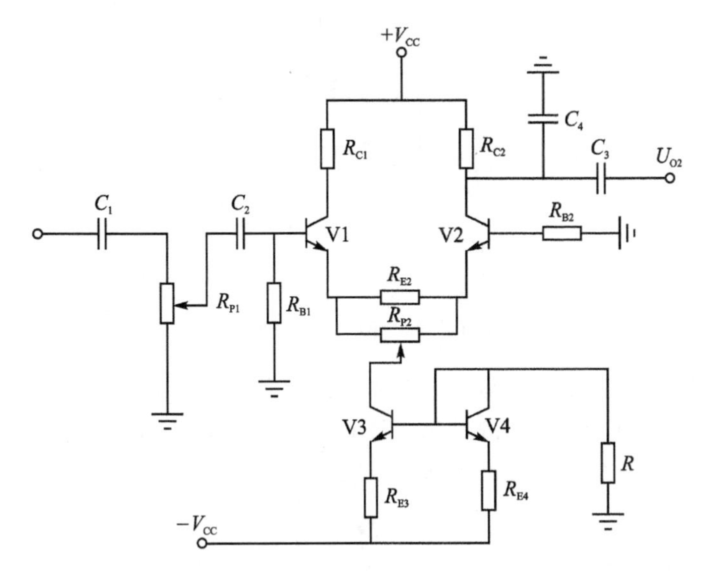

图 4－37　三角波转正弦波电路

图中的差分放大器具有工作点稳定，输入阻抗高，抗干扰能力较强等优点。特别是作为直流放大器，可以有效地抑制零点漂移，因此可将频率很低的三角波变换成正弦波。

事实上，信号发生电路的种类很多，针对不同的需求，可采用不同的器件，比如差分放大器、运算放大器等实现。上述小节仅列出几个比较常规的信号发生电路，借此抛砖引玉，希望读者多加实践，积累更多的电路设计和调试经验。

4.4.4 运算放大器与运算电路

集成运算放大器最早应用于模拟信号的运算，简称集成运放。信号的运算至今仍是集成运放一项重要而基本的应用。本小节主要介绍由集成运放组成的比例、积分和微分等电路。在各种运算电路中，要求输出和输入的模拟信号之间实现一定的数学运算关系。因此，运算电路中的集成运放必须工作在线性区。在定量分析时，利用“虚短”和“虚断”两个基本法则进行电路分析。

1. 反相比例运算电路

在图 4－38 中，输入电压 U_i 经电阻 R_1 加到集成运放的反相输入端，其同相输入端经电阻 R_2 接地。输出电压 U_o 经 R_F 接回到反相输入端。集成运放的反相和同相输入端，实际上是内部输入级两个差分对管的基极。为使差动放大电路的参数保持对称，应使两个差分对管基极对地的电阻尽量一致，以免静态基流经过这两个电阻时，在运放输入端产生偏压差。因此，通常选择 R_2 的阻值为 $R_1//R_F$。

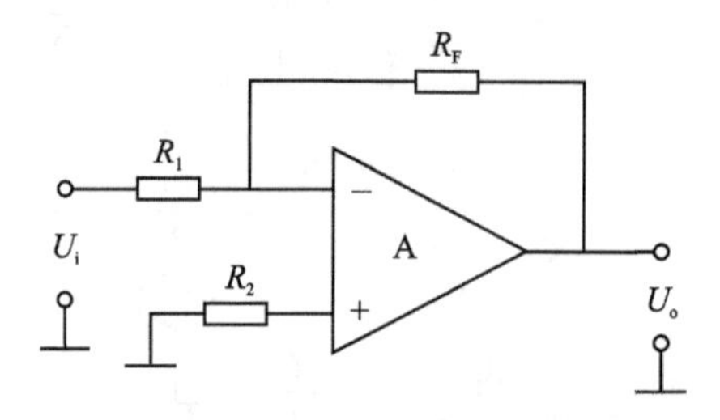

图 4－38 反相比例运算电路

经过分析可知，反相比例运算电路的反馈类型是电压并联负反馈。由于集成运放的开环差模增益很高，容易满足深度负反馈的条件，由此可判定集成运放工作在线性区。利用理想运放工作在线性区时“虚短”和“虚断”的特点，可分析该电路的电压放大倍数。

2. 同相比例运算电路

在图 4－39 中，输入电压 U_i 接至同相输入端，但是为保证引入的是负反馈，输出电压 U_o 通过电阻 R_F 接到反相输入端，反相输入端再通过电阻 R_1 接地。为使集成运放反相和同相输入端对地的电阻一致，R_b 的阻值也应为 $R_1//R_F$。

同相比例运算电路的反馈类型为电压串联负反馈，可同样利用“虚短”和“虚断”的特点，分析该电路的电压放大倍数。

3. 差分比例运算电路

在图 4－40 所示，输入电压 U_i 和 U_i' 分别加在集成运放的反相和同相输入端，输

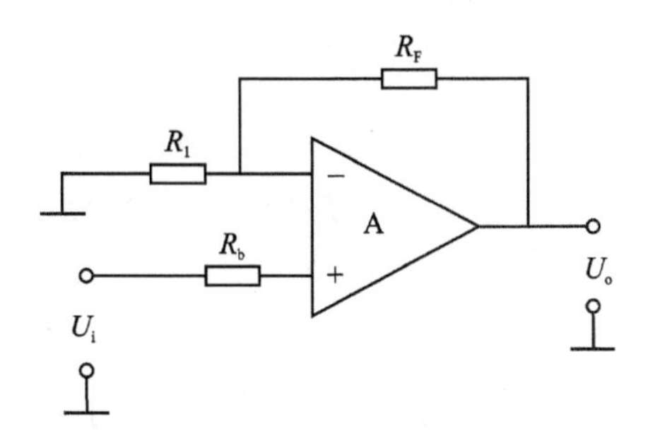

图 4－39　同相比例运算电路图

出端通过反馈电阻 R_F 接回到反相输入端。为了保证运放两个输入端对地的电阻平衡，同时降低共模抑制比，通常要求 $R_1=R_1'$，$R_F=R_F'$。

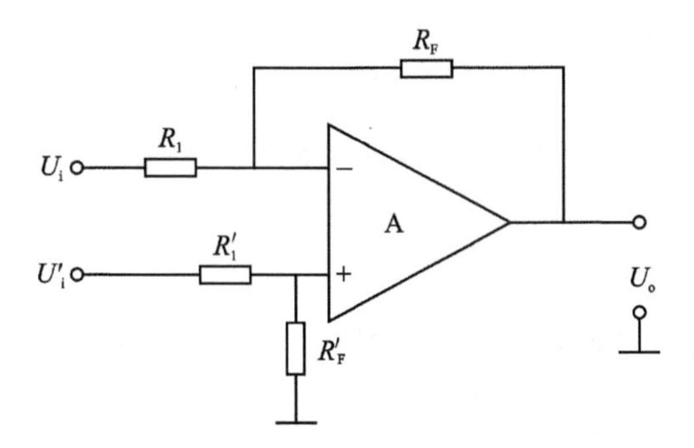

图 4－40　差分比例运算电路

4. 反相输入求和电路

图 4－41 所示为具有 3 个输入端的反相求和电路，该电路实际上是在反相比例运算电路的基础上扩展实现的。为了保证集成运放两个输入端对地的电阻平衡，同相输入端电阻 R' 的阻值应为 $R_1/\!/R_2/\!/R_3/\!/R_F$。

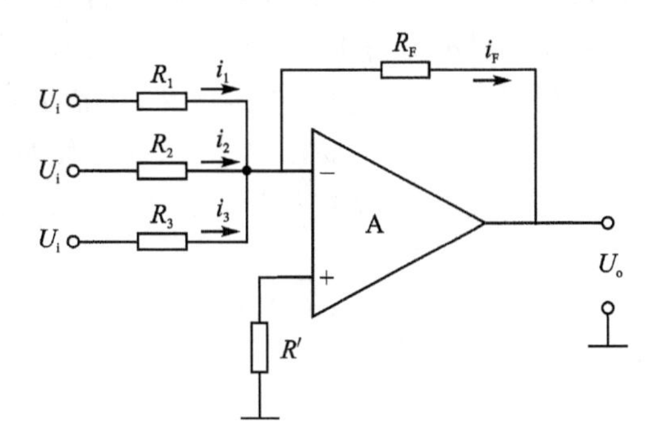

图 4－41　反相输入求和电路

5. 积分电路

积分电路是一种应用比较广泛的模拟信号运算电路，是模拟计算机的基本单元，用于微分方程的模拟。此外，利用积分电路的充放电过程，可以实现延时、定时以及各种波形的产生。其典型电路如图 4-42 所示。

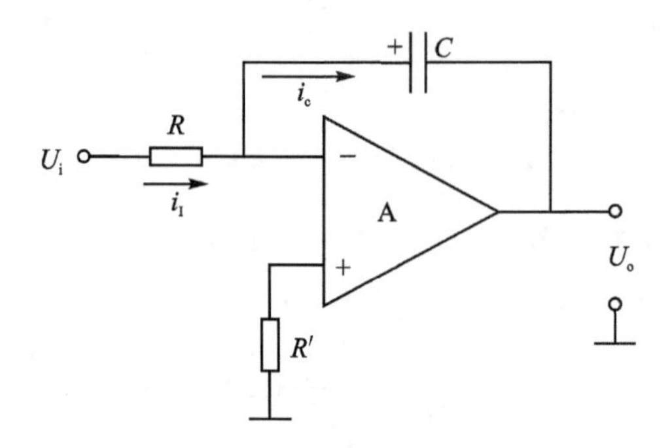

图 4-42　运算放大器积分电路

6. 微分电路

微分电路与积分电路的结构相似，如图 4-42 所示，只需将输入端电阻 R 与反馈回路中的 C 交换一下位置。同积分电路一样，微分电路也可用于实现多种信号的变换。

4.5　模块电路综合实训

如前所述，通过本章读者学习了典型模块电路的工作原理和设计方法。它们之间往往有一定的关联，在电子系统设计中，需要将这些模块结合起来。电源模块是整个系统正常工作的基础，在设计一个电子系统时，电源是首先需要重点考虑的问题，所选用或设计的电源一定要满足电路需求。在运算速度要求不高的情况下，核心处理器选择单片机即可。再根据系统需求设计外围电路，包括输入/输出接口、通信接口、A/D 或 D/A 转换接口等。传感器也要按需选择，注意使用规范。总之，只有综合考虑各个模块之间的配合，才能做好系统设计。接下来介绍几个典型的综合应用实例。

4.5.1　简易数控直流电源

1. 设计任务

设计出有一定输出电压范围和功能的数控电源。其原理示意如图 4-43 所示。

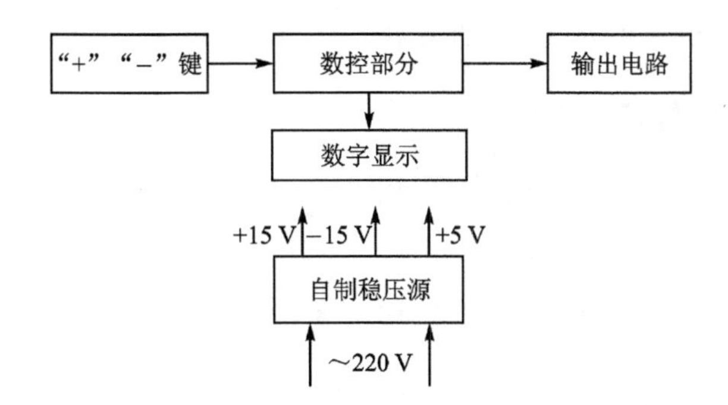

图 4 - 43　简易数控直流电源设计

2. 设计要求

(1) 基本要求

① 输出电压：范围 0～9.9 V，步进 0.1 V，纹波不大于 10 mV；

② 最大输出电流：500 mA；

③ 输出电压值由数码管显示；

④ 由"＋""－"两键分别控制输出电压步进的增减；

⑤ 为实现上述工作，自制一个稳压直流电源，输出±15 V、＋5 V。

(2) 发挥部分

① 输出电压可预置在 0～9.9 V 之间的任意一个值；

② 用自动扫描代替人工按键，实现输出电压变化（步进 0.1 V 不变）；

③ 扩展输出电压种类（比如三角波等）。

3. 题目分析

本题目综合了电源电路设计和单片机接口电路设计，具有一定的综合性，一种较为完善的系统结构如图 4 - 44 所示。

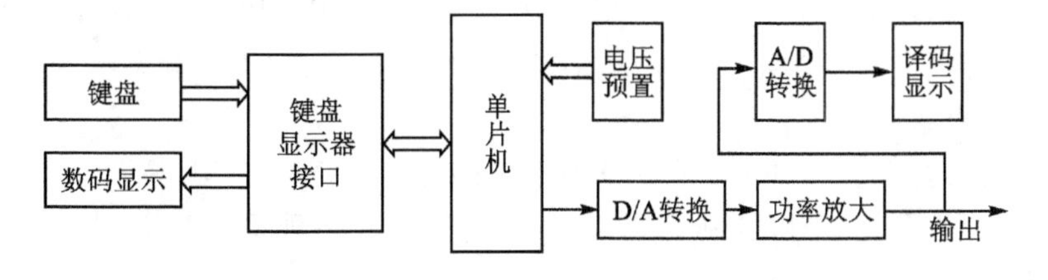

图 4 - 44　系统结构图

此方案的控制部分采用单片机，输出部分也不再采用传统的调整管方式，而是 D/A 转换后，经过稳定的功率放大而得到。因为使用了单片机，整个系统可编程，系统灵活性大大增加。每个模块的细节设计可按照本章中前述内容进行。此处只列出了一种设计方案,读者也可思考是否有更为简单合理的方案。

4.5.2 简易数字频率计

1. 设计任务

设计并制作一台数字显示的简易频率计。

2. 设计要求

(1) 基本要求

① 信号波形:方波;
② 信号幅度:TTL 电平;
③ 信号频率:10~9 999 Hz;
④ 测量误差:≤1%;
⑤ 测量时间:≤1 s/次,连续测量;
⑥ 显示:4 位有效数字,可用数码管、LED 或 LCD 显示。

(2) 发挥部分

① 可以测量正弦交流信号的频率,电压的峰-峰值 $V_{PP}=0.1\sim5$ V;
② 方波测量时频率测量上限为 3 MHz,测量误差≤1%;
③ 正弦波测量时频率测量上限为 3 MHz,测量误差≤1%;
④ 方波测量时频率测量下限为 10 Hz,测量误差≤0.1%;
⑤ 量程自动切换,且自动切换为最多有效数字输出;
⑥ 具有测量 TTL 信号占空比功能,并用 4 位数字显示(如 12.34%)。

3. 题目分析

就基本要求而言,测量方波的频率是比较容易实现的。可以采用单片机进行频率测量,也可以用分立元件设计电路。但相比之下,采用单片机进行频率测量更容易实现,精度也更高。由于需要测量的频率范围是 10~9 999 Hz,频率不算高,可以用单片机计数器进行测量。

题目的发挥部分与基本要求相比有一定的难度,需要对信号进行预处理,特别是在测量正弦信号频率时,要将其转化为方波信号。一种简易频率计设计方案如图 4-45 所示。

由于发挥部分要求测量的频率范围扩大,在设计系统时最好能分量程测量,以达到较高的精度,所以可以引入多挡开关。对于不同的频率,选择不同的挡位;正弦波则需经由整形电路转换为方波信号,便于后续处理;由于要求测量方波的占空比,需要对一个周期内的高电平和低电平时间进行计算,建议捕获中断计算占空比;单片机

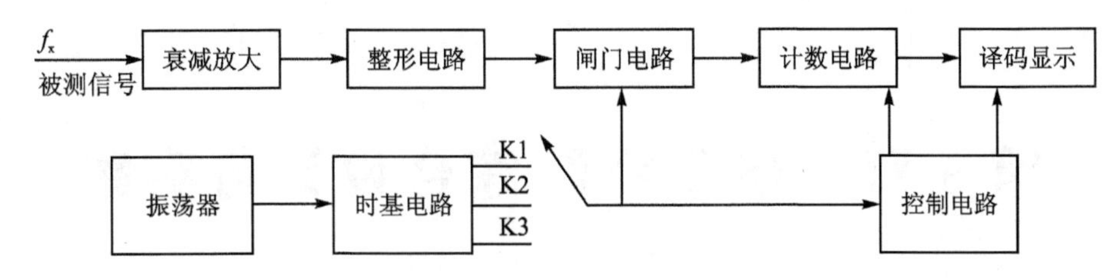

图 4-45　简易频率计结构图

与数码管电路此前已有详细的叙述,在本题中属于较容易实现的部分。这里只分析了一种解决方案,读者可进一步思考给出更为合理的设计。

第 5 章　电子系统综合设计与实践

近年来，笔者一直在探索贯穿本科四年的创新实践教学模式，依托系列课程，设置适用于不同层次本科生的教学内容。通过与学科竞赛有效结合，形成了赛课合一的特色实践教学和管理运行体系。通过上述教学环节，团队教师选拔并指导学生参加各种学科竞赛，主要包括全国/北京市大学生电子设计竞赛、全国/北京市电子专业人才设计与技能大赛等，荣获国家一等奖 4 项、二等奖 16 项等各级奖励近 120 项，部分情况统计如表 5－1 所列。

表 5－1　笔者团队指导本科实践活动一览表

竞赛名称	一等奖	二等奖	三等奖
2009 年全国大学生电子设计竞赛	国家级：1 项 北京市：3 项	国家级：1 项 北京市：4 项	
2011 年全国大学生电子设计竞赛	北京市：3 项	国家级：3 项 北京市：5 项	北京市：3 项
2013 年全国大学生电子设计竞赛	国家级：2 项 北京市：5 项	国家级：2 项	北京市：2 项
2015 年全国大学生电子设计竞赛	国家级：1 项 北京市：5 项	国家级：3 项 北京市：3 项	北京市：1 项
2017 年全国大学生电子设计竞赛	北京市：5 项	国家级：4 项 北京市：1 项	北京市：3 项
2019 年全国大学生电子设计竞赛	北京市：3 项	国家级：3 项 北京市：5 项	北京市：2 项
2008 年北京市大学生电子设计竞赛		1 项	4 项
2010 年北京市大学生电子设计竞赛		4 项	4 项
2012 年北京市大学生电子设计竞赛		2 项	2 项
2014 年北京市大学生电子设计竞赛		3 项	5 项
2016 年北京市大学生电子设计竞赛		2 项	3 项

续表 5－1

竞赛名称	一等奖	二等奖	三等奖
2018 年北京市大学生电子设计竞赛			3 项
2009 年北京市电子专业人才设计与技能大赛	1 项		
2009 年全国电子专业人才设计与技能大赛			1 项
2009 年北京航空航天大学“冯如杯”竞赛		校级:1 项	院级:2 项
2010 年北京航空航天大学“冯如杯”竞赛	院级:2 项	校级:2 项	
2012 年北京航空航天大学“冯如杯”竞赛			校级:1 项 院级:1 项
2013 年北京航空航天大学“冯如杯”竞赛	校级:1 项	校级:1 项	院级:1 项
2016 年北京航空航天大学“冯如杯”竞赛	校级:1 项		院级:5 项
2017 年北京航空航天大学“冯如杯”竞赛			校级:1 项
2010 年大学生科研训练计划 SRTP 项目	教育部:1 项 校级:1 项		
2012 年大学生科研训练计划 SRTP 项目	教育部:1 项		
2015 年大学生科研训练计划 SRTP 项目	校级:1 项		
2018 年大学生科研训练计划 SRTP 项目	校级:1 项		
2009 年全国“电脑鼠走迷宫”总决赛			1 项
2010 年北京市“电脑鼠走迷宫”竞赛			1 项
2010 年第五届“毕昇杯”全国电子创新设计竞赛	国家级:1 项		
2011 年第六届“毕昇杯”全国电子创新设计竞赛	国家级:1 项		
2016 年国际空中机器人大赛(亚太赛区)	最佳系统集成奖		

本章精选了一些全国大学生电子设计竞赛中的优秀作品，以此为例，阐述完整的电子系统设计和实践流程。由于篇幅所限，很多优秀作品未能一一列出。笔者整理了北航本科电工电子创新基地 10 余年来全国大学生电子竞赛的参赛资料，主要针对电源类和控制类题型，展示并分析了获奖团队的成果。为高等院校本科生创新实践提供了参考资料，并对各院校组织参加相关的学科竞赛具有一定的参考价值，欢迎读者关注“北航科技图书”公众号，回复“3460”，获得百度网盘的下载链接下载并阅读。

5.1 电动小车动态无线充电系统

(2019 年全国电赛 A 题)

一、任　务

设计并制作一个无线充电电动小车及无线充电系统，电动小车可采用成品车改制，全车质量不小于 250 g，外形尺寸不大于 30 cm×26 cm，圆形无线充电装置发射线圈外径不大于 20 cm。无线充电装置的接收线圈安装在小车底盘上，仅采用超级电容(法拉电容)作为小车储能、充电元件。如图 1 所示，在平板上布置直径为 70 cm 的黑色圆形行驶引导线(线宽≤2 cm)，均匀分布在圆形引导线上的 *A*、*B*、*C*、*D* 点(直径为 4 cm 的黑色圆点)上分别安装无线充电装置的发射线圈。无线充电系统由 1 台 5 V 的直流稳压电源供电，输出电流不大于 1 A。

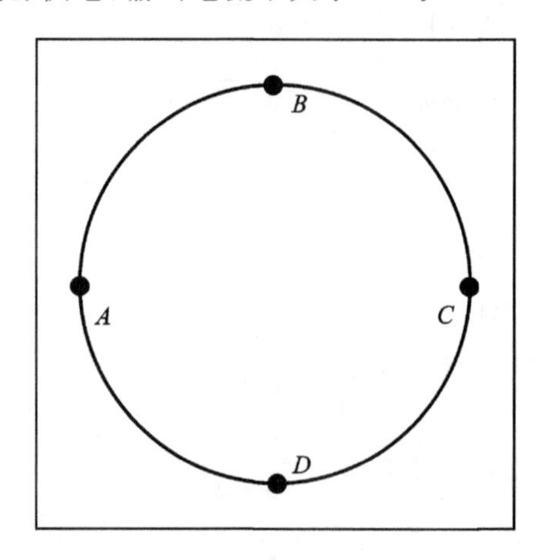

图 1　电动小车行驶区域示意图

二、要　求

1. 基本要求

(1) 小车能通过声或光显示是否处在充电状态。

(2) 小车放置在 *A* 点，接通电源充电，60 s 时断开电源，小车检测到发射线圈停止工作自行启动，沿引导线行驶至 *B* 点并自动停车。

(3) 小车放置在 *A* 点，接通电源充电，60 s 时断开电源，小车检测到发射线圈停止工作自行启动，沿引导线行驶直至停车(行驶期间，4 个发射线圈均不工作)，测量

小车行驶距离 L_1，L_1 越大越好。

2. 发挥部分

（1）小车放置在 A 点，接通电源充电并开始计时；60 s 时，小车自行启动（小车超过 60 s 启动按超时时间扣分），沿引导线单向不停顿行驶直至停车（沿途由 4 个发射线圈轮流动态充电）；180 s 时，如小车仍在行驶，则断开电源，直至停车。测量小车行驶距离 L_2，计算 $L = L_2 - L_1$，L 越大越好。

（2）在发挥部分（1）测试中，测量直流稳压电源在小车开始充电到停驶时间段内输出的电能 W，计算 $K = L_2/W$，K 越大越好。

（3）其他。

三、说　明

（1）本题所有控制器必须使用 TI 公司处理器。

（2）小车行驶区域可采用表面平整的三夹板等自行搭建，4 个发射线圈可放置在板背面，发射线圈的圆心应分别与 A、B、C、D 圆点的圆心同心。

（3）采用的处理器、小车全车质量、外形尺寸、发射线圈最大外形尺寸及安装位置不满足题目要求的作品不予测试。

（4）每次测试前，要求对小车的储能元件进行完全放电，从而确保测试时小车无预先额外储能。

（5）题中距离 L 的单位为 cm，电能 W 的单位为 W·h。

（6）测试小车行驶距离时，统一以与引导线相交的小车最后端为测量点。

（7）基本要求（2）测试中，小车停车后，其投影任一点与 B 点相交即认为到达 B 点。

（8）在测试小车行驶距离时，如小车偏离引导线（即小车投影不与引导线相交），则以该驶离点为该行驶距离的结束测试点。

四、评分标准

	项　目	主要内容	满　分
设计报告	方案论证	比较与选择,方案描述	3
	理论分析与计算	系统提高效率的方法,电容充放电、动态充电的运行模式控制策略	6
	电路与程序设计	主电路与器件选择,控制电路与控制程序	6
	测试方案与测试结果	测试方案及测试条件,测试结果及其完整性,测试结果分析	3
	设计报告结构及规范性	摘要,设计报告正文的结构,图标的规范性	2
	合　计		20
基本要求	完成第(1)项		5
	完成第(2)项		25
	完成第(3)项		20
	合　计		50
发挥部分	完成第(1)项		25
	完成第(2)项		20
	其他		5
	合　计		50
总　分			120

获奖作品　电动小车动态无线充电系统

荣获国家二等奖、北京市一等奖

向岩松　李天成　张奇鹏

摘要： 本设计是以 MSP430G2 单片机为核心，以超级电容为储能元件的动态无线充电小车，实现了超级电容的静、动态充放电功能。该电路由小车控制电路、动态充电控制电路、DC—AC 电路、采样电路、巡线电路、电源切换电路、AC—DC 电路等组成。利用模拟芯片产生频率固定的交流电，由线圈发出，TI Bq51013B 芯片组成的接收电路，从而实现无线充电。通过电源切换电路实现无线充电供电和超级电容供电的无缝切换。通过调节各个充电点的输出电压来对动态无线充电进行动态调配。5 V、1 A 电流下充电 1 min，小车能够平稳寻迹 2 200 cm，动态充电基本实现了不间断运动。

关键词： MSP430，超级电容，Bq51013B，电源切换

方案论证

本设计主要由小车控制电路、无线充电发射控制电路、无线充电接收电路和超级电容充放电管理模块组成。

一、小车主控芯片选择与论证

方案一： 用 TI 公司的 TMS320F28335 DSP 芯片的最小系统板作为控制电路的核心。该板具有 34 KB 的 RAM、256 KB 的 FLASH 和 150 MHz 的时钟，还具有 32 位浮点处理单元、多路 PWM 输出和内置的 12 位 16 通道 ADC。但 DSP 芯片的功耗达到 880 mW，接近 1 W 的功耗对于本题来说偏大。

方案二： 用 TI 公司的 MSP——EXP430G2 开发平台做控制电路的核心。该平台核心芯片具有超低功耗的特点，其功耗远远小于其他单片机。另外，该开发平台还有 16 KB 的 FLASH、16 MHz 的时钟和内置的 8 路 10 位 ADC。

本题的控制并不复杂，MSP——EXP430G2 能够满足控制的需求，且 MSP 超低功耗的特性更匹配本题的要求。综上，小车主控芯片选择了方案二。

二、无线充电方法选择与论证

方案一： 基于磁场感应的无线充电。电磁感应原理是电流通过线圈，线圈产生磁场，对附近线圈产生感应电动势，从而产生电流。虽然传输距离短，但是转换效率高，传输功率大。

方案二:基于磁共振的无线充电。用谐振器件使发射端和接收端达到相同的频率,产生磁场共振,实现能量交换。与磁感应技术相比,充电距离远,充电面积大,且可以随放随充。

方案三:基于射频技术的无线充电。利用空间电场作为媒介,把能量发射板和接收器看成电容的两个极板。在交流电场的作用下,电容的两个极板会有交变电流流过,这样就实现了电能的无线传递。最大的优点就是充电距离远,但其缺点也非常明显:其一为辐射,其二为转换效率非常低下。

本题无线充电发射电路的总功率只有 5 W,无线充电距离可以控制得很近,因此对充电效率的需求大于充电距离的需求,且无线充电的距离可以控制得很近。综合考虑后,无线充电方案选择方案一。

三、小车驱动方法选择与论证

方案一:商店卖四轮驱动电动小车

四轮驱动电动小车推力强大,马力大,反应快,车底盘高,适合复杂、崎岖、需要大功率和高机动的场合。但过高的底盘不利于无线充电,且四轮驱动小车质量普遍偏大。

方案二:自制三轮驱动和两轮驱动小车

设计车架,选用轻质材料,车体在保证强度的情况下尽量镂空。采用材质较为坚硬的电路板搭建车身,轮胎使用小轮胎降低车底线圈的高度,小马力电机使车辆运动较慢,利于动态无线充电和寻迹控制,尽量减轻车体的质量。该小车质量较轻,运动同样距离消耗的能量更少,更利于长期运动。

综上,本系统选择方案二,自己从头设计搭建小车。

四、理论分析与计算

(一) 系统提高效率的方法

1. 减少元件损耗

无线充电是由逆变电路、整流电路组成的,因此减少逆变电路的开关管、整流电路的二极管等的损耗就能提升无线充电的整体效率。采用开通阻抗更小的开关管能够减少开通时的损耗,选择合适的开关频率也能减少开关损耗,选择管压较低的整流二极管也能减少损耗。

2. 减少发射端与接收端的匹配损耗

发射端检测到接收端后便开始功率传输,如果发射端和接收端匹配得不好,或是对应得不及时,则会导致过多的发射功率被耗散,从而传输效率降低。优化好发射线圈和接收线圈的及时匹配可提升无线充电的效率。

3. 动态无线充电发射器算法的改进

四个无线充电桩发射器处于空载时也会产生损耗。如果不加以规划，则会造成不必要的损耗，因此合理规划发射器电源的通断能够减少空载时的损耗，从而减少整体的损耗，提高动态充电的效率。

（二）电容充放电、动态充电的运行模式控制策略

电容充放电电路如图 5-1-1 所示，该电路能够做到动态充电，保证超级电容供电和线圈供电的无缝切换。

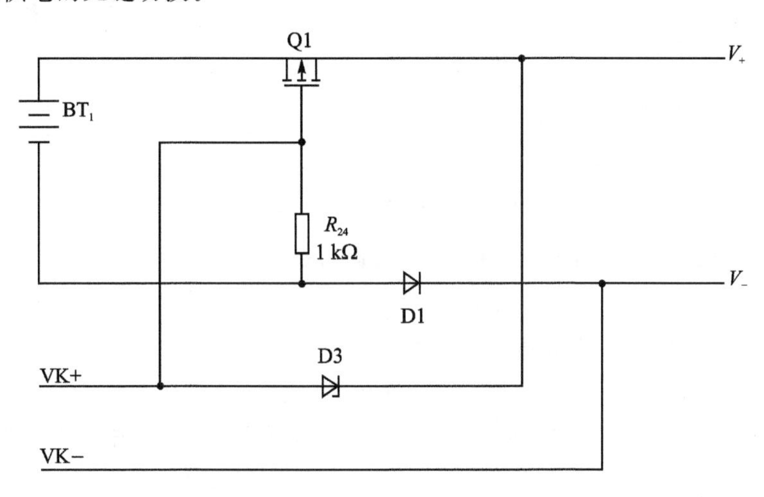

图 5-1-1 电容充放电电路

图 5-1-1 中，当接收线圈没有输入时，P 沟道 MOS 管 Q1 的栅极为低电平，源极、漏极接通，小车供电由超级电容器提供，超级电容本身的电能存储丰富，在图中被抽象成电源，由于 D3 的存在，MOS 管的栅极会保持低电平。当接收线圈有输入时，P 沟道 MOS 管的栅极为高电平，漏极、源极关断，此时输出由线圈提供。同时 MOS 管一般带有反向二极管，能够反向导通，此时输出线圈还能同时给超级电容充电。

通过上述的超级电容充放电策略，能够有效地管理超级电容的充放电和系统的充放电调度。

五、电路与程序设计

（一）小车控制电路与器件选择

小车控制电路示意图如图 5-1-2 所示。

该控制电路主要由主控芯片、驱动芯片和无间断电源电路组成。

1. 超级电容器的选择

根据要求，在 1 min 的充电时间里，要尽可能地获得更大的电量，并且要避免电容电压过低而导致能量无法被利用的情况。

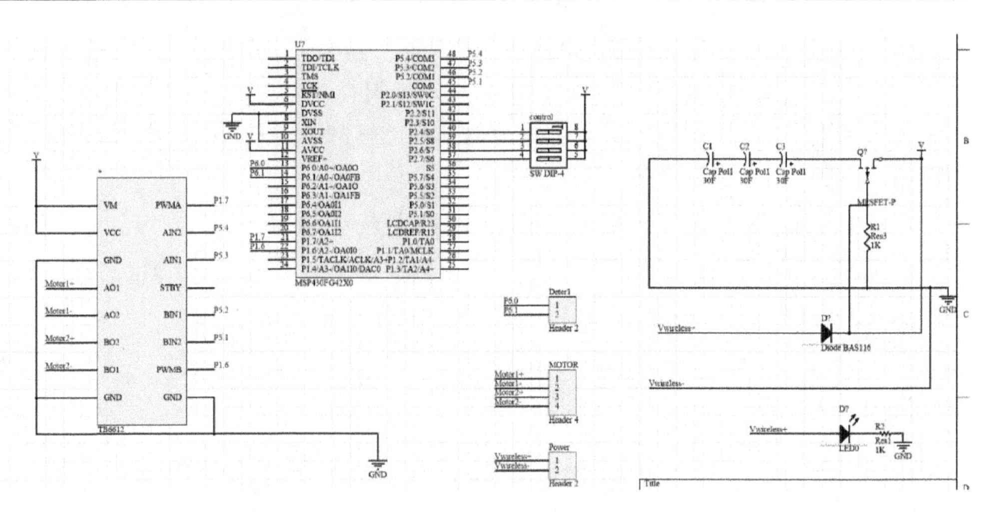

图 5-1-2　控制电路示意图

根据测试，电源的利用率大概在 80%，平均充电电流为

$$I_{\mathrm{avg}}=0.8I_{\mathrm{O}}=0.8\ \mathrm{A}$$

由电量和电流的公式得到 60 s 内充进电容的电量为

$$Q=It=48C$$

此时由于二极管的存在，电容的最大电压只能到达 4.8 V，则此时所需的电容容值为

$$C=\frac{Q}{U}=\frac{48}{4.8}\ \mathrm{F}=10\ \mathrm{F}$$

又由于小车通常工作在 3～6 V，由电容的串并联公式，选择串联 3 个 2.7 V、30 F 的超级电容，组成一个耐压为 8.1 V 容值为 10 F 的电容作为储能元件。

2. 电机和电机驱动的选择

由于本题不存在需要大转矩的情况，并且受功率的限制，因此需要充分考虑电机的功耗与电机驱动的效率，我们选择了功耗极低的直流微型电机作为车辆的电机，并加上减速齿轮组来弥补空心杯电机转矩过小的问题。这一套微型直流减速电机的质量仅有 9.5 g。电机驱动也选择高效的 TB6612 作为驱动 IC 芯片。

（二）无线充电主电路与器件选择

无线充电主电路如图 5-1-3 所示。

无线充电主回路主要由无线发射电路、采样电路和控制电路组成。由采样电路获得回路的电流值，通过 MSP430 控制四个无线发射点的输出幅值和开关，从而实现动态分配，达到动态分配的高效工作。

1. DC—AC 转换芯片的选择

无线充电的高频交流电一般由两个方案组成：一是全桥逆变；另一是晶振做信号

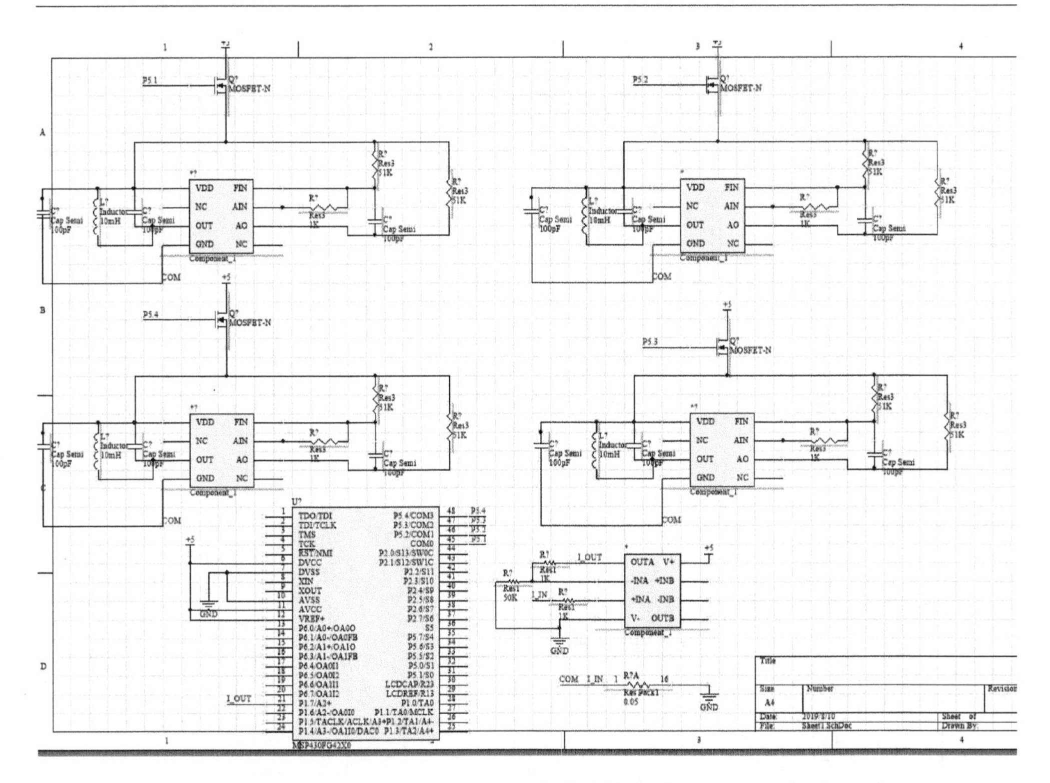

图 5-1-3　无线充电主电路

源，用三极管做推挽输出电路。全桥逆变的方法能够精确地控制输出交流电的幅值、频率，在空载时的输出也小，但是外围电路复杂，比较难实现和调整。有源晶振的方法较为简单，虽然空载时功耗大，但是可以通过控制电路减少空载情况，因此选择有源晶振的方法产生高频交流电。XKT－510 系列集成芯片能够得到频率固定的交流电，且外围电路简单，易于操作和搭建。

2. 线圈的选择

在接收线圈的匝数和大小不变的情况下，发射线圈匝数不变，线圈直径越大，能够充电的范围就越大，但同时由于线圈变大，漏磁现象变严重，导致效率与功率降低。因此，在固定充电 60 s 的 *A* 点使用与接收线圈大小、匝数相近的线圈，保证其效率和功率，从而得到更大的电力储备。而在路径上给动态小车充电的 *B*、*C*、*D* 点，使用更大的线圈，增加小车能够充上电的路径，从而增加小车运动时得到的电力。

（三）控制程序

1. 小车控制程序流程框图

小车控制程序流程框图如图 5－1－4 所示。

当测试基本要求(3)时，不检测 *B* 点，小车一直运动到停止。

2. 无线充电动态调节程序流程框图

无线充电动态调节程序流程框图如图 5-1-5 所示。

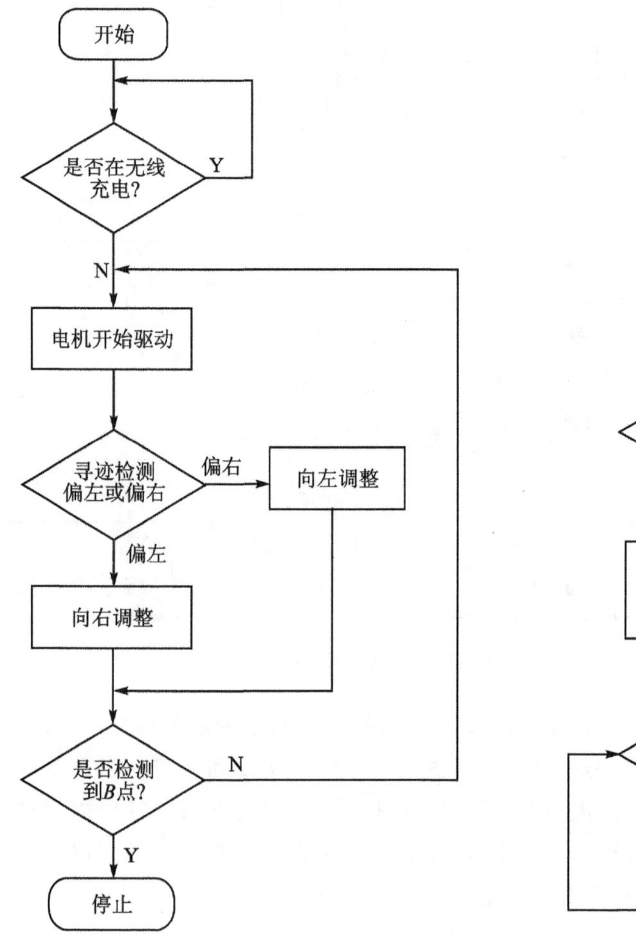

图 5-1-4 小车控制程序流程图

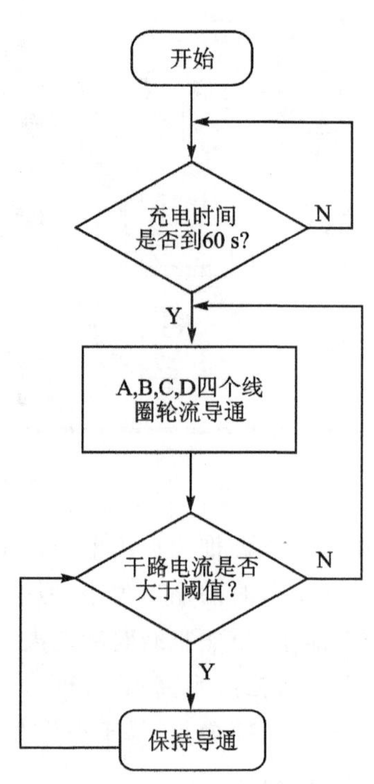

图 5-1-5 无线充电动态调整流程框图

六、测试方案与测试结果

(一) 测试方案及测试条件

1. 测试设备及方法

所用的测试设备有:电动小车、卷尺、秒表、万能表。

2. 测试方法

(1) 定时测试

用秒表计时 1 min,无线充电装置给超级电容充电,超级电容给小车供电,测量小车行驶的距离,或测量小车是否能够识别自主停止。

(2) 动态充电测试

用秒表计时 1 min,无线充电装置给超级电容充电,超级电容给小车供电。1 min 之后进入动态调节模式,3 min 后小车断电,测量小车行驶的距离。

(二) 测试结果及其完备性

1. 是否充电显示

无线充电时有一黄色 LED 灯被点亮,无线充电停止时该 LED 灯熄灭。

2. 是否检测到 B 点并停车

小车行驶到 B 点并立即停车。

3. 小车行驶距离

小车行驶距离测量统计表如表 5-1-1 所列。

表 5-1-1　小车充电 60 s 行驶距离表

次　数	圈　数	小车移动距离 L_1/cm	小车运动时间/s
1	11.00	2 419.0	177.78
2	10.50	2 309.1	170.28
3	10.75	2 364.0	173.21

小车在充电 60 s 后移动的平均距离为 2 364 cm。

小车充电 60 s 后自启与动态充电测试数据如表 5-1-2 所列。

表 5-1-2　拓展部分(1)测试数据

次　数	圈　数	小车移动距离 L_2/cm	小车运动时间/s	小车充电自启时间/s
1	10.125	2 266.0	169.33	60.7
2	10.600	2 331.1	175.41	59.7
3	11.000	2 419.0	179.12	60.3

小车在充电 60 s 后可以自己启动,动态充电的平均距离为 2 326 cm,与 L_1 的差值为−38 cm,基本上动态充电对小车的移动距离无影响。

(三) 测试结果分析

1. 基本要求(1)

小车能在无线充电时以 LED 发光的形式展现出来,在停止无线充电时以 LED

停止发光的形式展现出来。

2. 基本要求(2)

小车能够检测到 B 点，并立即停车。说明小车寻迹模块调整良好，寻迹逻辑正确。

3. 基本要求(3)

小车在无线充电 60 s 后平均可控路程达 2 300 cm 以上，说明无线充电的效果很好，且寻迹逻辑正确。

4. 发挥部分(1)

小车在无线充电 60 s 后能够自动启动开始环绕，而 4 个充电点开始轮流导通。但动态无线充电效果很差，基本对小车运行无影响。

5. 综合分析

本作品在静态充电时的表现较好，充电效率高，存储能量多，寻迹稳定且鲁棒性好，能够很好地完成基础部分的任务。但在动态充电时由于经验不足，主要是对线圈缠绕的经验不足，导致充电效率低、空载损耗大等问题，对于拓展部分的任务完成不太好。

编者点评

较之 2017 年全国电赛无线充电小车题(C 题)，2019 年此赛题设计要求有所不同。2017 年的赛题要求小车爬坡，将无线充电的发射器线圈放置在路面上，而 2019 年则是在圆形引导线上行驶，无线充电的发射器线圈分布在圆形引导线的四个点上，且小车的充电状态能够通过声或光判别。充电原理可以参考上届的赛题，但是充电、停驶的时间与距离测量等需要重新设计。无线充电效率和速度需要重点关注，在题目要求条件的 60 s 内保证充够最多的电量，是得到高分的关键。若能尽量减少其余模块的功耗和减轻小车的整体质量，则可增长行驶距离。

5.2　模拟电磁曲射炮

(2019 年全国电赛 H 题)

一、任　务

自行设计并制作一模拟电磁曲射炮(以下简称电磁炮),炮管水平方位及垂直仰角方向可调节,用电磁力将弹丸射出,击中目标环形靶,发射周期不得超过 30 s。电磁炮由直流稳压电源供电,该系统内允许使用容性储能元件。

二、要　求

电磁炮与环形靶的位置示意如图 1 及图 2 所示。电磁炮放置在定标点处,炮管初始水平方向与中轴线夹角为 0°、垂直方向仰角为 0°。环形靶水平放置在地面,靶心位置在与定标点距离为 200 cm≤d≤300 cm,与中心轴线夹角为 α≤±30° 的范围内。

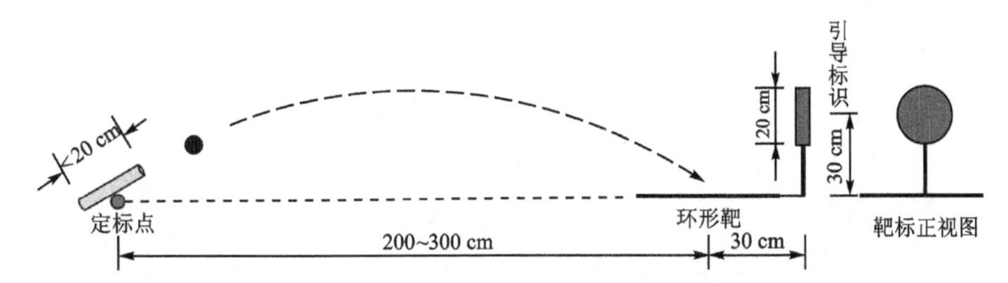

图 1　电磁炮射出弹丸击中目标环形靶

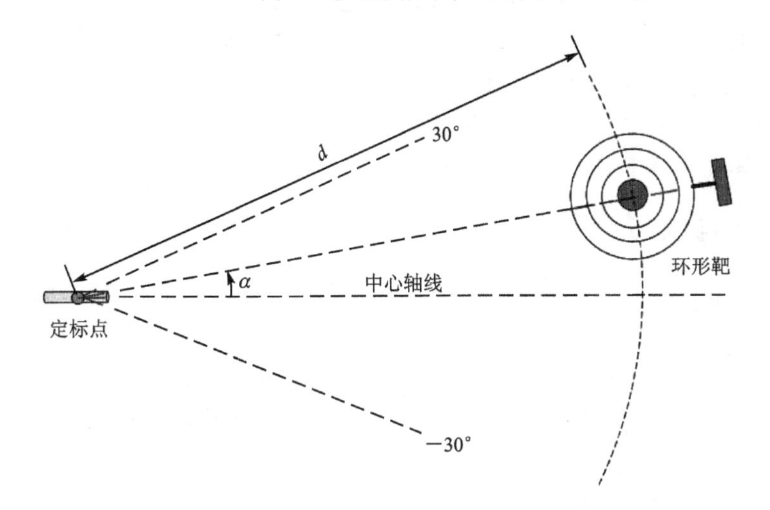

图 2　电磁炮与环形靶的位置俯视图

1. 基本要求

(1) 电磁炮能够将弹丸射出炮口。

(2) 环形靶放置在靶心距离定标点 200～300 cm 且在中心轴线上的位置处，键盘输入距离 d 值，电磁炮将弹丸发射至该位置，距离偏差的绝对值不大于 50 cm。

(3) 用键盘给电磁炮输入环形靶中心与定标点的距离 d 及与中心轴线的偏离角度 α，一键启动后，电磁炮自动瞄准射击，按击中环形靶环数计分；若脱靶则不计分。

2. 发挥部分

(1) 在指定范围内任意位置放置环形靶(有引导标识，参见说明 2)，一键启动后，电磁炮自动搜寻目标并炮击环形靶，按击中环形靶环数计分，完成时间≤30 s。

(2) 环形靶与引导标识一同放置在距离定标点 $d=250$ cm 的弧线上(以靶心定位)，引导标识处于最远位置。电磁炮放置在定标点，炮管水平方向与中轴线夹角 $\alpha=-30°$、仰角为 0°。一键启动电磁炮，炮管在水平方向与中轴线夹角 α 从 −30°至 30°，再返回 −30°做往复转动，在转动过程中(中途不得停顿)电磁炮自动搜寻目标并炮击环形靶，按击中环形靶环数计分，启动至击发完成时间≤10 s。

(3) 其他。

三、说　明

1. 电磁炮的要求

(1) 电磁炮炮管长度不超过 20 cm，工作时电磁炮炮架固定于地面。

(2) 电磁炮炮口内径在 10～15 mm 之间，弹丸形状不限。

(3) 电磁炮炮口指向在水平夹角及垂直仰角两个维度可以电动调节。

(4) 电磁炮可用键盘设置目标参数。

(5) 可检测靶标位置自动控制电磁炮瞄准与射击。

(6) 电磁炮弹丸射高不得超过 200 cm。

2. 测试要求与说明

(1) 环形靶由 10 个直径分别为 5 cm、10 cm、15 cm、…、50 cm 的同心圆组成，外径为 50 cm，靶心直径为 5 cm，参见图 3。

(2) 环形靶引导标识为直径 20 cm 的红色圆形平板，在距靶心 30 cm 处与靶平面垂直固定安装，圆心距靶平面高度 30 cm。放置时引导标识在距定标点最远方向，参见图 3。

(3) 弹着点按现场摄像记录判读。

(4) 每个项目可测试 2 次，选择完成质量好的一次记录并评分。

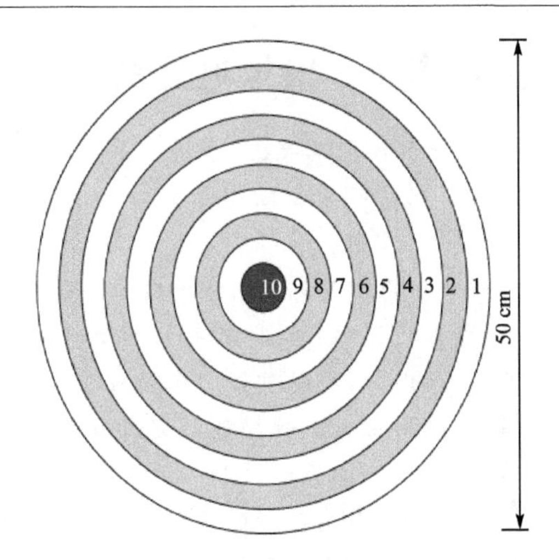

图 3　环形靶

（5）制作及测试时应佩带防护眼镜及安全帽等护具，并做好防护棚（炮口前用布或塑料布搭制有顶且两侧下垂到地面的棚子，靶标后设置防反弹布帘）等安全措施。电磁炮加电状态下现场人员严禁进入炮击区域。

四、评分标准

	项　目	主要内容	分　数
设计报告	系统方案	技术路线、系统结构、方案论证	3
	理论分析与计算	电磁炮参数计算、弹道分析、能量计算	5
	电路与程序设计	电路设计与参数计算，执行机构控制算法与驱动；电磁炮程序流程及核心模块设计	5
	测试结果	测试方法，测试数据，测试结果分析	4
	设计报告结构及规范性	摘要，设计报告结构及正文图表的规范性	3
	小　计		20
基本要求	完成第（1）项		10
	完成第（2）项		10
	完成第（3）项		30
	小　计		50
发挥部分	完成第（1）项		20
	完成第（2）项		20
	完成第（3）项		10
	小　计		50
总　分			120

获奖作品　模拟电磁曲射炮

荣获国家二等奖、北京市一等奖
贾顺程　王海腾　郑涵

摘要：为实现模拟电磁曲射炮需要完成的各种任务，经充分比较论证，本系统确定以 Arduino Mega 处理器为控制核心，采用舵机对云台进行姿态控制，并使用 OpenMV 摄像模块识别引导标识物，实现对目标靶的打击。本系统通过电磁炮参数计算、弹道分析、能量计算，并实际测试各项功能的完成效果及时间，验证系统能够完成题目中的任务要求。在此基础上，本系统使用 3D 打印、激光切割等方式加强了结构稳定性，同时电路设计相对简单，具有较好的实践性，性价比较高，效果较好。

关键词：模拟电磁曲射炮，舵机，OpenMV 摄像模块

一、设计任务

根据对题目的理解分析，本系统的设计任务及最终功能即是模拟电磁曲射炮对指定距离目标靶的快速精确打击，且在目标位置不确定时进行自动测量。以此为基础才有机会完成所有的目标任务。

二、系统方案分析

（一）理论分析

电磁曲射炮系统分为电磁炮发射部分和目标定位瞄准部分，为简化模型，在理论分析时忽略空气阻力对于炮弹的影响，并认为炮弹每次从炮管射出的速度相同。

1. 电磁炮参数

电磁炮的能量提供部分是螺线管。理想状态下，螺线管上的漆包线均匀缠绕在炮筒上，如图 5－2－1 所示。螺线管的直径为 d，外半径为 D_1，内半径为 D_2，轴线长度为 l，线圈匝数为 N。

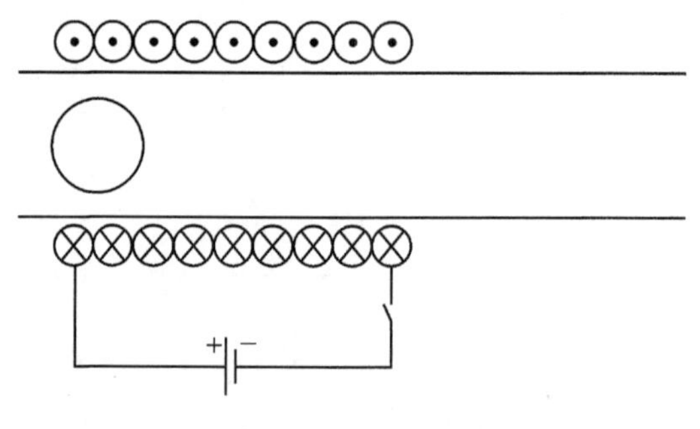

图 5－2－1　电磁炮原理图

漆包线长度计算公式为

$$s=\frac{\pi(D_1+D_2)N}{2} \tag{1}$$

线圈阻抗计算公式为

$$r=\frac{4\rho s}{\pi d^2} \tag{2}$$

空心线圈电感计算公式为

$$L=\frac{\mu_0 N^2\pi(D_1^2-D_2^2)}{4l} \tag{3}$$

经测量：$d=0.40$ mm，$D_1=15.40$ mm，$D_2=10.00$ mm，$l=49.80$ mm，$N\approx 500$。由公式(1)(2)(3)可计算得到线圈阻抗为 $r=2.73\ \Omega$，电感 $L=0.679$ mH。

炮弹材料为钢珠，直径为 8 mm，质量为 2.10 g。

2. 炮管内钢珠运动

如图 5-2-2 所示，记螺线管的中心对称轴为 x 轴，单位长度上的匝数为 n，螺线管的内径为 R，螺线管的中点记为 x 轴的坐标原点 O。轴上任意一点 $P(x,0)$ 的磁感应强度为

$$B=\frac{\mu_0 nl}{2}(\cos\beta_1-\cos\beta_2)$$

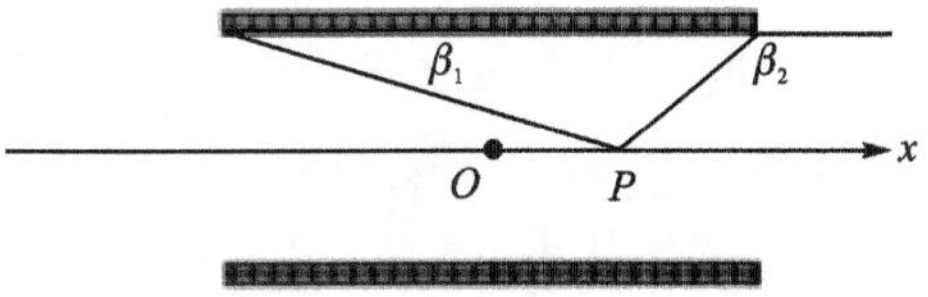

图 5-2-2　螺线管激发的磁场

设铁磁抛体在螺线管端口外侧，距离为 $x-l/2$（抛体初始位置）。若 $x-l/2$ 远小于螺线管的长度，则穿过抛体界面的磁通量以及电感为

$$\Phi_m=\frac{l}{|x|+\frac{l}{2}}\mu_0 niS,\quad L_x=\frac{nl\Phi_m}{i}$$

系统的总能量为

$$W=\int_0^{\varphi_m} i\,d\Phi_m=\frac{1}{2}L_x i^2$$

根据虚功原理，抛体沿轴向的相互作用力为

$$F=\frac{\partial W_m}{\partial x}=-\frac{1}{2}i^2\frac{dL_x}{dx}$$

式中：负号表示抛体所受的力为吸引力，磁场在螺线管中心点处取极大值。如果将抛

体放在螺线管中心，则存在$\frac{\partial W}{\partial x}=0$。

根据牛顿第二定律，可得线圈或铁磁抛体的运动学微分方程为

$$m\frac{\mathrm{d}^2x}{\mathrm{d}t^2}=-\frac{1}{2}i^2\frac{\mathrm{d}L_x}{\mathrm{d}x}$$

3. 炮管外钢珠运动

如图5-2-3所示，在炮弹射出后，忽略空气阻力，则以云台轴线为原点，炮弹射出的速度为v_0，与水平方向夹角为α，重力加速度为g，则坐标$(X,-h)$处的炮弹的横纵坐标与时间的关系为

$$\begin{cases}X=v_0t\cos\alpha\\h=v_0t\sin\alpha-1/2gt^2\end{cases}$$

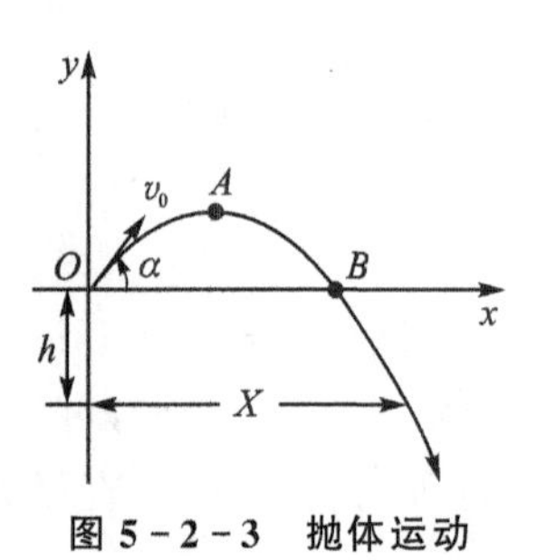

图5-2-3　抛体运动

当α取45°时有最远射程。

4. 储能电容计算

电容存储的电能$Q=\frac{1}{2}CU^2$，在运行电磁炮时，通过炮管放电。由于线圈电阻很小，螺线管通电瞬间可以将磁场能转化为炮弹的动能。

根据能量守恒在时间Δt内，电磁炮能量方程为

$$ui\Delta t=\Delta W_{\mathrm{m}}+\Delta W+I^2R_t\Delta t$$

式中：$ui\Delta t$为电容输出总能量；ΔW_{m}为驱动线圈存储磁场能的变化；ΔW为对铁芯做功；$I^2R_t\Delta t$为驱动线圈产生的焦耳热。

考虑余量，选择电容的耐压值为400 V，电容值为2 000 μF。

（二）方案选择对比

1. 主控芯片选择

方案一：采用传统的51单片机，其具有众多逻辑位操作功能及丰富的指令系统，但是可用I/O资源较少，并且电路保护能力差，容易烧坏芯片，稳定性不高。

方案二：采用Arduino Mega处理器，其价格较低，软件开源性高，易于获取，易于自主学习掌握，同时硬件I/O资源满足任务需求，时钟频率达到16 MHz，数据处理速度较高，可进行一定模块扩展。

综合以上分析，本系统选择方案二，即使用Arduino Mega处理器。

2. 升压模块选择

方案一：采用BOOST升压电路，其电路简单，主要构成元器件为电容、电感和电力MOSFET。缺点是电力MOSFET的耐压值比较低，不能升压至150 V以上的电压。

方案二:采用 ZVS 模块,将低压直流电逆变为交流电,然后用升压变压器进行升压,再进行整流和滤波变为直流电。其优点是转换效率高且使用软开关技术,降低了对于电子元件的耐压值需求。

综上,本系统选择方案二,即使用 ZVS 升压模块。

3. 目标识别模块选择

方案一:采用野火鹰眼摄像模块,其使用 OV7725 芯片,帧频率最高可达 150 Hz,并使用了 BGA 封装,电气特性好,高频高速信号完整性好,但其硬件限制使图像二值化,在一定距离外清晰度较低。

方案二:采用 OpenMV 模块,其是一个开源、低成本、功能强大的机器视觉模块,以 STM32F427CPU 为核心,集成了 OV7725 摄像头芯片及开发环境,并提供 Python 编程接口,与 Arduino 通信便捷,成像分辨率可调。

因此,本系统选择方案二,即使用 OpenMV 摄像模块。

4. 测距模块选择

方案一:采用超声波测距模块,其优点是使用方便,缺点是精度较差,且需要被测距平面与超声波保持垂直。读数不够可靠。

方案二:采用 OpenMV 测距,其识别标识并计算像素点,根据像素点个数与距离的函数关系得到距离。其优点是像素点与距离的关系比较固定,因此测距效果稳定,并且可以在识别的过程中同时计算得到距离,节省了模块的数量,降低了成本。

因此,本系统选择方案二,即使用 OpenMV 摄像模块。

三、系统设计

(一) 硬件及电路

本系统机械及电子硬件结构主要以大容量电容、螺线管、升压模块、舵机、摄像模块、矩阵键盘、LCD 液晶屏幕、云台以及紧固件组成。系统实物图如图 5-2-4 所示。

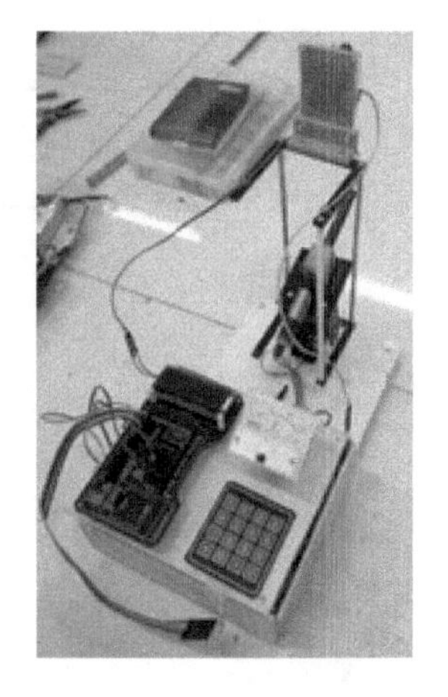

图 5-2-4　系统实物图

本系统结构及信号传递框图如图 5-2-5 所示。

(二) 程序及算法

对于基础要求部分,根据理论计算及实际矫正得到云台水平和竖直的角度与炮弹打击距离的函数关系。从按键得到需要射击的距离和方向,调整云台角度姿态,发射炮弹,从而完成要求的功能。

对于发挥部分,根据 OpenMV 对目标的距离及方位进行定位,炮台跟随摄像机转动。寻找到目标后按照

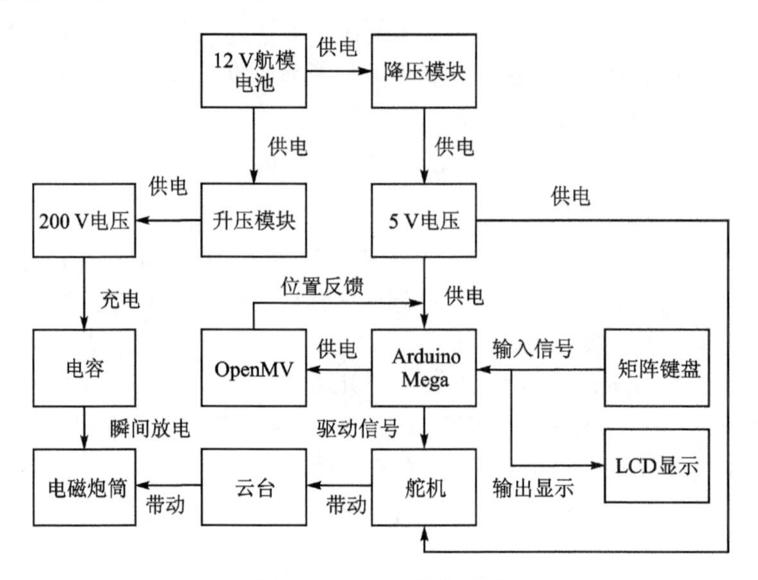

图 5-2-5　系统结构图

基础要求部分的思路完成对目标的打击。

在程序中使用了中断及定时器等,实现对大电容的放电时间及发射时刻的精确确定。其程序框图如图 5-2-6 所示。

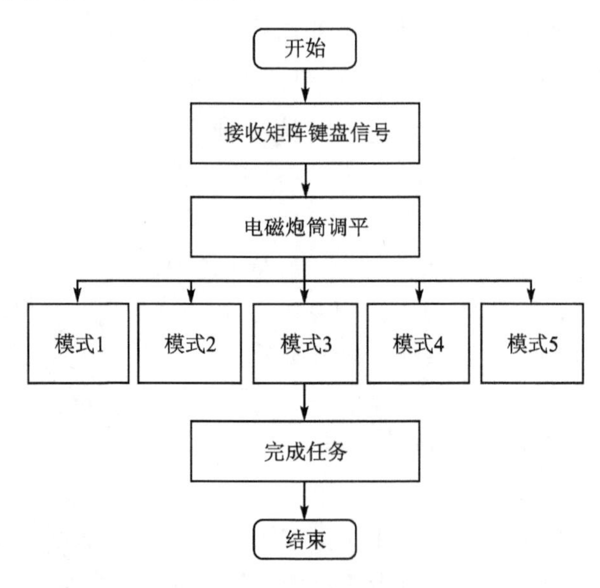

图 5-2-6　程序流程图

四、系统测试及结果

为测试任务目标完成情况,针对各个要求做 3 次试验,以是否完成及完成时间为标准来评判测试结果，具体情况如下。

基本要求(1)：电磁炮能够将弹丸射出炮口，测试结果如表 5-2-1 所列。

表 5-2-1 基本要求(1)测试结果

能否射出	能	能	能

基本要求(2)：环形靶放置在靶心距离定标点 200～300 cm，且在中心轴线上的位置处，键盘输入距离 d 值，电磁炮将弹丸发射至该位置，距离偏差的绝对值不大于 50 cm。测试结果如表 5-2-2 所列。

表 5-2-2 基本要求(2)测试结果

距离/cm	210	230	250
偏差/cm	6	4	2
是否完成	是	是	是

基本要求(3)：用键盘给电磁炮输入环形靶中心与定标点的距离 d 及与中心轴线的偏离角度 α，一键启动后，电磁炮自动瞄准射击，按击中环形靶环数计分；若脱靶则不计分。测试结果如表 5-2-3 所列。

表 5-2-3 基本要求(3)测试结果

距离/cm	210	230	250
角度/(°)	0	15	−15
分　数	9	10	10

发挥部分(1)：在指定范围内任意位置放置环形靶(有引导标识，参见说明 2)，一键启动后，电磁炮自动搜寻目标并炮击环形靶，按击中环形靶环数计分，完成时间≤30 s。测试结果如表 5-2-4 所列。

表 5-2-4 发挥部分(1)测试结果

距离/cm	230	250	270
分　数	10	10	10

发挥部分(2)：环形靶与引导标识一同放置在距离定标点 $d=250$ cm 的弧线上(以靶心定位)，引导标识处于最远位置。电磁炮放置在定标点，炮管水平方向与中轴线的夹角为 $\alpha=-30°$、仰角为 0°。一键启动电磁炮，炮管在水平方向与中轴线的夹角 α 从 −30°至 30°、再返回 −30°做往复转动，在转动过程中(中途不得停顿)电磁炮自动搜寻目标并炮击环形靶，按击中环形靶环数计分，启动至击发完成时间≤10 s。测试结果如表 5-2-5 所列。

表 5-2-5　发挥部分(2)测试结果

角度/(°)	30	0	−30
分　数	是	是	是

发挥部分(3)：电磁炮的发射装置带有警示音。在发射之前可以产生两短一长的警示音，作为警示。

五、总　结

综上所述，本系统已可以完成题目中所有基础及发挥部分的要求，并且所用时间都达到了要求。基础要求(1)中基本做到每发炮弹都可以射出；基础要求(2)中偏差基本均在 10 cm 以内；基础要求(3)中基本可以打到 8 环以内；发挥部分(1)中在 30 s 内可以找到目标，并击中目标点附近；发挥部分(2)中完成时间在 10 s 内；发挥部分(3)其他任务中完成了电磁炮发射前的警示作用，体现了实验过程中安全第一的思想。

编者点评

本题需要利用曲射炮管将弹丸击中环形靶，靶位置是指定范围内的任意位置，所以要实现自动寻靶功能。考虑到发射后无其他的动力，所以发射初始的电磁力和仰角的计算是此题的要点。此外，充放电过程设计也是一个重难点，放电过程太久会导致弹丸射出后仍在放电，需要在短时间内快速放电实现炮击效果。此外，本题未规定弹丸形状，建议使用球形弹丸，保证在空气中运动的相对稳定，使用其他形状的弹丸可能会翻滚；还可提高加速段后的管材长度，削弱弹丸受力不平衡的影响，提高精度。

5.3　简单旋转倒立摆及控制装置

(2013年全国电赛C题)

一、任　务

设计并制作一套简易旋转倒立摆及其控制装置。旋转倒立摆的结构如图1所示。电动机A固定在支架B上，通过转轴F驱动旋转臂C旋转。摆杆E通过转轴D固定在旋转臂C的一端，当旋转臂C在电动机A驱动下做往复旋转运动时，带动摆杆E在垂直于旋转臂C的平面做自由旋转。

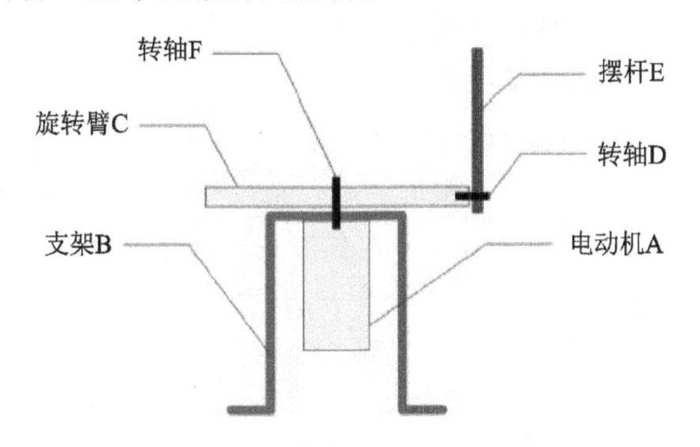

图1　旋转倒立摆结构示意图

二、要　求

1. 基本要求

(1) 摆杆从处于自然下垂状态(摆角0°)开始，驱动电机带动旋转臂做往复旋转使摆杆摆动，并尽快使摆角达到或超过−60°～ +60°；

(2) 从摆杆处于自然下垂状态开始，尽快增大摆杆的摆动幅度，直至完成圆周运动。

(3) 在摆杆处于自然下垂状态下，外力拉起摆杆至接近165°位置，外力撤除同时，启动控制旋转臂使摆杆保持倒立状态时间不少于5 s；期间旋转臂的转动角度不大于90°。

2. 发挥部分

(1) 从摆杆处于自然下垂状态开始，控制旋转臂做往复旋转运动，尽快使摆杆摆

起倒立,保持倒立状态时间不少于 10 s;

(2) 在摆杆保持倒立状态下,施加干扰后摆杆能继续保持倒立或 2 s 内恢复倒立状态;

(3) 在摆杆保持倒立状态的前提下,旋转臂做圆周运动,并尽快使单方向转过角度达到或超过 360°;

(4) 其他。

三、说　明

(1) 旋转倒立摆机械部分必须自制,结构要求如下:硬质摆杆 E 通过转轴 D 连接在旋转臂 C 边缘,且距旋转臂 C 轴心距离为 20 cm±5 cm;摆杆的横截面为圆形或正方形,直径或边长不超过 1 cm,长度在 15 cm±5 cm 范围内;允许使用传感器检测摆杆的状态,但不得影响摆杆的转动灵活性;图 1 中支架 B 的形状仅作参考,其余未作规定的可自行设计结构;电动机自行选型。

(2) 摆杆要能够在垂直平面灵活旋转,检验方法如下:将摆杆拉起至水平位置后松开,摆杆至少能够自由摆动 3 个来回。

(3) 除电动机 A 之外,装置中不得有其他动力部件。

(4) 摆杆自然下垂状态是指摆角为 0°位置,见图 2。

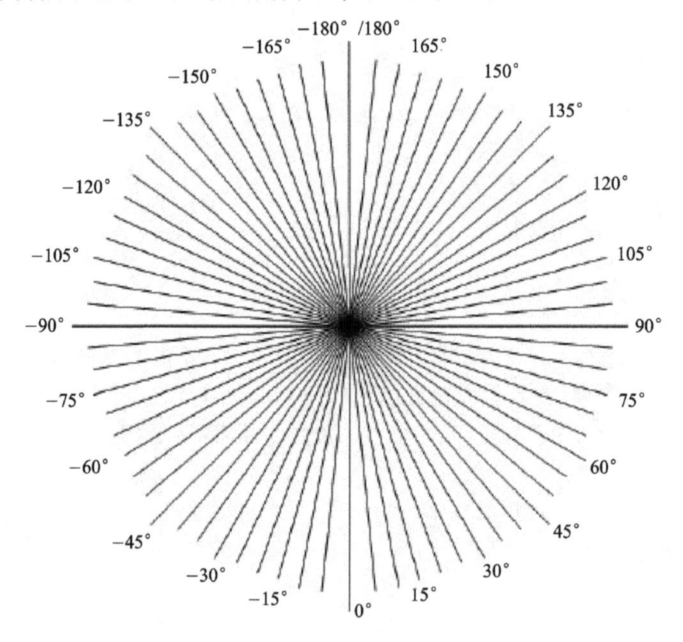

图 2　摆杆位置示意图

(5) 摆杆倒立状态是指摆杆在−165°～165°范围内。

(6) 基本要求(1)(2)中,超过 30 s 视为失败;发挥部分(1)超过 90 s 视为失败;发挥部分(3)超过 3 min 即视为失败。以上各项,完成时间越短越好。

(7) 摆杆倒立时施加干扰的方法是,以 15 cm 长细绳栓一只 5 g 砝码,在摆杆上方将砝码拉起 15°～45°,释放后用砝码沿摆杆摆动的切线方向撞击摆杆上端 1～2 cm 处;以抗扰动能力强弱判定成绩。

(8) 测试时,将在摆杆后 1～2 cm 处固定如图 2 所示轻质量角器,以方便观察摆杆的旋转角度。

四、评分标准

	项　目	主要内容	分　数
设计报告	系统方案	系统结构、方案比较与选择	4
	理论分析与计算	电动机选型、摆杆状态监测,驱动与控制算法	6
	电路与程序设计	电路设计程序结构与设计	5
	测试方案与测试结果	测试结果及分析	3
	设计报告结构及规范性	摘要,设计报告正文的结构公式、图表的规范性	2
	总　分		20
基本要求	完成第(1)项		15
	完成第(2)项		15
	完成第(3)项		20
	总　分		50
发挥部分	完成第(1)项		20
	完成第(2)项		10
	完成第(3)项		15
	完成第(4)项		5
	总　分		50
总　分			120

获奖作品　简单旋转倒立摆及控制装置

荣获国家一等奖、北京市一等奖
王嘉宇　华永朝　张聪

摘要： 本系统采用 STM32F103VET6 作为旋转倒立摆的系统检测和控制核心，通过分析倒立摆系统的特性，根据拉格朗日原理及牛顿力学分析方法建立了环形一级倒立摆系统的数学模型，进行局部线性化处理，得到系统状态方程，进而确定系统的控制策略。由旋转编码器获得摆杆的姿态、角速度以及旋臂即电机轴的位置和转速，用直流电机作为控制驱动装置，采用基于输出反馈的双 PID 控制方案，使摆杆能在旋臂的转动下实现倒立功能，很好地完成各项性能指标。为增加系统的可操作性和美观性，系统通过人际交互界面对系统的功能进行选择，并显示出摆杆的姿态、测试所用时间等参数。

关键词： 旋转倒立摆，拉格朗日原理，STM32，状态变量，双 PID

一、系统方案分析

本系统设计并制作一套简易旋转倒立摆及其控制装置如图 5－3－1 所示。基本要求是完成倒立摆倒立，进一步要求是提高倒立摆的抗干扰能力。本系统采用以微控制器为核心的倒立摆控制器，主要由以下功能模块构成：

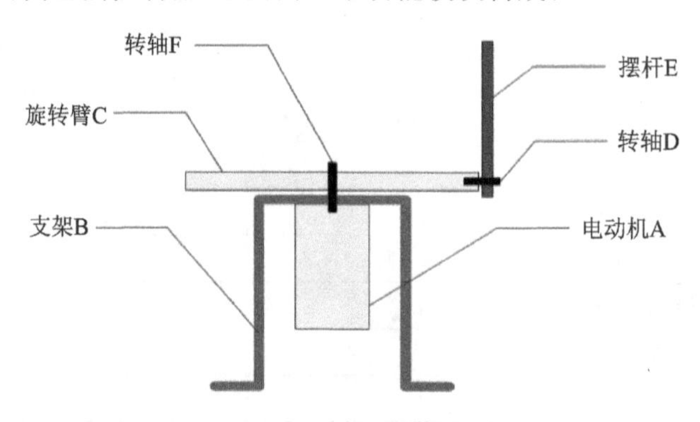

图 5－3－1　简易旋转倒立摆

① 微控制器模块；
② 角度测量模块；
③ 电机驱动模块；
④ 人机交互模块。

系统组成框图如图 5－3－2 所示。

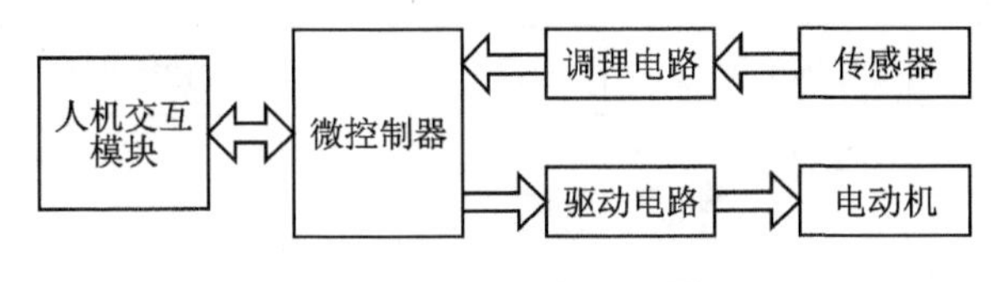

图 5-3-2　系统组成框图

二、单元方案设计和论证

1. 控制器模块的论证和选择

方案一：采用 AVR 系列单片机。ATmega128 是 ATMEL 公司的 AVR 系列 8 位单片机中配置最高的一款微处理器。

方案二：采用 STM32F103VE 系列单片机作为控制核心。STM32 是意法半导体公司生产的基于 Cortex-M3 内核的 32 位 ARM 嵌入式处理器。Cortex-M3 核性价比更高，价格低，可以与 8 位单片机竞争。由于采用了最新的设计技术，它的门数更低，但性能更强，处理速度更快，完全满足本设计所要求的很高的精密度和快速的处理速度。

综合上述分析，本题目采用方案二的设计，利用 STM32 作为主控处理器，用于系统信号的检测、算法的实时控制、电机驱动以及人机交互等功能。系统结构框图如图 5-3-3 所示。

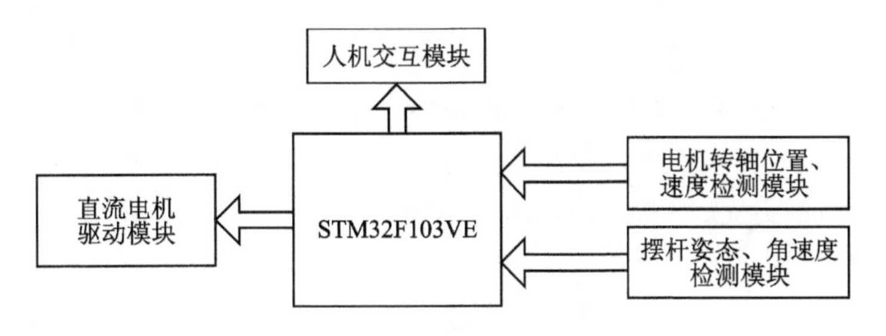

图 5-3-3　控制系统方框图

2. 伺服系统的论证和选择

本系统要求电机轴的位置信息和速度信息被采集出来，经过控制系统的处理，对电机的控制施加一个反馈信号。

方案一：直流电机构成的伺服系统

直流电机的伺服系统是一个闭环的系统。构成这个系统要一个角度检测元件和一个直流伺服电机。检测元件和直流电机的性能直接决定系统性能的好坏。速度检测元件可以使用码盘，通过软件对码盘反馈的位置信息进行微分，即可获得电机的实时速度，码盘的分辨率直接影响系统的最后精度。选用减速比合适的直流电机与编码器相配合，能取得不错的分辨率。直流电机伺服系统结构图如图 5-3-4 所示。

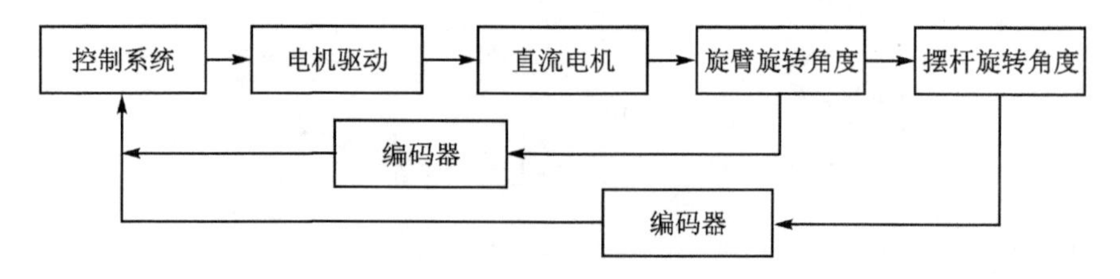

图 5-3-4　直流电机伺服系统结构图

方案二:步进电机构成的伺服系统

利用步进电机也可以构成位置伺服系统,与直流电机不同,步进电机可以使用开环的方式实现位置伺服,省略了位置检测和伺服控制,结构简单,应用方便。图 5-3-5 所示为一个步进电机伺服系统结构图。

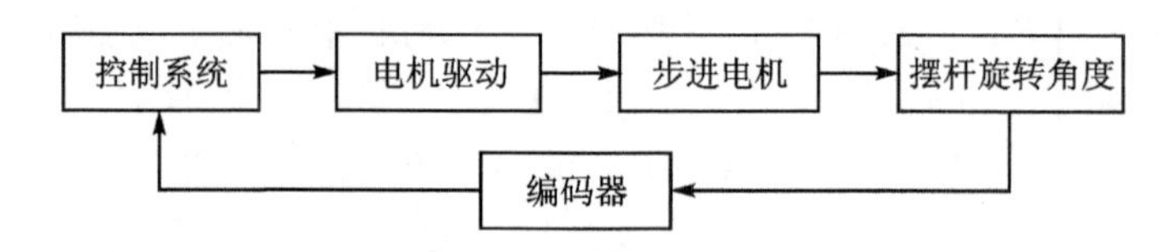

图 5-3-5　步进电机伺服系统结构图

直流电机相比于步进电机转动连续、平缓,可控转速范围大,输出转矩大,选用合适的减速比与编码器相配合,可到达相当高的控制精度,因此,本系统采用方案一,选择 Maxon118798 型直流电机。

3. 直流电机驱动模块的论证和选择

方案一:采用功率管组成 H 桥形电机驱动电路,并利用 PWM 波来实现对输出电压的有效值大小和极性进行控制。这种调速方式具有调速特性优良,调整平滑,调速范围广,过载能力大,能耗小,能承受频繁的负载冲击等优点,还可以实现频繁的无级快速启动和反转。

方案二:采用 L298N 专用芯片进行驱动。L298N 芯片的工作原理和方案一一致,但是其工作时较方案一稳定,且编程较为简单,便于调试。另外,L298N 内部集成了两个 H 桥,能同时驱动两个电机,硬件实现较方案一简单。

本设计中对于负载的要求不高,因此对于驱动器无过高的要求,方案二的电路设计更为简单,且易于实现对直流电机的驱动,故本设计采用方案二。

4. 人机交互界面模块的论证和选择

为了对系统的每一项要求进行测试,采用人为选择功能,控制测试启动的方法,因此需要使用人机界面来完成系统与测试之间的信息交流。同时,人机界面还可以用于实时显示摆杆相对于倒立平衡状态的角度偏差以及测试所用的时间。

方案一:使用 FYD12864-0402B 普通 12 864 点阵图形液晶或 8 位数码管进行显示,使用按键用于信息输入。当使用 12 864 点阵图形液晶进行显示时,若液晶与控制器进行串行通信,则需要占用控制器5个引脚,若使用并行通信则需要占用控制器13个引脚。

方案二:使用迪文触摸屏人机交互模组。该模组的型号为DMT48270C043_03W,其分辨率为480×272,工作温度范围为−20～+70 ℃,工作电压为+5 V,功耗为1 W。该模块共有32 MB字库空间,可存放60个字库,支持多语言、多字体、字体大小可变的文本显示,还支持用户自行设置字库;具有触摸屏漂移处理技术,同时还内嵌有拼音输入法、数据排序等简单算法处理。使用异步、全双工串口与控制器通信,只需占用2个引脚。

方案二使用液晶屏作为显示比使用数码管作为显示占用的控制器引脚少。因为迪文触摸屏人机交互模组带触摸屏功能,可省去另外加按键的电路,可使画面更加生动有趣,增强可观赏性。故此人机交互界面选择方案二。

5. 角度传感器的论证和选择

简易旋转倒立摆及控制装置需实现倒立摆在一定范围内保持倒立姿态,即为对倒立摆相对转轴的角度控制,因此需要用到角度传感器对倒立摆的姿态进行检测。

方案一:采用精密导电塑料传感器WDD35D-4,此角度传感器为一个高精度的10 kΩ的电位器,当角度偏转时,可以得到不同的输出阻抗。具有线性度高、机械寿命长、分辨率高等优点,但传感器内部电位器的热稳定性较差。

方案二:采用RE-25磁敏绝对值编码器,此编码器采用MEMS集成磁敏元件,非接触感应低温漂旋转触发磁场变化,在0～3 600°范围内全线性电压输出。传感器体积小、质量轻、非接触式感应、低温漂、高分辨率。

方案三:采用高精度增量式编码器。增量型编码器是将位移转换成周期性的电信号,再把这个电信号转变成计数脉冲,用脉冲的个数表示位移的大小。当选用2000线的轴型编码器R38S时,精度可以达到0.18°。

方案一输出信号为模拟信号,须经过模/数转换才能采进控制器进行数据处理,角度误差不仅与传感器的精度有关,还受模/数转换精度的影响;另外,其绝对位置输出对安装角度提出了非常苛刻的要求。方案二的RE-25磁敏绝对值编码器输出为模拟信号,由于绝对值型角度传感器与安装位置等有关,虽然可以进行程序校正,但还有可能带来误差。而方案三完全满足控制倒立摆的范围和精度要求,抗干扰能力强,由于对初始态没有要求,旋转编码器的安装角度不会影响到数据精度。

基于以上分析,本设计采用方案三,即摆杆的角度检测采用2000线高精度增量式轴型编码器R38S。

三、系统硬件设计和实现

通过上述的分析和论证,最终的系统方案组成如下:

① 控制模块:STM32F103VET6作主控芯片;

② 电机:采用1个型号Maxon118798的直流电机;

③ 电机驱动模块：采用 L298N 驱动芯片驱动电路；

④ 人机交互界面模块：使用 DMT48270C043_03W 迪文触摸屏人机交互模组；

⑤ 电机转轴位置、速度检测模块：Maxon 光电编码器 HEDL5540；

⑥ 摆杆角度检测模块：2000 线高精度增量式轴型编码器 R38S；

⑦ 电源模块：采用开关电源 MD50－D12。

系统的基本框图如图 5－3－6 所示，控制器 STM32F103VE 主要控制按键的输入/显示屏的显示以及程序算法的计算和控制指令的协调调度。通过双 PID 控制算法对系统进行控制，实现系统的各项功能。

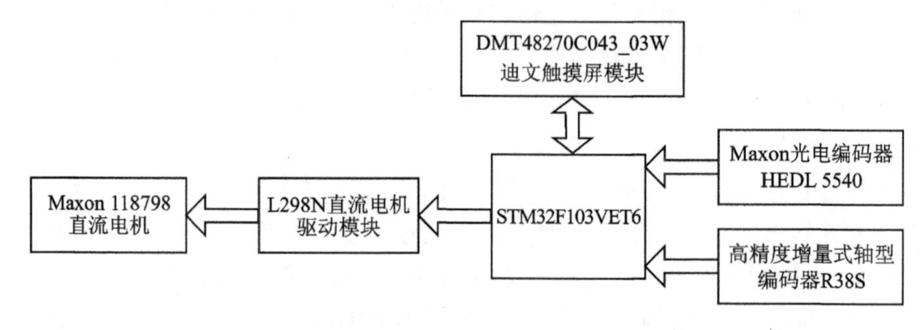

图 5－3－6　系统控制框图

1．系统机械部分的设计

固定用的支架由铝板及木板组合而成。四块铝板用角铝连接，构成“口”字结构，为增加整体结构的稳定性，防止电机的运转、旋臂以及摆杆的运动产生震动，将下方较大的铝板固定在两块木板配重上，增大了底面的面积，降低了结构重心。

旋转臂选用一块 40 cm×4.5 cm 的木板，利用一个钻孔的同步带轮将旋转臂的中心与电机轴固定，旋转编码器通过一个支架固定在旋转臂的末端。

摆杆选用长为 20 cm、直径为 8 mm 的空心铝管，直接固定在编码器的转轴上，摆杆的旋转角度可通过编码器输出。

2．STM32 最小控制系统

系统采用 STM32F103VET6 芯片作为主控芯片，负责系统任务的调度、分配，以及输入/输出设备的使用等。

STM32F103VET6 最小系统板的硬件电路包括：复位电路、LED 显示电路、按键电路、USB 转串口电路、JTAG 调试电路以及电源电路。

3．人机交互模块电路设计

测试需要对系统功能进行选择，控制测试启动，同时还需要实时显示摆杆位置以及测试所用时间。

触控屏通过串口与控制系统通信，将指令以一定规则发送给控制系统，从而实现功能的选择。控制系统再将摆杆的状态以及测试时间通过串口发送给触控屏显示出来。人机交互模块接口电路如图 5-3-7 所示。

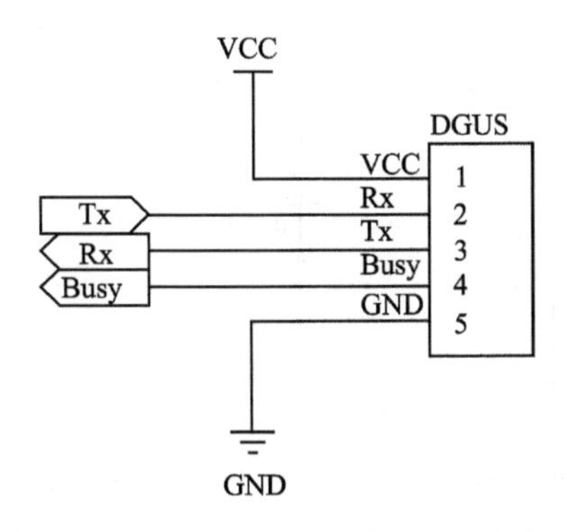

图 5-3-7　人机交互模块接口电路

4. 摆杆角度检测电路设计

摆杆角度检测采用 2000 线高精度增量式轴型编码器 R38S。其接口电路如图 5-3-8 所示。

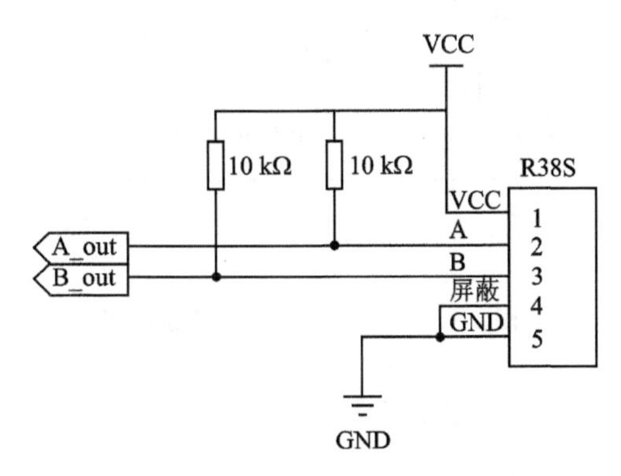

图 5-3-8　旋转编码器 R38S 接线图

5. 电源电路设计

系统需要+12 V 为一个直流电机供电，电流为 3 A，因此需要稳定的直流电源。

由于电子电路在多数情况下都需要用直流电源供电，而电力部门所提供的是 50 Hz 的交流电，所以需要把交流电经过整流，变成单向脉冲电流，通过滤波器去除脉动成分，变成需要的直流电后，才可以使用。为了保证电子电路稳定可靠地工作，还需要对直流电源实施稳压措施。采用 AC—DC 开关电源模块得到+12 V 直流电，电路图如图 5-3-9 所示。

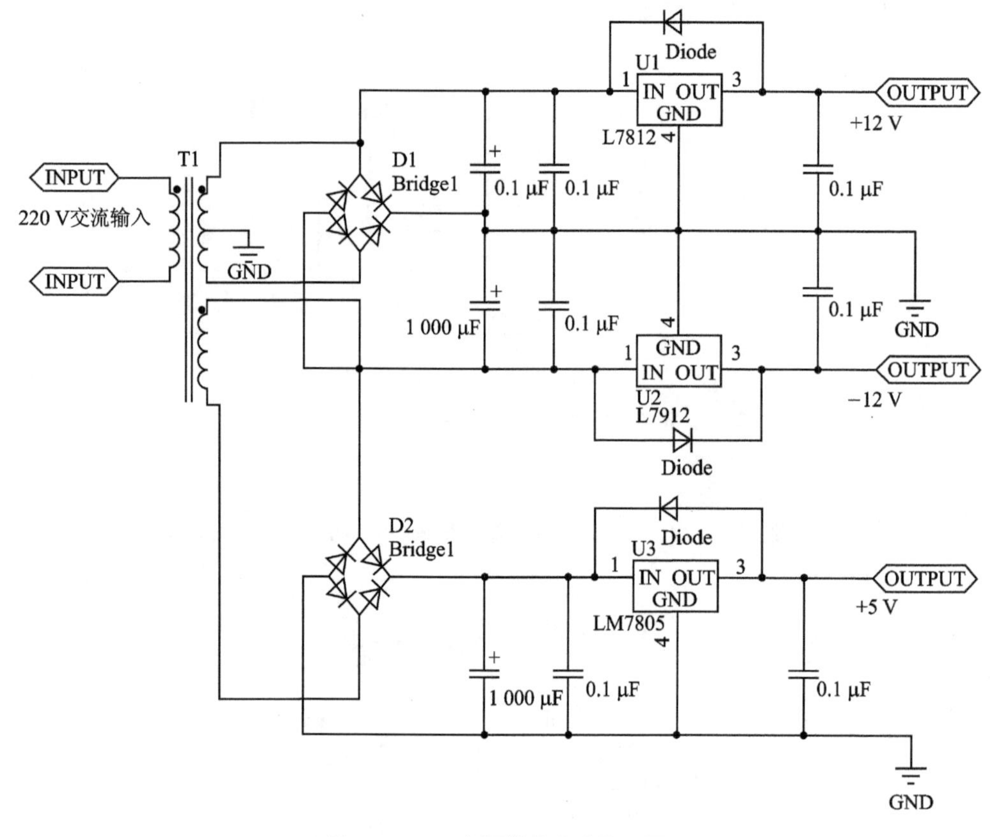

图 5-3-9　电源模块电路原理图

四、理论分析和计算

1. 旋转倒立摆的拉格朗日方程建模

倒立摆是一个复杂的快速、非线性、多变量、强耦合、自然不稳定的非最小相位系统，是重心在上、支点在下控制问题的抽象。倒立摆是一种理想的控制对象平台，结构简单、成本较低，可以检验众多控制方法的有效性，在控制方法的实验和研究上有很重要的地位。许多抽象的控制概念如控制系统的稳定性、可控性、收敛速度和抗干扰能力等，都可以通过倒立摆系统直观地表现出来。

在经过研究旋转倒立摆系统结构原理和借鉴国内外该领域最新研究成果的基础上，对旋转倒立摆系统进行了建模分析和控制方法的研究。运用分析力学中Lagrange方程建立了旋转倒立摆系统的非线性数学模型，推导出系统准确的状态方程描述，对系统模型的非线性特性进行了分析，并在系统平衡点附近对系统模型进行了局部线性化，取得了较好的控制效果。

环形单级倒立摆模型由一个旋转臂和一个摆杆组成，其坐标系如图 5-3-10 所示。图中 l_1 为旋转臂杆长，l_2 为摆杆杆长；θ_1 和 θ_2 分别为旋转臂相对于 x 轴的转角、摆杆与垂直向上方向的夹角，逆时针为正。这是一个二自由度系统，旋转臂绕 z 轴水平转动，以使摆杆进入工作状态。所谓工作状态，就是摆在不稳定平衡点附近且摆杆的角保持在一定的范围内。

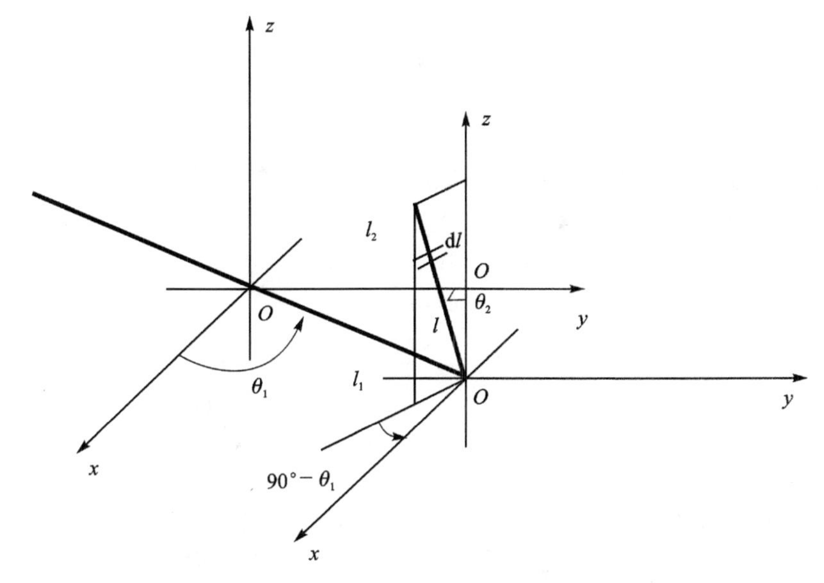

图 5－3－10　旋转倒立摆坐标系

在距摆杆摆动轴距离为 l 处取一小段 dl，这一小段的坐标为

$$x = l_1\cos\theta_1 - l\sin\theta_2\sin\theta_1$$

$$y = l_1\sin\theta_1 + l\sin\theta_2\cos\theta_1$$

$$z = l\cos\theta_2$$

令摆杆质量为 m，则这一小段 dl 的动能为

$$\mathrm{d}T = \frac{1}{2}\frac{\mathrm{d}l}{l_2}m_2\left[\left(\frac{\mathrm{d}x}{\mathrm{d}t}\right)^2 + \left(\frac{\mathrm{d}y}{\mathrm{d}t}\right)^2 + \left(\frac{\mathrm{d}y}{\mathrm{d}t}\right)^2\right] =$$

$$\frac{1}{2}\frac{\mathrm{d}l}{l_2}m_2(\dot{\theta}_1^2 l_1^2 + \dot{\theta}_2^2 l^2 + 2\dot{\theta}_1\dot{\theta}_2 l l_1\cos\theta_2 + l^2\dot{\theta}_1^2\sin^2\theta_2)$$

摆杆的动能为

$$T_{l_2} = \int_0^{l_2}\mathrm{d}T = \frac{1}{6}m_2\left[(\dot{\theta}_1^2 - \dot{\theta}_1^2\cos^2\theta_2 + \dot{\theta}_2^2)l_2^2 + 3l_1 l_2\dot{\theta}_1^2\dot{\theta}_2^2\cos\theta_2 + 3l_1^2\dot{\theta}_1^2\right]$$

旋转臂的动能为

$$T_{l_1} = \frac{1}{2}J_1 w_1^2 = \frac{1}{6}m_1 l_1^2\dot{\theta}_1^2$$

旋转臂绕中心的转动惯量为

$$J_1 = \frac{1}{12}m_1(2l_1)^2 = \frac{1}{3}m_1 l_1^2$$

摆杆绕转动轴心的转动惯量为

$$J_2 = \frac{1}{3} m_2 l_2^2$$

系统的总动能为

$$T = T_{l_1} + T_{l_2}$$

以旋转臂的水平位置为 0 势能位置,则系统势能为

$$V = \frac{1}{2} m_2 g l_2 \cos\theta_2$$

拉格朗日算子 $L = T - V$,系统广义坐标为 $q = \{\theta_1, \theta_2\}$,在广义坐标 θ_2 上无外力作用。令 F_i 为广义力,由拉格朗日方程

$$\frac{\mathrm{d}}{\mathrm{d}t}\frac{\partial L}{\partial \dot{q}_1} - \frac{\partial L}{\partial q_i} = F_i, \quad i = 1,2$$

可得非线性数学模型为

$$\begin{pmatrix} J_1 m_1 l_1^2 + m_2 l_2^2 \sin^2\theta_2 & 2m_2 l_1 l_2 \cos\theta_2 \\ 2m_2 l_1 l_2 \cos\theta_2 & J_2 + m_2 l_2^2 \end{pmatrix} \begin{pmatrix} \ddot{\theta}_1 \\ \ddot{\theta}_2 \end{pmatrix} +$$

$$\begin{pmatrix} -2m_2 l_1 l_2 \dot{\theta}_2^2 \sin\theta_2 + 2m_2 l_1 l_2^2 \dot{\theta}_1 \dot{\theta}_2 \sin\theta_2 \cos\theta_2 \\ -m_2 l_2^2 \dot{\theta}_1^2 \sin\theta_2 \cos\theta_2 - m_2 g l_2 \sin\theta_2 \end{pmatrix} = \begin{pmatrix} Ku \\ 0 \end{pmatrix} = \begin{pmatrix} T_{\mathrm{out}} \\ 0 \end{pmatrix}$$

将以上方程代入电机的参数,并进行局部线性化得到:

$$\begin{bmatrix} \theta_1 \\ \ddot{\theta}_1 \\ \theta_2 \\ \ddot{\theta}_2 \end{bmatrix} = \begin{bmatrix} 0 & 1 & 0 & 0 \\ \dfrac{-4\eta_{\mathrm{m}}\eta_{\mathrm{g}}K_{\mathrm{t}}K_{\mathrm{g}}^2K_{\mathrm{m}}}{R_{\mathrm{m}}(4J_1 + mr^2)} & \dfrac{-4B_{\mathrm{eq}}}{(4J_1 + mr^2)} & 0 & 0 \\ 0 & 0 & 0 & 1 \\ \dfrac{-3r\eta_{\mathrm{g}}K_{\mathrm{t}}K_{\mathrm{g}}^2K_{\mathrm{m}}}{l_2 R_{\mathrm{m}}(4J_1 + mr^2)} & \dfrac{-3rB_{\mathrm{eq}}}{l_2(4J_1 + mr^2)} & 0 & 0 \end{bmatrix} \begin{bmatrix} \theta_1 \\ \dot{\theta}_1 \\ \theta_2 \\ \dot{\theta}_2 \end{bmatrix} + \begin{bmatrix} 0 \\ \dfrac{-4\eta_{\mathrm{m}}\eta_{\mathrm{g}}K_{\mathrm{t}}K_{\mathrm{g}}}{R_{\mathrm{m}}(4J_1 + mr^2)} \\ 0 \\ \dfrac{3r\eta_{\mathrm{m}}\eta_{\mathrm{g}}K_{\mathrm{t}}K_{\mathrm{g}}}{l_2 R_{\mathrm{m}}(4J_1 + mr^2)} \end{bmatrix} V_{\mathrm{m}}$$

$$y = (1 \quad 0 \quad 1 \quad 0)(\theta_1 \quad \dot{\theta}_1 \quad \theta_2 \quad \dot{\theta}_2)^{\mathrm{T}}$$

由此得到了单级旋转倒立摆的线性化模型,该模型中符号的物理意义如表 5-3-1 所列。

表 5-3-1　倒立摆系统物理参数模型

符　号	物理意义	单　位
m_1	旋臂质量	kg
m_2	摆杆质量	kg
l_1	旋臂长度	m
l_2	摆杆长度	m
θ_1	悬臂角位移	rad

续表 5-3-1

符　号	物理意义	单　位
θ_2	摆杆角位移	rad
J_1	旋臂转动惯量	$kg \cdot m^2$
J_2	摆杆对质心转动惯量	$kg \cdot m^2$
K_t	电机力矩系数	$N \cdot m$
K_m	反向电势系数	$V \cdot s$
K_g	电机变速齿轮比	—
R_m	直流电机电枢电阻	Ω
V_m	直流电机电枢电压	V
η_m	直流电机效率	%
η_g	变速器效率	%
B_{eq}	粘性阻尼系数	$N \cdot m \cdot s$

2．电动机的选型计算

根据上述倒立摆的拉格朗日方程模型的建立，提出了对于伺服电机和编码器的性能要求：

① 伺服电机输出扭矩必须大于要求的负载扭矩。

② 伺服电机动态响应必须满足系统实时性的要求。

③ 编码器的精度必须满足角度反馈的要求。

由此分析，我们选择了瑞士 Maxon 公司的 RE36 系列 118798 型带有旋转编码器的直流伺服电机。具体参数如表 5-3-2 所列。

表 5-3-2　RE36 系列 118798 型直流电机参数表

电机参数	参数值
编码器分辨率/线	500
空载转速/$(r \cdot min^{-1})$	6 210
空载电流/mA	105
额定转矩/$(mN \cdot m)$	78.2
堵转转矩/$(mN \cdot m)$	783
最大效率/%	85
电枢电阻/Ω	1.11
电枢电感/mH	0.201
转矩常数/$(mN \cdot m \cdot A^{-1})$	36.4
速度常数/$[(r \cdot min^{-1}) \cdot (mN \cdot m)^{-1}]$	8.05
机械时间常数/ms	5.89

3. 角度测量的计算

本设计采用增量式编码器测量角度。

增量式轴型编码器主要由光源、码盘、检测光栅、光电检测器件和转换电路组成。当码盘随着被测转轴转动时，检测光栅不动，光线透过码盘和检测光栅上的透过缝隙照射到光电检测器件上，光电检测器件就输出两组相位相差90°电度角的近似于正弦波的电信号，经过转换电路的信号处理，可以得到被测轴的转角或速度信息。增量式光电编码器输出信号波形如图5-3-11所示。由此可以得到摆杆的角度。

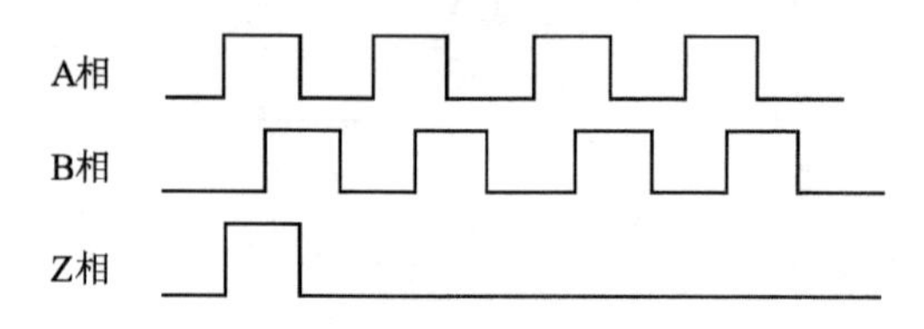

图5-3-11 增量式编码器工作原理

4. 基于状态反馈的双PID控制策略方案设计

根据上述分析得到的倒立摆系统的状态方程，可以根据现代控制理论对系统进行控制，但是由于系统的数学模型还不够完善，因此我们选择了采用经典的控制理论PID进行调节。根据状态方程得知，系统的可控状态变量为4个，即：旋转臂的角位移θ_1，旋转臂的角速度$\dot{\theta}_1$，摆杆的角位移θ_2，摆杆的角速度$\dot{\theta}_2$。因此，我们选取旋转臂的角位移θ_1和摆杆的角位移θ_2作为反馈量分别对于控制量进行PID控制。因此可得到单级旋转倒立摆的PID控制原理图如图5-3-12所示。

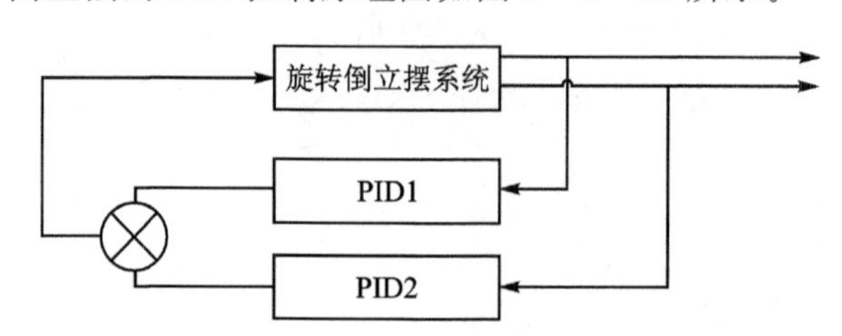

图5-3-12 双PID控制策略原理图

由此，本设计采用两种PID控制策略：

① 构成基于输出反馈的双PD控制方案。

为了实现控制目标，必须不断增大两个比例环节的值，但系统的超调量也随之增大，且系统趋于不稳定，而此时两个微分环节起着重要的作用。微分环节能够预测误差的变化趋势，遏制住输出的上升势头，避免出现严重的超调，若两个微分参数选择得合理可使系统的超调量大为减少，并使系统的调节时间大大缩短。

经过反复试验，最终完成两个PD控制策略参数的整定，如表5-3-3所列。

表 5-3-3　基于状态反馈的双 PD 控制策略参数整定表

P_1	D_1	P_2	D_2
40	10	−0.8	−0.5

该参数可以稳定倒立状态，使得旋转臂做圆周运动。

② 构成基于摆角反馈的 PID 和旋转臂转角 PD 反馈的控制方案。

该控制方案用于基于双 PD 控制方案，在摆角反馈上作用积分作用，作用积分作用会消除稳态误差，但在调试过程中积分作用不能太大，否则可能出现振荡，因为积分的特点是只要有误差就会积分直到出现“积分饱和”，这可能导致系统的超调量不能迅速下降，但却降低了系统的快速性。

经过反复试验，最终完成 PID 和 PD 控制策略参数的整定，如表 5-3-4 所列。

表 5-3-4　基于状态反馈的 PID 和 PD 控制策略参数整定表

P_1	I	D_1	P_2	D_2
40	0.8	10	−0.8	−0.5

该参数可以稳定倒立姿态，并能够很好地完成抗干扰的任务。

五、系统软件设计和实现

1. 系统软件设计分析

系统软件设计根据不同的要求设定不同的控制模式，利用实时控制算法对倒立摆的摆杆进行控制，完成各项任务指标。

主要分为下面几个模式：

往复摆动模式：对于基本要求(1)，实现摆角达到或超过−60°～+60°；

圆周运动模式：对应基本要求(2)，实现增大摆幅，实现圆周运动；

外力拉起摆杆倒立模式：对应基本要求(3)，实现摆杆倒立时间超过 5 s；

自然下垂摆杆倒立模式：对应发挥部分(1)，实现摆杆倒立时间超过 10 s；

摆杆抗干扰模式：对应发挥部分(2)，施加干扰后保持倒立；

圆周倒立模式：对应发挥部分(3)，实现摆杆在旋转臂做圆周运动时倒立。

2. 系统软件实现

(1) 系统主程序的实现

系统主程序的流程图如图 5-3-13 所示，当系统启动后，通过触摸屏控制选择功能模式，每一项完成后系统都会回到功能初始化界面等待下一次操作。

(2) 往复摆动与圆周运动模式的实现

往复摆动模式和圆周运动的流程图如图 5-3-14 所示。

因为摆杆的周期为固定值，我们通过设定电机的速度和往复摆动的周期，可以给

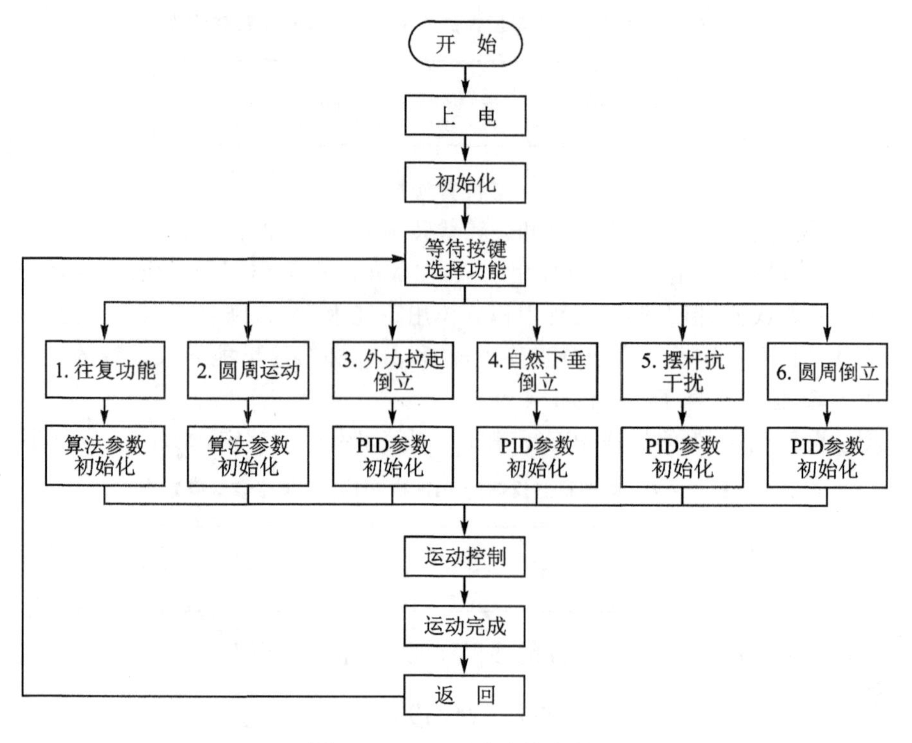

图 5-3-13 系统主流程图

出相应的电机摆动范围，使得旋转臂摆动的周期与摆杆的固有周期吻合产生共振，从而使得摆杆摆幅增加直至达到±60°，完成任务。若实现圆周运动，则可通过算法控制器在一定电机摆动过程中不断改变摆杆摆动程度，最终可调试达到最高点，完成圆周运动。

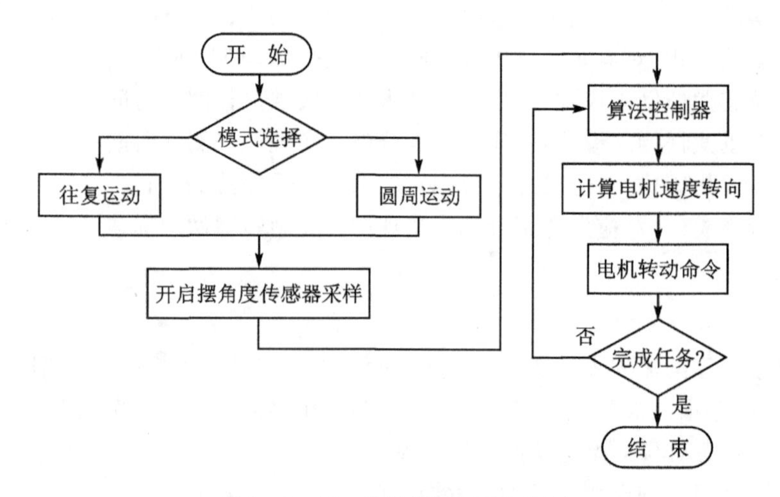

图 5-3-14 往复摆杆运动流程图

(3) 外力拉起模式的实现

外力拉起模式的流程图,如图 5－3－15 所示。

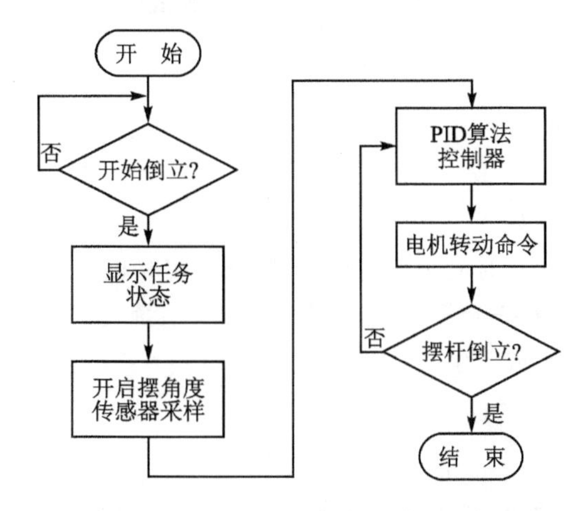

图 5－3－15　外力拉起倒立模式流程图

当选择外力拉起模式时,系统会迅速开启算法控制,实时控制摆角偏差,通过双 PID 算法进行调节,直到完成任务。

(4) 自然下垂倒立及其他模式的实现

自然下垂倒立模式的流程图,如图 5－3－16 所示。

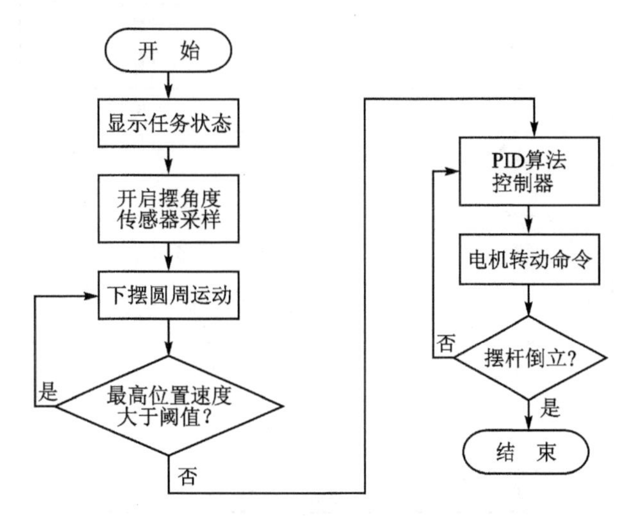

图 5－3－16　自然下垂倒立模式流程图

当自然下垂倒立模式时,系统首先开启圆周运动,使摆杆能够快速地摆到最高点,等到摆杆在最高点的速度满足一定的要求时,即可开启倒立启动模式,通过双 PID 进行调节倒立。

在抗干扰倒立和圆周倒立两种模式下,通过对 PID 参数的整定可以得到相应的效果，实现相应的功能。流程类似自然下垂倒立模式。

六、系统调试和测试

1. 测量仪器和测量方法

(1) 测量仪器

秒表，量角器。

(2) 测试方法和步骤

由于系统具有时间实时显示的功能，可以通过实时显示，测试从开启任务到完成任务的时间，同时通过秒表和量角器，测量多次，对系统完成任务的时间进行测量和比较，分析系统误差，完成记录。

2. 往复运动和圆周运动测试

(1) 题目要求

往复旋转使摆杆摆动，并尽快使摆角达到或超过$-60°\sim+60°$；尽快增大摆杆的摆动幅度，直至完成圆周运动，分别限时 30 s。

(2) 测试数据记录

往复运动和圆周运动数据记录如表 5-3-5 所列。

表 5-3-5　往复运动和圆周运动数据记录

测试次数	往复运动完成时间/s	圆周运动完成时间/s
1	2.6	2.2
2	1.5	3.7
3	1.7	2.1
4	2.5	2.1
5	1.2	2.0
6	1.9	2.9
7	1.1	4.1
8	1.7	2.9
9	2.4	3.8
10	2.6	3.3
平均值	2.0	2.9

表中参数说明：

完成时间　指开始启动程序到摆杆到达$\pm60°$和完成圆周运动的时间。

(3) 结果分析

由上述测试结果可以看出，摆杆能在 10 s 内分别完成两项任务，能够较好地达到题目的要求。

3. 倒立实验测试

(1) 题目要求

在摆杆处于自然下垂状态下，外力拉起摆杆至接近 165°位置，外力撤除同时，启动控制旋转臂使摆杆保持倒立状态时间不少于 5 s；其间旋转臂的转动角度不大于 90°。

从摆杆处于自然下垂状态开始，控制旋转臂做往复旋转运动，尽快使摆杆摆起倒立，保持倒立状态时间不少于 10 s。

(2) 测试数据记录

外力拉起和自然下垂倒立模式测试数据记录如表 5-3-6 所列。

表 5-3-6　外力拉起和自然下垂倒立模式测试数据记录

测试次数	外力拉起倒立模式			自然下垂倒立模式		
	调节时间/s	倒立偏差/(°)	保持时间/s	调节时间/s	倒立偏差/(°)	保持时间/s
1	2.1	1	>200	4.1	1	123
2	1.7	1	42	5.4	2	50
3	2.4	3	54	3.6	1	>200
4	2.1	3	113	4.4	1	46
5	3.2	3	72	2.2	2	>200
6	1.7	1	42	3.7	2	90
7	4.1	2	66	6.4	3	64
8	2.6	2	>200	3.4	1	>200
9	2.1	1	45	6.1	1	59
10	3.4	1	>200	3.9	2	65
平均值	2.5	1.8	—	4.3	1.6	—

表中参数说明：

调节时间　指开始启动程序到摆杆到达倒立状态(即摆角误差为±15°)的时间。

倒立偏差　指稳态时摆杆偏差角度。

保持时间　指摆杆保持稳态直至脱离稳态或不满足题设要求的时间(本测试最长时间为 200 s)。

(3) 结果分析

由上述测试结果可以看出，摆杆能在外力拉起状态下，迅速倒立寻找平衡，响应时间在 5 s 左右，因此完全满足性能要求。摆杆在自然下垂状态下倒立，需要先从下端摆起，然后进行倒立平衡，时间大约为 10 s。

4. 抗干扰倒立测试

(1) 题目要求

在摆杆保持倒立状态下，施加干扰后摆杆能继续保持倒立或 2 s 内恢复倒立状态。

(2) 测试数据记录

抗干扰倒立模式数据记录如表 5-3-7 所列。

表 5-3-7 抗干扰倒立模式数据记录

测试次数	砝码质量 5 g			砝码质量 13 g		
	倾斜角度/(°)	调节时间/s	保持时间/s	倾斜角度/(°)	调节时间/s	保持时间/s
1	15	0	47	15	0.9	200
2	15	0.9	64	15	0	42
3	15	0.7	75	15	1.2	36
4	30	0	200	30	0	24
5	30	0.5	53	30	0.9	45
6	30	0	42	30	0.7	75
7	45	1.5	200	45	1.9	65
8	45	0.7	74	45	0.5	53
9	45	1.2	95	45	1.1	200
10	45	0.5	125	45	1.5	91

表中参数说明：

倾斜角度　指干扰砝码初始时与竖直平面的夹角。

其他参数同表 5-3-6 的参数说明。

(3) 结果分析

由上述测试结果可以看出，摆杆能在外力干扰的情况下，迅速稳定倒立，并能保持倒立很长时间。经过测试，摆杆可以承受 13 g 的砝码 45°下落时带来的冲击，并在 5 s 内稳定。

5. 圆周倒立测试

(1) 题目要求

在摆杆保持倒立状态的前提下，旋转臂做圆周运动，并尽快使单方向转过角度达到或超过 360°。

(2) 测试数据记录

圆周倒立模式测试数据记录如表 5-3-8 所列。

表 5-3-8　圆周倒立模式数据记录

测试次数	旋转 360°时间/s	可旋转圈数/圈
1	2.1	3.5
2	2.6	8.5
3	1.9	5.0
4	2.4	4.0
5	3.1	8.0
6	2.7	3.0
7	1.7	4.0
8	2.6	7.5
9	2.4	7.0
10	2.5	5.0
平均值	2.2	5.5

表中参数说明：

旋转 360°时间　指摆杆在倒立状态下完成圆周运动，旋转 360°的时间。

可旋转圈数　指摆杆在倒立状态下维持圆周运动的最大圈数。

(3) 结果分析

由上述测试结果可以看出，摆杆能在倒立状态下，单方向在 5s 内转过角度 360°，并可最终旋转大约 5 圈。完全符合题目要求。

6. 测量分析与结论

根据上述测试数据，可以得出以下结论：

① 在外力拉起和自然下垂状态下可以在很短时间内完成倒立，完全符合要求。

② 摆杆在受到外力干扰后，可以迅速调整倒立，并且可以承受 10 g 左右砝码的干扰。

③ 在倒立摆调整过程中，旋转臂可能旋转超过几圈后失稳，但是所有的功能均能达到要求，并且有些已经远超过要求达到的性能指标。

综上所述，本设计可以达到设计要求。

七、总　结

本系统——简易旋转倒立摆及其控制装置采用 STM32 作为控制器，利用 2000 线高精度增量式轴型编码器 R38S 对倒立摆摆杆进行检测，同时采用 Maxon RE36 系列 118798 型自带旋转编码器的直流伺服电机进行动力驱动。我们选用了基于状态反馈的双 PID 控制算法进行控制方案的规划，对系统进行了实时控制。

经过测试，倒立摆调整速度快，抗干扰能力强，并能够完成自然下垂状态下的倒立，误差很小，基本符合设计要求。总结本设计过程，本系统具有以下三方面的优点：

① 采用2000线高精度增量式轴型编码器，输出信号A、B为高低电平的数字脉冲信号，可直接与控制器引脚相连，无需额外附加驱动电路，精简了整体硬件电路设计。

② 采用高性能直流伺服电机，Maxon RE36系列118798型电机自带500线编码器，齿轮减速比为19.2:1，机械时间常数只有5 ms左右，非常适合于快速响应伺服系统中。

③ 采用基于状态反馈的双PID控制策略。其优点是响应速度快，动态性能好，振荡小。双PID的控制也具有较强的处理多变量、强耦合、不稳定系统的能力。

以上三方面的优点是本设计方案得以取得良好的实验结果的有力保障。同时，本设计方案也存在不足和有待完善之处，待以后继续研究完善。

经过四天三夜的努力，我们小组终于设计并实现了旋转式倒立摆的控制装置，基本达到相关的性能指标。这些天来，大家一起学习，相互讨论，共同奋斗的经历，给我们每个人都留下了宝贵的财富。我们会继续努力奋斗，永不停歇！

编者点评

本届比赛成绩创历史新高，完成本题的两个参赛队均取得了国家一等奖的好成绩，囊括了北航在此次本科生电子设计大赛中的所有国家一等奖。本作品采用STM32完成，建议赛前对该控制器有一定的基础，还可采用AVR单片机实现，开发难度会有所降低。

5.4　巡线机器人
(2019 年全国电赛 B 题)

一、任　务

设计一基于四旋翼飞行器的巡线机器人，能够巡检电力线路及杆塔状态（见图 1)，发现异常时拍摄存储，任务结束传送到地面显示装置上显示。巡线机器人中心位置需安装垂直向下的激光笔，巡线期间激光笔始终工作，以标识航迹。

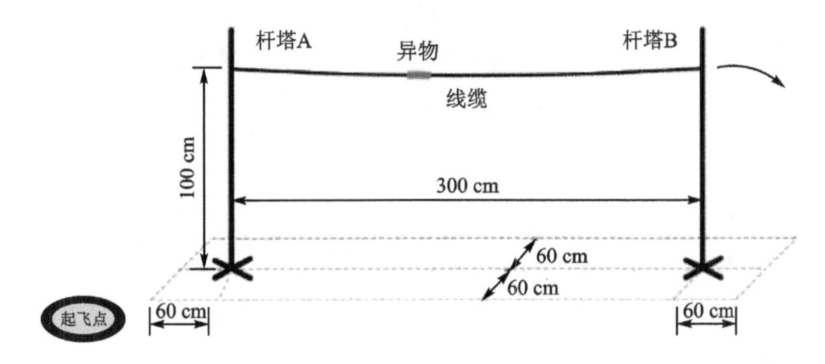

图 1　杆塔与线缆示意图

二、要　求

1. 基本要求

(1) 巡线机器人从距杆塔 A 1 m 范围内的起飞点起飞，以 1 m 定高绕杆巡检，巡检流程为：起飞→杆塔 A→电力线缆→绕杆塔 B→电力线缆→杆塔 A，然后平稳降落；巡检期间，巡线机器人激光笔轨迹应落在地面虚线框内。

(2) 从起飞到降落，巡线完成时间不得大于 150 s，巡线时间越短越好。

(3) 发现线缆上异物（黄色凸起物），巡线机器人须在与异物距离不超过 30 cm 的范围内用声或光提示。

2. 发挥部分

(1) 拍摄所发现线缆异物上的条形码图片存储到 SD 卡，巡检结束后在显示装置上清晰显示，并能用手机识别此条形码内容。

(2) 发现并拍摄杆塔 B 上的二维码图片（见图 2)存储到 SD 卡，巡检结束后在显示装置上清晰显示，并能用手机识别此二维码内容。

(3) 拍摄每张条形码、二维码图片存储的照片数不得超过 3 张。

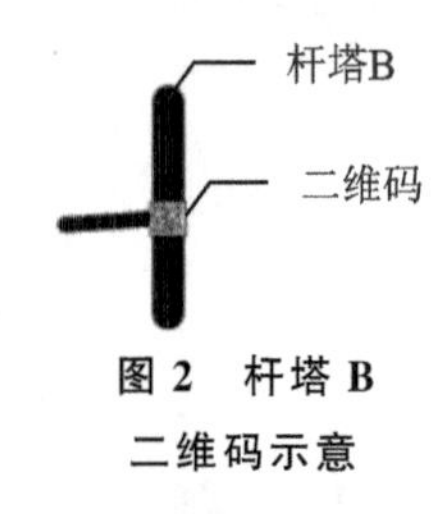

图 2　杆塔 B 二维码示意

(4) 停机状况下，在巡线机器人某一旋翼轴下方悬挂一质量为 100 g 的配重，然后巡线机器人在图 3 所示的环形圆板上自主起飞，并在 1 m 高度平稳悬停 10 s 以上，且摆动范围不得大于±25 cm。

(5) 在测试现场随机选择一个简单飞行动作任务，30 min 内现场编程调试完成飞行动作。

(6) 其他。

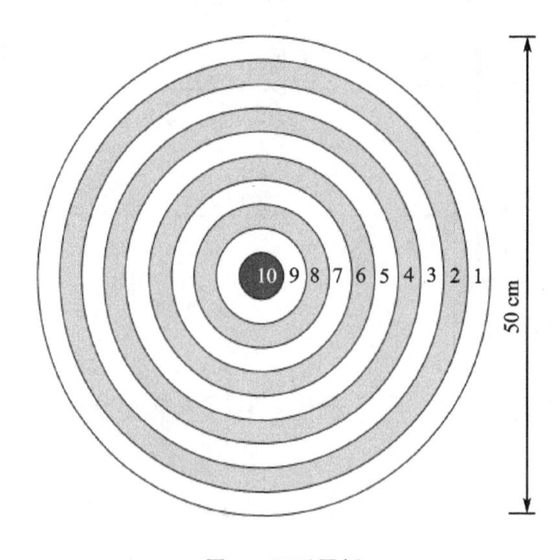

图 3　环形圆板

三、说　明

1. 电力线缆与杆塔说明

(1) 线缆的直径不大于 5 mm，颜色为黑色。

(2) 杆塔高度约 150 cm，直径不大于 30 mm。

(3) 线缆上的异物上粘贴有圆环状的黄底黑色 8 位数条形码，条形码宽度为 (30±2) mm，见图 4。

(4) 线缆上的异物为黄色(红绿蓝三原色参数为 R－255，G－255，B－0)，直径为 (30±2) mm，长度为(50±5) mm。

(5) 二维码粘贴在杆塔 B 上与线缆连接处外侧，大小(30±3) mm 见方，见图 5。

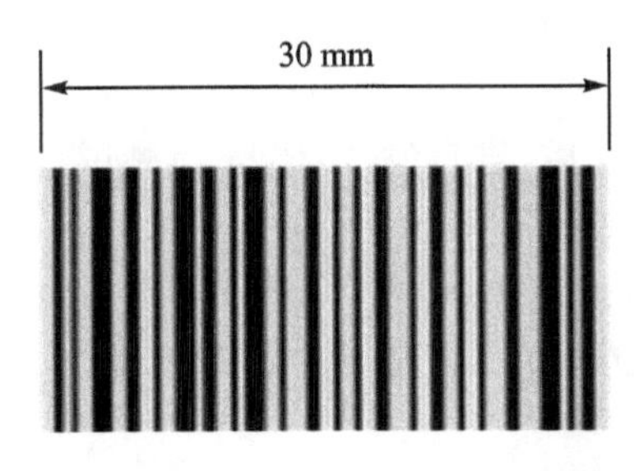

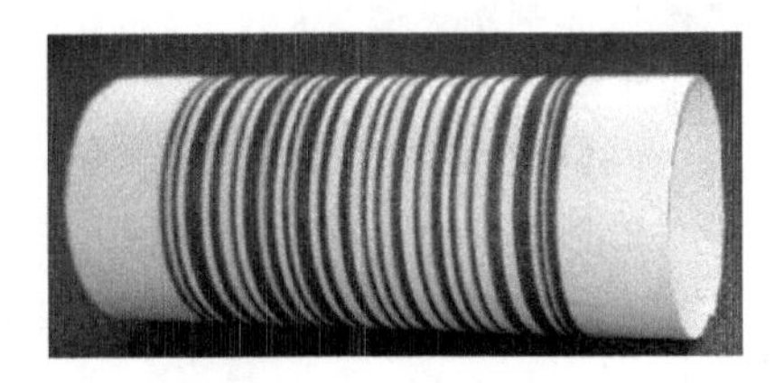

图 4　条形码示例

图 5　二维码示例

2. 巡线机器人要求

(1) 参赛队所用飞行器应遵守中国民用航空局的管理规定(《民用无人驾驶航空器实名制登记管理规定》,编号:AP-45-AA-2017-03)。

(2) 四旋翼飞行器最大轴间距不大于 420 mm。

(3) 为确保安全,飞行器桨叶须全防护(防护圈将飞行器或桨叶全包),否则不得测试;测试区应设置防护网。

(4) 巡线机器人不得有“无线通信及遥控”功能。

(5) 除飞行器机械构件、飞行控制(电调)、摄像功能模块外,巡线机器人其他功能的实现不得采用飞行器集成商提供的组件,必须自主设计完成。

(6) 激光笔可采用悬挂等软连接方式。

3. 测试流程说明

(1) 起飞前,飞行器可手动放置到起飞点;可手动控制起飞;起飞后整个巡检过程中不得人为干预。

(2) 从基本要求(1)到发挥部分(3)的巡线工作须一次连续完成,其间不得人为干预,也不得更换电池;允许测试 2 次,按最好成绩记录;两次测试间可更换电池。

(3) 发挥部分(1)(2)中拍摄的条形码及二维码图片存储在存储介质(如 SD 卡)中,巡线完成后在地面显示装置上读取显示,并用手机识别;手机及显示装置作为作品的组成部分,必须与作品一起封存。

(4) 在巡线区地面标识±60 cm 区域,见图 1,巡线机器人巡检航迹可参照激光笔光点轨迹摄像判定。

(5) 基本要求(1)到发挥部分(3)测试完成后,进行发挥部分(4)测试;增加配重后,不得自行另加其他配重。

(6) 现场编程实现的任务在所有其他测试工作(包括"其他"项目)完成之后进行。编程调试超时判定任务未完成;编程调试时间计入成绩。编程下载工具必须与作品一起封存。

(7) 测试现场应避免窗外强光直接照射,避免高照度点光源照明;尽量采用多点分布式照明,以减小飞行器自身投影的影响。

(8) 飞行场地地面可采用图 6 所示灰白条纹纸质材料铺设。灰白条纹各宽 20 mm,灰色的红绿蓝三原色参数为 R-178,G-178,B-178。

(9) 飞行期间,飞行器触及地面后自行恢复飞行的,酌情扣分;触地后 5 s 内不能自行恢复飞行视为失败,失败前完成动作仍有效。

(10) 平稳降落是指在降落过程中无明显的跌落、弹跳及着地后滑行等情况出现。

(11) 调试及测试时必须佩戴防护眼镜,穿戴防护手套。

图 6　地面敷设材料图案

四、评分标准

<table>
<tr><td rowspan="7">设计报告</td><td>项　目</td><td>主要内容</td><td>分　数</td></tr>
<tr><td>系统方案</td><td>技术路线、系统结构，方案描述、比较与选择</td><td>3</td></tr>
<tr><td>设计与计算</td><td>控制方法描述及参数计算</td><td>5</td></tr>
<tr><td>电路与程序设计</td><td>系统组成，原理框图与各主要功能电路图系统软件设计与流程图</td><td>7</td></tr>
<tr><td>测试方案与测试结果</td><td>测试方案及测试条件；测试结果完整性；测试结果分析</td><td>3</td></tr>
<tr><td>设计报告结构及规范性</td><td>摘要、报告正文的结构、公式、图表的完整性和规范性</td><td>2</td></tr>
<tr><td colspan="2">小　计</td><td>20</td></tr>
<tr><td rowspan="4">基本要求</td><td colspan="2">完成第(1)项</td><td>30</td></tr>
<tr><td colspan="2">完成第(2)项</td><td>10</td></tr>
<tr><td colspan="2">完成第(3)项</td><td>10</td></tr>
<tr><td colspan="2">小　计</td><td>50</td></tr>
<tr><td rowspan="7">发挥部分</td><td colspan="2">完成第(1)项</td><td>5</td></tr>
<tr><td colspan="2">完成第(2)项</td><td>5</td></tr>
<tr><td colspan="2">完成第(3)项</td><td>5</td></tr>
<tr><td colspan="2">完成第(4)项</td><td>10</td></tr>
<tr><td colspan="2">完成第(5)项</td><td>20</td></tr>
<tr><td colspan="2">完成第(6)项</td><td>5</td></tr>
<tr><td colspan="2">小　计</td><td>50</td></tr>
<tr><td colspan="3">总　分</td><td>120</td></tr>
</table>

获奖作品　巡线机器人

荣获北京市三等奖

石哲鑫　徐皓天　曾单

摘要：本项目设计的巡线机器人基于四旋翼飞行器设计，实现了绕杆巡检、拍照记录及定点悬停等功能。机器人由飞行控制系统和图像识别系统两大部分组成，其中飞行控制系统主要由单片机和飞行控制器组成。单片机处理 OpenMV 发送的数据，向飞控等部件发送控制命令以达到期望要求。本文简要介绍系统方案，说明论证方法，展示设计过程以及测试结果。

关键词：四旋翼飞行器，PID 调节，飞行巡检，图像识别，定点悬停

一、系统方案设计与介绍

本系统主要由单片机控制模块、飞行控制模块、姿态模块、高度模块、电机调速模块、图像识别与采集模块、机械结构模块等 7 部分组成，采用 X 型飞行模式，下面分别论证这几个模块的设计与实现。

1. 单片机控制模块

单片机控制模块采用 TI 公司的 MSP430FR5994 单片机，负责数据处理、导航、探测和追踪。单片机性能优良，运算速度快、稳定性好且可拓展性好，缩短了开发时间，简化了研发流程。

考虑到可能有多个任务需要执行，为保证执行的便捷性和正确性，自制了任务选择电路板，辅助单片机完成控制。

2. 飞行控制模块

方案一：自行设计飞控。优点是飞控的可控性更强；缺点是开发周期长，需要花费大量时间进行测试。

方案二：使用开源飞控 PIXHACK。PIXHACK 是一款成熟的飞控，可以支持广泛的外围设备和飞行模式，可以较好地实现自稳定功能和飞行姿态的准确控制，可以节省大量的调试时间；缺点是价格较高。

由于时间紧迫，为了获得更好的系统效果，决定采用方案二。

3. 姿态模块

方案一：使用单片机从 MPU6050，HMC5883L 中读取原始数据，通过滤波算法获取飞行器姿态角。

方案二：飞控中自带的传感器通过 EKF 融合算法给出角度。

飞控 EFK 给出的数据较为准确，能够达到任务要求，为追求可靠性，选择了方案二。

4. 高度模块

方案一：采用 BMP180 气压传感器测量当前位置的大气压，由飞控换算为海拔高度，减去出发时的高度数值即可得到真实飞行高度。气压传感器测量范围广（海拔 −500～9 000 m），但是测量精度低（分辨率为 0.25 m）。

方案二：超声波测距。采用 HC－SR04 超声波传感器测量飞行高度。超声波传感器测量范围较小（2～450 cm），但是测量精度高，测量精度为 0.1 cm。

高度是任务中非常重要的参数，为了得到更高的精度，采用方案二。

5. 电机调速模块

此模块灵活度较小，组成固定，挑选合适电机搭配电调即可。

最终选择 2212 型号的电机和 30 A 电调。

6. 图像识别与采集模块

方案一：使用摄像头 OV7670 读取场地图像数据。OV7670 模块分辨率较高，但是需占用较多引脚资源，而且通信操作复杂。

方案二：使用 OV7725 获取场地图像数据。OV7725 是开源摄像头模块，使用简单。

综合以上方案，OV7725 模块简单易用，而且占用的引脚资源少，我们选择了方案二。

7. 机械结构模块

题目要求飞行轨迹的投影在矩形框内，这要求对机体与电缆线的距离进行控制。

方案一：一个 OpenMV 挂在四旋翼侧面，基于像素点和宽度与距离的关系从而测得距离值，并检测黄色异常区域与塔杆。但由于摄像头像素的限制，细线的像素点宽度非常不稳定，难以控制距离。

方案二：放置倾斜的 OpenMV 模块，飞机在某一倾斜平面内稳定。此方案优势是结构轻便，但缺点是对于高度有要求，四旋翼难以保持稳定。

方案三：由于 OpenMV 工作对环境要求很高，为了尽量避免噪声干扰，达到更稳定的识别效果，决定采用俯视电缆的方式进行巡线识别，并使用另一 OpenMV 进行图像的采集。竖直向下的 OpenMV 提供机体到电缆线的偏移距离，机体下方的 OpenMV 配合舵机完成顶点和定柱的任务。

最终决定采用方案三，自制外伸机械臂将一 OpenMV 置于线缆上方，另一 OpenMV 用热熔胶固定于机器人侧面。

8. 针对摩尔纹的整体速度控制方案选择

由于光流模块针对摩尔纹场地只能在垂直于摩尔纹的方向上实现控制，所以仅依靠光流实现四旋翼的位置稳定是不可能的。

方案一：完全不依靠光流由惯性元件进行速度控制。缺点，惯性元件须有足够高的精度才能实现长时间稳定，本机采用的惯性元件精度有限。

方案二：在垂直于摩尔纹的方向上应用光流，在沿摩尔纹方向依靠惯性元件控制。题目中，沿摩尔纹方向垂直于电缆线，可以由垂直向下识别电缆下的 OpenMV 得到偏移量，从而在沿摩尔纹方向融合进 PID 控制。

方案三：对天光流模块。由于地面有摩尔纹的干扰，采取对天光流的解决办法。

方案一完全不用光流模块采集得到的速度，能够避免大幅度沿摩尔纹漂移的现象，有可操作性，且经实际试验，OpenMV 采集的数据用于 PID 调节可以达到预期效果，所以采用方案一。

9. 图像分辨率与运行速度的取舍

比赛需要识别黑色细线、黄色条形码、二维码、黑色杆塔。

黑色细线和杆塔在摄像头视野中是无限长黑线，可以牺牲一些分辨率来提高程序运行速度。黄色条形码在彩色图模式下，也具有明显特征，较容易识别。故以上程序中采用 320×240 分辨率的图像进行处理。

为了能够清楚识别出条形码和二维码，须使用最高的分辨率去进行处理，所以在对二者进行拍照时，牺牲处理速率，采用 640×480 分辨率的图像。

二、设计与论证

1. 四旋翼运动分析

在此次任务中，四旋翼在室内低速飞行，故可以忽略风力带来的阻力以及空气阻力。因而可大致建构四旋翼动力学模型如下：

$$
\begin{cases}
\ddot{\varphi} = [lU_2 + (I_x - I_z)\dot{\theta}\dot{\psi}]/I_x \\
\ddot{\theta} = [lU_3 + (I_z - I_x)\dot{\varphi}\dot{\psi}]/I_y \\
\ddot{\psi} = [U_4 + (I_x - I_y)\dot{\varphi}\dot{\theta}]/I_z \\
\ddot{x} = [(\sin\psi\sin\varphi + \cos\psi\sin\theta\cos\varphi)U_1 + f_x]/m \\
\ddot{y} = [(-\cos\psi\sin\varphi + \sin\psi\sin\theta\cos\varphi)U_1 + f_y]/m \\
\ddot{z} = (\cos\theta\cos\varphi U_1 + f_z)/m - g
\end{cases}
$$

式中：ψ、θ、φ 分别为四旋翼的偏航角、俯仰角、滚转角；U_1、U_2、U_3、U_4 为四控制输入量；l 为旋翼中心到四旋翼质心的距离。四旋翼微型飞行平台呈十字形交叉，由 4 个独立电机驱动螺旋桨组成，如图 5-4-1 所示。当飞行器工作时，平台中心对角的螺旋桨转向相同，相邻的螺旋桨转向相反。同时，增加/减小 4 个螺旋桨的速度，飞行器就垂直上/下运动；相反的，改变中心对角的螺旋桨的速度，可以产生滚转、俯仰等运动。

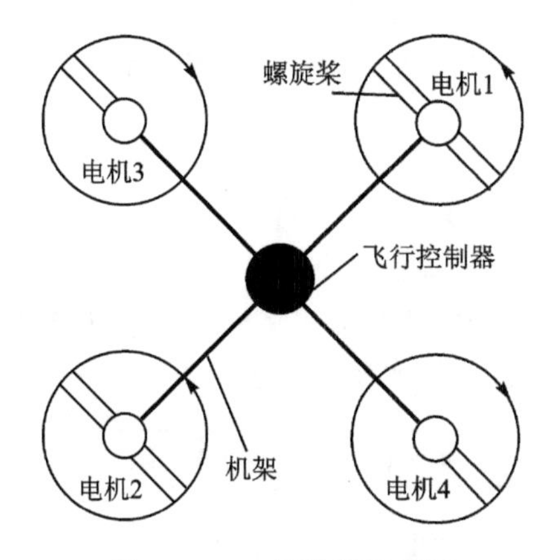

图 5-4-1　四旋翼示意图

2. 图像识别算法分析

Lab 色彩空间不容易受光照影响，因此需要将 RGB 通道转换为 Lab 通道，根据公式

$$L = 0.2126 \times R + 0.7152 \times G + 0.0722 \times B$$

$$a = 1.4749 \times (0.2213 \times R - 0.3390 \times G + 0.1177 \times B) + 128$$

$$b = 0.6245 \times (0.1949 \times R + 0.6057 \times G - 0.8006 \times B) + 128$$

可将摄像头采集的 RGB 信息转换为 Lab 信息。

转换之后，通过设置合适的阈值，可以滤去图中不相关物体，仅留下黑色细线、黑色杆塔、黄色条形码和红色靶心。对于提取黄色条形码的位置，我们可以采用逐行扫描法，从上到下或从下到上逐行扫描，每行从左往右搜索符合阈值的数据点，记录搜索到第一个点所在的列号 j_0 和点的总数 k，由公式：$j = j_0 + k/2 (0 \leqslant j \leqslant 80)$ 得到该行中点列号。逐行扫描完毕后，把表示引导线各行中点位置的列号 j，该行点的总数 k 存入二维数组中，用于之后的处理。

寻线算法采用霍夫变换算法，使得错误将非直线识别成直线的概率较低。调用封装好的霍夫变换寻线函数找到线，并计算线的中点作为当前的四旋翼机到电缆线的距离的一个估计，从而计算出偏差量。

3. 图像处理算法的论证与选择

比赛需要识别并区分黑线和彩色物块。

方案一：在固定区域内，根据自己设定的阈值，寻找到最大目标色块。

方案二：通过霍夫变换算法寻找直线，并且在直线所在一定范围的矩形框内判断直线的颜色，从而区分黑线和彩色物块。

环境中存在阴影等影响因素，导致最大目标色块产生偏差，通过寻线，再判断颜色，可以排除较多干扰因素。因此，本设计选择方案二。

三、电路与程序设计

1. 系统总体框图

如图 5-4-2 所示，图像识别模块的核心 OpenMV 识别目标物体，依据返回值控制一部分机械结构如云台等调整自身角度，同时将数据传至单片机，单片机对该数据进行处理，其亦可控制部分机械结构调整机器人姿态，同时发送相应飞行指令至飞行控制器，最终作用到电机电调，实现目标动作或要求。

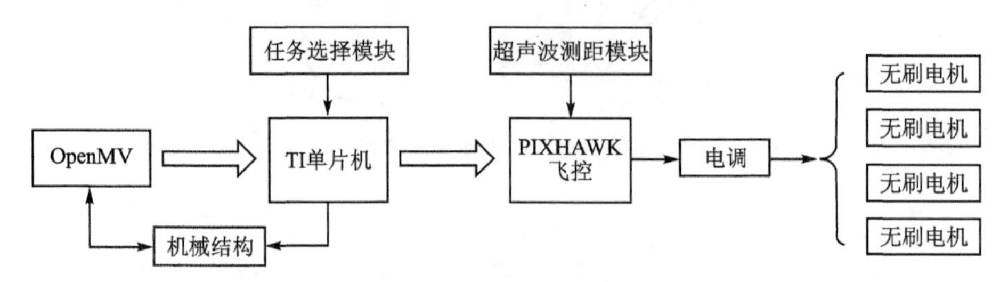

图 5-4-2 系统总体框图

2. 程序的设计

(1) 程序功能描述

根据题目要求，将软件部分分为以下几个主要任务：

任务一：巡线机器人从距杆塔 A 1 m 范围内的起飞点起飞，以 1 m 定高绕杆巡检，巡检流程为：起飞→杆塔 A→电力线缆→绕杆塔 B→电力线缆→杆塔 A，然后平稳降落；巡检期间，巡线机器人激光笔轨迹应落在地面虚线框内。从起飞到降落，巡线完成时间不得大于 150 s，巡线时间越短越好。发现线缆上异物（黄色凸起物），巡线机器人须在与异物距离不超过 30 cm 的范围内用声或光提示。

任务一加分项：

① 拍摄所发现线缆异物上的条形码图片存储到 SD 卡，巡检结束后在显示装置上清晰显示，并能用手机识别此条形码内容；

② 发现并拍摄杆塔 B 上的二维码图片存储到 SD 卡，巡检结束后在显示装置上清晰显示，并能用手机识别此二维码内容；

③ 拍摄每张条形码、二维码图片存储的照片数不得超过 3 张。

程序流程如下：

飞机上电初始化→任务选择→起飞→寻找杆塔 A，x 和 y 方向向其靠拢→偏航，使外伸梁上的 OpenMV 在线缆上方→巡线并识别异物→超声测距，寻找杆塔 B→绕杆塔 B 飞行→返回。

任务二：停机状况下，在巡线机器人某一旋翼轴下方悬挂一质量为 100 g 的配重，然后巡线机器人在题图 3 所示的环形圆板上自主起飞，并在 1 m 高度平稳悬停

10 s 以上，且摆动范围不得大于±25 cm。

程序流程图如图 5-4-3 所示。

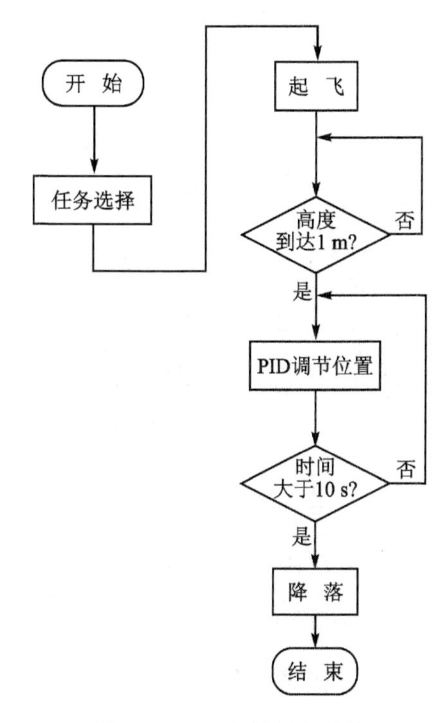

图 5-4-3　系统程序框图

(2) 图像处理设计流程

如图 5-4-4 所示，起飞后 OpenMV 识别红色目标，并且返回偏差量使得四旋翼不断修正，最终稳定在正上方。

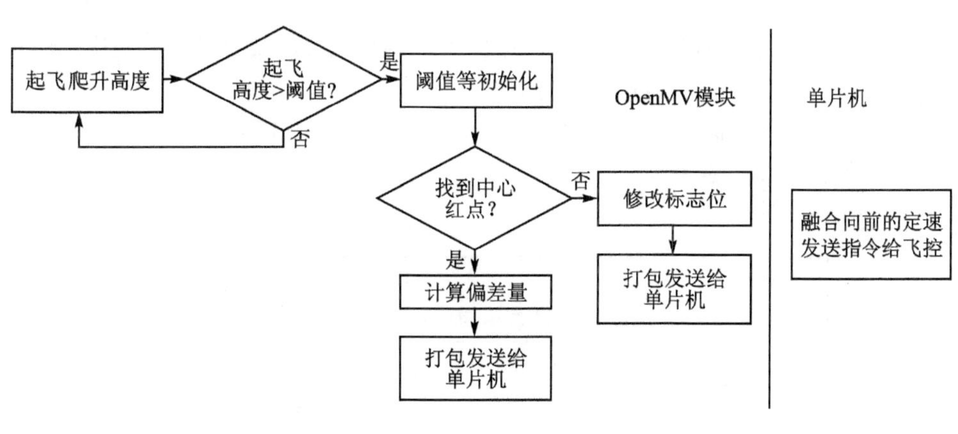

图 5-4-4　图像处理流程

(3) 任务选择模块

为适应现场不能进行计算机调试的要求,加入该模块,可通过拨码开关进行不同任务的选择。电路图如图 5-4-5 所示。

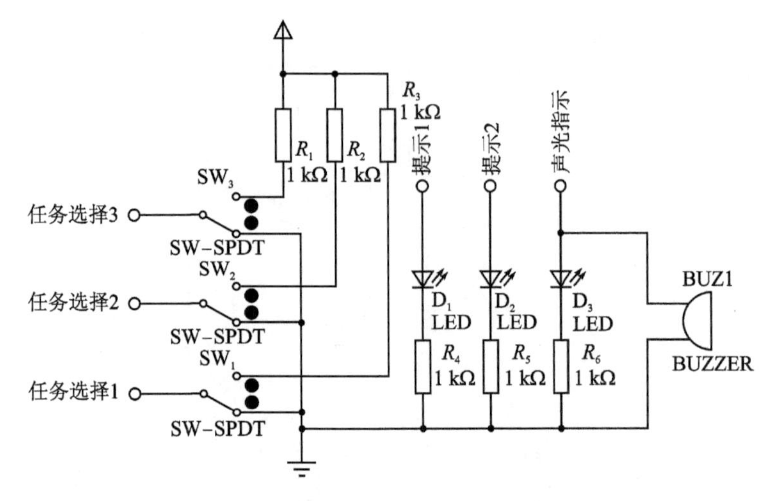

图 5-4-5 任务选择电路

图 5-4-5 中,声光指示模块和任务选择电路焊接在一起。

四、测试方案与测试结果

1. 测试条件

场地:带防护网,地面按赛题示意图及题意布置。

测试仪器:笔记本电脑,数传模块,数字万用表,卷尺。

2. 测试方案

① 将机器人放置在距塔杆 A 1 m 范围内,启动机器人,观察其飞行高度、飞行稳定性,记录激光笔照射范围,记录飞行时间。

② 将机器人停机放置在起飞圈中心,在一轴下方悬挂 100 g 配重,启动机器人,观察其悬停情况及是否平稳降落。

3. 测试结果

实验序号	结　果
基本要求(1)	绕杆失误率较高,可能撞杆
基本要求(2)	飞行时间基本满足要求
基本要求(3)	声光指示范围小,蜂鸣器有时因为供电不足声音较弱
发挥部分(1)	模块测试成功,识别成功率较高
发挥部分(2)	模块测试成功,识别成功率较高

续表

实验序号	结　果
发挥部分(3)	照片数目可以控制小于 3 张
发挥部分(4)	基本达到悬停要求
发挥部分(5)	
发挥部分(6)	

4. 测试结果分析与结论

根据上述测试数据,可以得出以下结论:

① 测量的最长飞行时间符合设计所规定的时间。

② 四旋翼飞行器跟踪功能在追踪静止目标时成功率很高。

③ 追踪运动目标时,摄像头采集的数据受环境变化而变化,造成单片机得到错误信息而丢失目标。

五、总　结

经过四天三夜的努力,我们小组基本实现了预定目标。一个项目进度的推进需要团队成员们互相配合和支持。这次比赛,让我们收获了很多,同时也发现了在比赛前准备上的不足之处。通过这次比赛,使我们对工程设计有了更深入的理解,分析、解决问题的能力得到锻炼。

编者点评

本题要求设计基于四旋翼飞行器的巡线机器人,同时实现两杆塔间的电力巡检。需要注意的要点包括:巡线机器人不得有“无线通信及遥控”功能。起飞前,飞行器可手动放置到起飞点;可手动控制起飞;起飞后整个巡检过程中不得人为干预。而发挥部分可以加入杆塔上条形码和二维码的扫描与存储功能。在系统设计时,本题的定位方法不推荐使用稠密光流法,它想要实现好的效果需要非常理想的条件。而实际程序的算力、场地等周围环境影响都会对结果造成很大的误差。所以采用寻黑线和超声波控距等方法较为稳定。在选择定位方法时,应尽可能选择受场地影响小、鲁棒性好的方法。

参考文献

[1] 张秀磊,范昌波. 电子电气技术实践基础教程[M]. 北京:北京航空航天大学出版社，2019.

[2] 阎石. 数字电子技术基础[M]. 6 版. 北京:高等教育出版社，2016.

[3] 童诗白. 模拟电子技术基础[M]. 5 版. 北京:高等教育出版社，2015.

[4] 顾斌,姜志鹏,刘磊. 数字电路和 EDA 设计[M]. 2 版. 西安:西安电子科技大学出版社,2011.

[5] 杨欣,莱・诺克斯,王玉凤,等. 电子设计从零开始[M]. 2 版. 北京:清华大学出版社，2010.

[6] 黄智伟. 全国大学生电子设计竞赛常用电路模块制作[M]. 2 版. 北京:北京航空航天大学出版社,2016.

[7] 李刚. 电子工程师成长必备:电子电路基础与实践[M]. 北京:电子工业出版社，2013.

[8] 张金. 电子设计与制作 100 例[M]. 3 版. 北京:电子工业出版社，2017.

[9] 郭天祥. 新概念 51 单片机 C 语言教程[M]. 2 版. 北京:电子工业出版社，2018.

[10] 王东锋，陈园园，郭向阳. 单片机 C 语言应用 100 例[M]. 2 版. 北京:电子工业出版社，2013.

[11] 马军. 零欧姆贴片电阻的应用技巧[J]. 家电检修技术，2013(7):54.

[12] 张政. 谈谈芯片的封装技术[J]. 电子制作，2008(07):6-7.

[13] 王宏甲. 基于 AVR 单片机的四轴数控雕刻机控制系统的研究与设计[D]. 济南:山东理工大学,2018.